高职高专测绘类专业"十二五"规划教材·规范版

教育部测绘地理信息职业教育教学指导委员会组编

测绘工程监理基础

主　编　高小六

副主编　李金生　杨书胜　董　悦

WUHAN UNIVERSITY PRESS

武汉大学出版社

图书在版编目(CIP)数据

测绘工程监理基础/高小六主编;李金生,杨书胜,董悦副主编. —武汉:武汉大学出版社,2013.2(2023.7 重印)
高职高专测绘类专业"十二五"规划教材·规范版
ISBN 978-7-307-10400-6

Ⅰ.测… Ⅱ.①高… ②李… ③杨… ④董… Ⅲ.工程测量—测量监理—高等职业教育—教材 Ⅳ.TB22

中国版本图书馆 CIP 数据核字(2012)第 316708 号

责任编辑:黄汉平 责任校对:黄添生 版式设计:马 佳

出版发行:**武汉大学出版社** (430072 武昌 珞珈山)
(电子邮箱:cbs22@whu.edu.cn 网址:www.wdp.com.cn)
印刷:武汉科源印刷设计有限公司
开本:787×1092 1/16 印张:13 字数:304 千字 插页:1
版次:2013 年 2 月第 1 版 2023 年 7 月第 5 次印刷
ISBN 978-7-307-10400-6/TB·42 定价:27.00 元

高职高专测绘类专业 "十二五" 规划教材·规范版
编审委员会

顾问

宁津生　教育部高等学校测绘学科教学指导委员会主任委员、中国工程院院士

主任委员

李赤一　教育部测绘地理信息职业教育教学指导委员会主任委员

副主任委员

赵文亮　教育部测绘地理信息职业教育教学指导委员会副主任委员

李生平　教育部测绘地理信息职业教育教学指导委员会副主任委员

李玉潮　教育部测绘地理信息职业教育教学指导委员会副主任委员

易树柏　教育部测绘地理信息职业教育教学指导委员会副主任委员

王久辉　教育部测绘地理信息职业教育教学指导委员会副主任委员

委员　（按姓氏笔画排序）

王　琴　黄河水利职业技术学院

王久辉　国家测绘地理信息局人事司

王正荣　云南能源职业技术学院

王金龙　武汉大学出版社

王金玲　湖北水利水电职业技术学院

冯大福　重庆工程职业技术学院

刘广社　黄河水利职业技术学院

刘仁钊　湖北国土资源职业学院

刘宗波　甘肃建筑职业技术学院

吕翠华　昆明冶金高等专科学校

张　凯　河南工业职业技术学院

张东明　昆明冶金高等专科学校

李天和　重庆工程职业技术学院

李玉潮　郑州测绘学校

李生平　河南工业职业技术学院

李赤一　国家测绘地理信息局人事司

李金生　沈阳农业大学高等职业学院

杜玉柱　山西水利职业技术学院

杨爱萍　江西应用技术职业学院

陈传胜　江西应用技术职业学院

明东权　江西应用技术职业学院

易树柏　国家测绘地理信息局职业技能鉴定指导中心

赵文亮　昆明冶金高等专科学校

赵淑湘　甘肃林业职业技术学院

高小六　辽宁省交通高等专科学校

高润喜　包头铁道职业技术学院

曾晨曦　国家测绘地理信息局职业技能鉴定指导中心

薛雁明　郑州测绘学校

序

武汉大学出版社根据高职高专测绘类专业人才培养工作的需要，于 2011 年和教育部高等教育高职高专测绘类专业教学指导委员会合作，组织了一批富有测绘教学经验的骨干教师，结合目前教育部高职高专测绘类专业教学指导委员会研制的"高职测绘类专业规范"对人才培养的要求及课程设置，编写了一套《高职高专测绘类专业"十二五"规划教材·规范版》。该套教材的出版，顺应了全国测绘类高职高专人才培养工作迅速发展的要求，更好地满足了测绘类高职高专人才培养的需求，支持了测绘类专业教学建设和改革。

当今时代，社会信息化的不断进步和发展，人们对地球空间位置及其属性信息的需求不断增加，社会经济、政治、文化、环境及军事等众多方面，要求提供精度满足需要，实时性更好、范围更大、形式更多、质量更好的测绘产品。而测绘技术、计算机信息技术和现代通信技术等多种技术集成，对地理空间位置及其属性信息的采集、处理、管理、更新、共享和应用等方面提供了更系统的技术，形成了现代信息化测绘技术。测绘科学技术的迅速发展，促使测绘生产流程发生了革命性的变化，多样化测绘成果和产品正不断努力满足多方面需求。特别是在保持传统成果和产品的特性的同时，伴随信息技术的发展，已经出现并逐步展开应用的虚拟可视化成果和产品又极好地扩大了应用面。提供对信息化测绘技术支持的测绘科学已逐渐发展成为地球空间信息学。

伴随着测绘科技的发展进步，测绘生产单位从内部管理机构、生产部门及岗位设置，进而相关的职责也发生着深刻变化。测绘从向专业部门的服务逐渐扩大到面对社会公众的服务，特别是个人社会测绘服务的需求使对测绘成果和产品的需求成为海量需求。面对这样的形势，需要培养数量充足，有足够的理论支持，系统掌握测绘生产、经营和管理能力的应用性高职人才。在这样的需求背景推动下，高等职业教育测绘类专业人才培养得到了蓬勃发展，成为了占据高等教育半壁江山的高等职业教育中一道亮丽的风景。

高职高专测绘类专业的广大教师积极努力，在高职高专测绘类人才培养探索中，不断推进专业教学改革和建设，办学规模和专业点的分布也得到了长足的发展。在人才培养过程中，结合测绘工程项目实际，加强测绘技能训练，突出测绘工作过程系统化，强化系统化测绘职业能力的构建，取得很多测绘类高职人才培养的经验。

测绘类专业人才培养的外在规模和内涵发展，要求提供更多更好的教学基础资源，教材是教学中的最基本的需要。因此面对"十二五"期间及今后一段时间的测绘类高职人才培养的需求，武汉大学出版社将继续组织好系列教材的编写和出版。教材编写中要不断将测绘新科技和高职人才培养的新成果融入教材，既要体现高职高专人才培养的类型层次特征，也要体现测绘类专业的特征，注意整体性和系统性，贯穿系统化知识，构建较好满足现实要求的系统化职业能力及发展为目标；体现测绘学科和测绘技术的新发展、测绘管理与生产组织及相关岗位的新要求；体现职业性，突出系统工作过程，注意测绘项目工程和生产中与相关学科技术之间的交叉与融合；体现最新的教学思想和高职人才培养的特色，在传统的教材基础上勇于创新，按照课程改革建设的教学要求，让教材适应于按照"项目教学"及实训的教学组织，突出过程和能力培养，具有较好的创新意识。要让教材适合高职高专测绘类专业教学使用，也可提供给相关专业技术人员学习参考，在培养高端技能应用性测绘职业人才等方面发挥积极作用，为进一步推动高职高专测绘类专业的教学资源建设，作出新贡献。

按照教育部的统一部署，教育部高等教育高职高专测绘类专业教学指导委员会已经完成使命，停止工作，但测绘地理信息职业教育教学指导委员会将继续支持教材编写、出版和使用。

教育部测绘地理信息职业教育教学指导委员会副主任委员

二〇一三年一月十七日

前　　言

随着我国法律法规的完善、工程监理工作社会化、专业化以及规范化、正规化的不断深入，工程监理制度引起了全社会的广泛关注和重视，增强了各行业实行工程监理的积极性。为了满足社会对测绘工程监理创新型人才的需求日趋增长，在测绘类专业开设"测绘工程监理基础"课程就显得十分必要，而本书正是为适应创新型人才培养需求而编写的。

本书主要讲述测绘工程监理基本知识、测绘工程监理的组织与协调、测绘工程监理工作中的投资控制、测绘工程监理工作中的进度控制、测绘工程监理工作中的质量控制、测绘工程监理工作中的合同管理及测绘工程监理工作中的信息管理等方面的内容，旨在使测绘类学生在掌握一门专业技术的基础上，进一步了解我国的测绘工程监理制度，掌握测绘工程监理的基本理论与方法，进一步加强法律法规、合同、质量、安全意识，强化测绘工程管理的技能，提高测绘工程项目投资、进度、质量控制能力，学会测绘工程监理过程的动态管理方法，从而能运用所学知识解决工程实际问题。

本书由高小六任主编，李金生、杨书胜、董悦任副主编。各章节编写分工如下：辽宁省交通高等专科学校高小六编写第1章、第5章、第8章，董悦编写第6章、附录；沈阳农业大学高职学院李金生编写第2章、第3章；天津石油职业技术学院杨书胜编写第4章、第7章；全书由高小六统稿。

在本书的编写过程中，参阅了大量文献，在此对有关文献的作者表示感谢。由于编者水平有限，书中难免存在缺点和疏漏之处，恳请读者批评指正。

编　者

2012 年 10 月

目　　录

第1章 测绘工程监理概述

【教学目标】

学习本章，要掌握工程监理的概念、性质、依据、目的、作用和实施的原则；掌握测绘工程监理的概念和建立测绘工程监理制度的必要性；了解工程监理与测绘工程监理的发展现状；理解测绘工程对监理的需求。

1.1 工 程 监 理

1.1.1 工程监理的概念

认识工程监理应当首先理解什么是监理。所谓监理，通常是指有关执行者根据一定的行为准则，对某些行为进行监督管理，使这些行为符合准则要求，并协助行为主体实现其行为目的。

工程监理是指针对工程项目，社会化、专业化的工程监理企业接受业主的委托和授权，根据国家批准的工程项目文件以及有关工程建设的法律、法规、技术标准、合同条款、设计文件等，运用组织措施、经济措施、技术措施、合同措施，代表建设单位对工程建设承包企业的行为和责权利进行必要的协调与约束，提供专业化服务，保障工程建设并然有序而顺畅地进行，以实现项目投资目的的微观监督管理活动。

理解工程监理的概念，要注意以下几个要点。

1. 工程监理是针对工程项目所实施的监督管理活动

正如《关于开展建设监理工作的通知》所指出的，建设工程监理，"其对象，包括新建、改建和扩建的各种工程项目"。这就是说，无论项目业主、设计单位、施工单位、材料设备供应单位，还是监理单位，其工程建设行为载体都是工程项目。工程监理活动都是围绕工程项目来进行的，并应以此来界定工程监理范围。

2. 工程监理的行为主体是工程监理企业

工程监理的行为主体是明确的，即工程监理企业。工程监理企业是具有独立性、社会化、专业化特点的专门从事工程监理和其他技术服务活动的组织。只有工程监理企业才能按照独立、自主的原则，以"公正的第三方"的身份开展建设工程监理活动。非工程监理企业所进行的监督管理活动一律不能称为建设工程监理。例如，政府有关部门所实施的监督管理活动，其行为主体是政府部门，它具有明显的强制性，是行政性的监督管理，它的任务、职责、内容不同于工程监理，不属于建设工程监理范畴；项目业主进行的所谓自行监理，以及不具有工程监理企业资质的其他单位所进行的所谓监理，都不能纳入工程监

1

理范畴。

3. 工程监理的实施需要业主委托和授权

这是由工程监理的特点决定的，是市场经济的必然结果，也是监理制的规定。通过业主的委托和授权方式来实施工程监理是工程监理与政府对工程建设所进行的行政性监督管理的重要区别。这种方式也决定了在实施工程监理的项目中，业主与监理单位的关系是委托与被委托关系，这种委托和授权方式说明，在实施工程监理的过程中，监理工程师的权力主要是由作为工程项目管理主体的业主通过授权而转移过来的。在工程项目建设过程中，业主始终是以建设工程项目管理主体身份掌握着工程项目建设的决策权，并承担着主要风险。

4. 工程监理是有明确依据的工程建设行为

工程监理是严格地按照有关法律、法规和其他有关准则实施的，工程监理的依据是国家批准的工程项目建设文件、有关工程建设的法律和法规（不限于此）、工程监理合同和其他工程建设合同。例如，政府批准的建设工程项目可行性研究报告、规划计划和设计文件，工程建设方面的现行规范、标准、规程，由各级立法机关和政府部门颁发的有关法律和法规，依法成立的工程监理合同、工程勘察合同、工程设计合同、工程施工合同、材料和设备供应合同等。特别应当注意，各类工程建设合同（含监理合同）是工程监理的最直接依据。

5. 工程监理适用于工程建设投资决策阶段和实施阶段，但目前主要是工程建设实施阶段

工程监理这种监督管理服务活动涵盖了工程项目的整个建设阶段，包括投资决策阶段和实施阶段，但目前主要出现在工程项目的设计阶段（含设计准备）、招标阶段、施工阶段以及竣工验收和保修阶段。在施工阶段委托监理，其目的是更有效地发挥监理的规划、控制、协调作用，为在计划目标内建成工程提供最好的管理。

当然，随着我国监理行业的不断发展，工程监理活动将逐步向投资决策阶段延伸。

6. 工程监理是微观性质的监督管理活动

这一点与由政府进行的行政性监督管理活动有着明显的区别。工程监理活动是针对一个具体的工程项目展开的。项目业主委托监理的目的就是期望监理企业能够协助他实现项目投资目的。工程监理是紧紧围绕着工程项目的各项投资活动和生产活动所进行的监督管理，注重具体工程项目的实际效益。当然，根据监理制的宗旨，在开展这些活动的过程中应维护社会利益和国家利益。

1.1.2 工程监理的性质

（1）服务性

服务性是工程监理的重要特征之一。工程监理是一种高智能、有偿技术服务活动，它是监理人员利用自己的工程知识、技能和经验为建设单位（业主）提供的管理服务。它既不同于承建商的直接生产活动，也不同于建设单位的直接投资活动，它不向建设单位承包工程，不参与承包单位的利益分成，它获得的是技术服务性的报酬。

工程监理管理的服务客体是建设单位的工程项目，服务对象是建设单位（业主）。这

种服务性的活动是严格按照监理合同和其他有关工程合同来实施的，是受法律约束和保护的。

（2）科学性

工程监理应当遵循科学性准则。监理的科学性体现为其工作的内涵是为工程管理与工程技术提供专业知识的服务。监理的任务决定了它应当采用科学的思想、理论、方法和手段；监理的社会性、专业化特点要求监理单位按照高智能原则组建；监理的服务性质决定了它应当提供科技含量高的管理服务；工程监理维护社会公众利益和国家利益的使命决定了它必须提供科学性服务。

按照工程监理科学性要求，监理单位应当拥有足够数量的、业务素质合格的监理工程师，要有一套科学的管理制度，要掌握先进的监理理论、方法，要积累足够的技术、经济资料和数据，要拥有现代化的监理手段。

（3）公正性

公正性是监理工程师应严格遵守的职业道德之一，是工程监理企业得以长期生存、发展的必然要求，也是监理活动正常和顺利开展的基本条件。工程监理单位和监理工程师在工程建设过程中，一方面应作为能够严格履行监理合同各项义务，能够竭诚为客户服务的服务方，同时应当成为公正的第三方，也就是在提供监理服务的过程中，工程监理单位和监理工程师应当排除各种干扰，以公正的态度对待委托方和被监理方，特别是当工程业主方和被监理方双方发生利益冲突或矛盾时，应以事实为依据，以有关法律、法规和双方所签订的工程合同为准绳，站在第三方的立场上公正地解决和处理，做到"公正地证明、决定或行使自己的处理权"。

（4）独立性

独立性是工程监理的一项国际惯例。国际咨询工程师联合会（FIDIC）明确认为，工程监理企业是"一个独立的专业公司受聘于业主去履行服务的一方"，监理工程师应"作为一名独立的专业人员进行工作"。从事工程监理活动的监理单位是直接参与工程项目建设的"三方当事人"之一，它与建设单位、承建商之间的关系是一种平等主体关系。监理单位是作为独立的专业公司根据监理合同履行自己权利和义务的服务方，为维护监理的公正性，它应当按照独立自主的原则开展监理活动。在监理过程中，监理单位要建立自己的组织，要确定自己的工作准则，要运用自己的理论、方法、手段，根据监理合同和自己的判断，独立地开展工作。

1.1.3 工程监理的依据

①工程建设文件包括批准的可行性研究报告、建设项目选址意见书、建设用地规划许可证、批准的施工图设计文件、施工许可证等。

②有关的法律、法规、规章和标准、规范 包括《中华人民共和国建筑法》、《中华人民共和国合同法》、《中华人民共和国招标投标法》、《中华人民共和国安全生产法》、《建设工程质量管理条例》等法律法规，《工程建设监理规定》等部门规章，以及地方性法规等，也包括《工程建设标准强制性条文》、《建设工程监理规范》（GB 50319—2000）以及有关的工程技术标准、规范、规程。

③工程委托监理合同和有关的工程合同　工程监理企业应当依据两类合同，即依法签订的建设工程委托监理合同和工程勘察、工程设计、工程施工、材料设备供应合同等进行监理。

1.1.4　工程监理的目的

工程监理的中心任务就是控制工程项目目标，即力求使得工程项目能够在计划的投资、进度和质量、安全目标内实现。因此，工程监理的基本内容是"四控制，两管理，一协调"，即投资控制、进度控制、质量控制、安全控制，合同管理、信息管理，组织协调。

由于工程监理具有委托性，所以工程监理企业可以根据建设单位的意愿，并结合自身的情况来协商确定监理范围和业务内容。既可承担全过程监理，也可承担阶段性监理，甚至还可以只承担某专项监理服务工作。因此，具体到某监理单位承担的工程监理活动要达到什么目的，由于它们的服务范围和内容的差异，会有所不同。全过程监理要力求全面实现工程项目总目标，阶段性监理要力求实现本阶段工程项目的目标。

工程监理要达到的目的是力求实现工程项目目标。工程监理企业和监理工程师不是任何承建单位的保证人。谁设计谁负责，谁施工谁负责，谁供应材料和设备谁负责。在监理过程中，工程监理企业只承担服务的相应责任，也就是在委托监理合同中明确规定的职权范围内的责任。监理方的责任就是力求通过目标规划、动态控制、组织协调、合同管理、风险管理、信息管理，与业主（建设单位）和承包商（承建单位）一起共同实现项目目标。

1.1.5　工程监理的作用

业主（建设单位）的工程项目实现专业化、社会化管理在国外已有一百多年的历史，现在工程监理越来越显现出其强大的生命力，在提高投资的经济效益方面也发挥了重要的作用。在我国，工程监理实施的时间虽然不长，但已经发挥着越来越重要、明显的作用，为政府和社会所承认。工程监理的作用主要表现在以下几个方面。

①有利于提高工程投资决策的科学化水平。
②有利于规范工程建设各方的建设行为。
③有利于保证工程质量和使用安全。
④有利于提高工程的投资效益和社会效益。

1.1.6　工程监理现阶段的特点

（1）工程监理的服务对象具体单一性

工程监理企业只接受建设单位的委托，即只为建设单位服务。工程监理企业不能接受承建单位的委托为其提供管理服务。从这个意义上看，可以认为我国的工程监理就是为建设单位服务的项目管理。

（2）工程监理属于强制推行的制度

国家推行工程建设监理制度，国务院可以规定实行强制监理的建设工程的范围。实行监理的建设工程，由建设单位委托具有相应资质条件的工程监理企业监理。建设单位与其委托的工程监理企业应当订立书面委托监理合同。

（3）工程监理具有监督职能

我国监理工程师在质量控制方面的工作所达到的深度和细度，应当说远远超过国际上项目管理人员的工作深度和细度，这对保证工程质量起了很好的作用。

（4）工程监理市场准入的双重控制

我国对工程监理的市场准入采取了企业资质和从业人员资格的双重控制。要求专业监理工程师以上的监理人员要取得监理工程师资格证书，不同资质等级的工程监理企业至少要有一定数量的取得监理工程师资格证书并经注册的人员。工程监理企业应当在其资质等级许可的监理范围内承担工程监理业务。

1.1.7 工程监理实施的原则

工程监理企业受业主委托对工程实施监理时，应遵守以下基本原则。

1. 公正、独立、自主的原则

监理工程师在建设工程监理中必须尊重科学、尊重事实，组织各方协同配合，维护有关各方的合法权益。为此，必须坚持公正、独立、自主的原则。业主与承建单位虽然都是独立运行的经济主体，但他们追求的经济目标有差异，监理工程师应在合同约定的权、责、利关系的基础上，协调双方的一致性。只有按合同的约定建成工程，业主才能实现投资的目的，承建单位也才能实现自己生产的产品的价值，取得工程款和实现盈利。

2. 权责一致的原则

监理工程师承担的职责应与业主授予的权限相一致。监理工程师的监理职权，依赖于业主的授权。这种权力的授予，除体现在业主与监理单位之间签订的委托监理合同之中，而且还应作为业主与承建单位之间建设工程合同的合同条件。因此，监理工程师在明确业主提出的监理目标和监理工作内容要求后，应与业主协商，明确相应的授权，达成共识后明确反映在委托监理合同中及建设工程合同中。据此，监理工程师才能开展监理活动。

总监理工程师代表监理单位全面履行建设工程委托监理合同，承担合同中确定的监理方向业主方所承担的义务和责任。因此，在委托监理合同实施中，监理单位应给总监理工程师充分授权，体现权责一致的原则。

3. 总监理工程师负责制的原则

总监理工程师是工程监理全部工作的负责人。要建立和健全总监理工程师负责制，就要明确权、责、利关系，健全项目监理机构，具有科学的运行制度、现代化的管理手段，形成以总监理工程师为首的高效能的决策指挥体系。

总监理工程师负责制的内涵包括以下两方面。

①总监理工程师是工程监理的责任主体，是总监理工程师负责制的核心，它构成了对总监理工程师的工作压力与动力，也是确定总监理工程师权力和利益的依据。所以总监理工程师应是向业主和监理单位所负责任的承担者。

②总监理工程师是工程监理的权力主体。根据总监理工程师承担责任的要求，总监理工程师全面领导建设工程的监理工作，包括组建项目监理机构，主持编制建设工程监理规

划，组织实施监理活动，对监理工作进行总结、监督、评价。

4. 严格监理、热情服务的原则

严格监理，就是各级监理人员严格按照国家政策、法规、规范、标准和合同控制建设工程的目标，依照既定的程序和制度，认真履行职责，对承建单位进行严格监理。

监理工程师还应为业主提供热情的服务，"应运用合理的技能，谨慎而勤奋地工作"。由于业主一般不熟悉建设工程管理与技术业务，监理工程师应按照委托监理合同的要求多方位、多层次地为业主提供良好的服务，维护业主的正当权益。但是，不能因此而一味向各承建单位转嫁风险，从而损害承建单位的正当经济利益。

5. 综合效益的原则

建设工程监理活动既要考虑业主的经济效益，也必须考虑与社会效益和环境效益的有机统一。建设工程监理活动虽经业主的委托和授权才得以进行，但监理工程师应首先严格遵守国家的建设管理法律、法规、标准等，以高度负责的态度和责任感，既对业主负责，谋求最大的经济效益，又要对国家和社会负责，取得最佳的综合效益。只有在符合宏观经济效益、社会效益和环境效益的条件下，业主投资项目的微观经济效益才能得以实现。

1.1.8 工程监理的法律法规及工程管理制度

1. 建设工程法规体系

我国的建设立法工作多年来不断加强和推动，已逐步形成了体系。我国的建设法规是指由国家权力机关或其授权的行政机关制定的旨在调整国家及其有关机构、企事业单位、社会团体、公民之间，在建设活动中或建设行政管理活动中发生的各种社会关系的法律、法规的统称。

建设法规调整的社会关系主要有三种：

①建设活动中的行政管理关系，如国家及其建设行政主管部门对建设工程项目的立项、计划、资金筹集、设计、施工、验收等实行的监督管理关系；对城镇规划与建设中的监督管理关系；对建筑业、房地产业、市政公用事业中发生的监督管理关系；对建筑市场的监督管理关系等。

②建设活动中的经济关系，如建设单位、勘察设计单位、施工单位、材料设备供应单位等之间所发生的经济关系，通常以经济合同方式加以确立。

③建设活动中的民事关系，如土地征用、拆迁安置，房地产交易中有关买卖、租赁等发生的一系列民事关系。

因此，建设法规是具有行政法、经济法、民法等法律性质的综合性部门法规，并由一系列法律、行政法规和部门规章等组成建设法规体系。

2. 建设工程监理相关法规及规范性文件

建设工程监理是一项法律活动，而与之相关的法律法规及规范性文件的内容是十分丰富的，它不仅包括相关法律，还包括相关的行政法规、部门规章、地方性法规等。从其内容上看，它不仅对监理企业和监理工程师资质管理有全面的规定，而且对监理活动、委托监理合同、政府对建设工程监理的行政管理等都作了明确规定。

1）法律

（1）《中华人民共和国建筑法》

《中华人民共和国建筑法》(以下简称《建筑法》) 是我国工程建设领域的一部大法。调整的对象包括从事建筑活动的单位和个人以及监督管理的主体，调整的行为是各类房屋建筑及其附属设施的建造和与其配套的线路、管道、设备的安装活动。立法目的是为了加强对建筑活动的监督管理，维护建筑市场秩序，保证建筑工程的质量和安全，促进建筑业健康发展。

《建筑法》是我国建设工程监理活动的基本法律，它对建设工程监理的性质、目的、适用范围等都作出了明确的原则规定。

《建筑法》于 1997 年 11 月 1 日公布，于 1998 年 3 月 1 日起施行。

（2）《中华人民共和国合同法》

《中华人民共和国合同法》(以下简称《合同法》) 中的相关法律规范和内容，是建设工程监理法律制度的重要组成部分。合同是平等主体的自然人、法人、其他组织之间设立、变更、终止民事权利义务关系的协议。《合同法》主要规定合同的订立、合同的效力及合同的履行、变更、解除、保全、违约责任等问题。立法目的是为了保护合同当事人的合法权益，维护社会经济秩序，促进社会主义现代化建设。

《合同法》于 1999 年 3 月 15 日公布，于 1999 年 10 月 1 日起施行。

（3）《中华人民共和国招标投标法》

《中华人民共和国招标投标法》(以下简称《招投标法》) 是为了规范招标投标活动，保护国家利益、社会公共利益和招标投标活动当事人的合法权益，提高经济效益，保证项目质量。

《招投标法》对建设工程项目包括项目的勘察、设计、施工、监理以及与工程建设有关的重要设备、材料等的采购过程中的招投标行为作出了明确的原则规定，也是建设工程监理法律制度的重要组成部分。

《招投标法》于 1999 年 8 月 30 日公布，于 2000 年 1 月 1 日起施行。

2）行政法规

（1）《建设工程质量管理条例》

《建设工程质量管理条例》以建设工程质量责任主体为基线，规定了建设单位、勘察单位、设计单位、施工单位和工程监理单位的质量责任和义务，明确了工程质量保修制度、工程质量监督制度等内容，并对各种违法违规行为的处罚作了原则规定。

《建设工程质量管理条例》于 2000 年 1 月 30 日公布并施行。

（2）《建设工程安全生产管理条例》

《建设工程安全生产管理条例》是我国第一部规范建设工程安全生产的行政法规，它标志着我国建设工程安全生产管理进入法制化、规范化发展的新时期。《建设工程安全生产管理条例》对于建设单位、勘察单位、设计单位、施工单位、工程监理单位及其他与建设工程安全生产有关的单位遵守安全生产法律、法规，保证建设工程安全生产，依法承担建设工程安全生产责任等进行了规定。

《建设工程安全生产管理条例》于 2003 年 11 月 12 日公布，2004 年 2 月 1 日起施行。

3）部门规章

①《建设工程监理范围和规模标准规定》(建设部令第 86 号)。

②《注册监理工程师管理规定》(建设部令第 147 号)。

③《评标委员会和评标方法暂行规定》(国家计委、国家经贸委、建设部、铁道部、交通部、信息产业部、水利部令第 12 号)。

④《房屋建筑和市政基础设施工程施工招标投标管理办法》(建设部令第 89 号)。

⑤《城市建设档案管理规定》(建设部令第 61 号)。

⑥《工程监理企业资质管理规定》(建设部令第 158 号)。

4) 标准规范

①《建设工程监理规范》(GB 50319—2000)。

②《建设工程项目管理规范》(GB/T 50326—2006)。

③《建设工程工程量清单计价规范》(GB/T 50500—2008)。

5) 规范性文件

①《建设工程施工合同 (示范文本)》(CF—1999—0201)。

②《建设工程委托监理合同 (示范文本)》(GF—2000—0202)。

1.1.9　工程监理的发展趋势

1. 我国工程监理的发展

我国工程建设的历史已有几千年，但现代意义上的工程建设监理制度的建立是从 1988 年开始的。

在改革开放以前，我国工程建设项目的投资由国家拨付，施工任务由行政部门向施工企业直接下达。当时的建设单位、设计单位和施工单位都是完成国家建设任务的执行者，都对上级行政主管部门负责，缺少互相监督的职责。政府对工程建设活动采取的是单向的行政监督管理，在工程建设的实施过程中，对工程质量的保证主要依靠施工单位的自我监督。

20 世纪 80 年代以后，我国进入了改革开放时期，工程建设活动也逐步市场化。为了适应这一形势的需要，从 1983 年开始，我国开始实行了政府对工程质量的监督制度，全国各地及国务院各部门都成立了专业质量监督部门和各级质量检测机构，代表政府对工程建设质量进行监督和检测。各级质量监督部门在不断进行自身建设的基础上，认真履行职责，积极开展工作，在促进企业质量保证体系的建立、预防工程质量事故、保证工程质量上发挥了重大作用。从此，我国的工程建设监督由原来的单向监督向政府专业质量监督转变，由仅靠企业自检自评向第三方认证和企业内部保证相结合转变。这种转变使我国工程建设监督向前迈进了一大步。

20 世纪 80 年代中期，随着我国改革的逐步深入和开放的不断扩大，“三资”工程项目在我国逐步增多，加之国际金融机构向我国贷款的工程项目都要求实行招标投标制、承包发包制和建设监理制，使得国外专业化、社会化的监理公司、咨询公司、管理公司的专家们开始出现在我国“三资”工程项目建设管理中。他们按照国际惯例，以受业主委托与授权的方式，对工程建设进行管理，显示出高速度、高效率、高质量的管理优势。其中，值得一提的是在我国建设的鲁布革电站工程，作为世界银行贷款项目，在招标中，日本大成公司以低于概算 43% 的悬殊标价承包了引水系统工程，而仅以 30 多名管理人员和技术骨干组成的项目管理班子，雇用了 400 多名中国劳务人员，采用非尖端的设备和技术手段，靠科学管理创造了工程造价、工程进度、工程质量三个高水平纪录。这一工程实例震动了我国建筑界，造成了对我国传统的政府专业监督体制的冲击，它引起了我国工程建设管理者的深入思考。

1985 年 12 月，我国召开了基本建设管理体制改革会议，这次会议对我国传统的工程建设管理体制作出了深刻的分析与总结，指出了我国传统的工程建设管理体制的弊端，肯定了必须对其进行改革的思路，并指明了改革的方向与目标，为实行工程建设监理制奠定了思想基础。1988 年 7 月，建设部在征求有关部门和专家意见的基础上，发布了《关于开展建设监理工作的通知》，接着又在一些行业部门和城市开展了工程建设监理试点工作，并颁发了一系列有关工程建设监理的法规，使建设监理制度在我国建设领域得到了迅速发展。

我国的工程建设监理制自 1988 年推行以来，大致经过了三个阶段：工程监理试点阶段（1988—1993）；工程监理稳步推行阶段（1993—1995）；工程监理全面推行阶段（1996 年至今）。

（1）工程监理试点阶段

1988 年，建设部发出了《关于开展建设监理工作的通知》。在该通知中，对建设监理的范围、对象、内容、步骤等，都作了明确规定。同年建设部又印发了《关于开展建设监理试点工作的若干意见》，确定了北京、上海、天津、南京、宁波、沈阳、哈尔滨、深圳八市和能源部、交通部两部的水电和公路系统，作为全国开展建设监理工作的试点单位。

经过几年的试点工作，建设部于 1993 年在天津召开了第五次全国建设监理工作会议。这次会议总结了试点工作的经验，对各地区、各部门的建设监理工作给予了充分肯定，并决定在全国结束建设监理制度的试点工作。工程建设监理制度从当年转入稳步发展阶段。

（2）工程监理稳步发展阶段

从 1993 年工程监理转入稳步发展阶段以来，我国工程建设监理工作得到了很大发展。截至 1995 年底，全国的 29 个省、自治区、直辖市和国务院 39 个工业、交通等部门推行了工程监理制度。全国已开展监理工作的地级以上城市有 153 个，占总数的 76%，已成立的监理单位有 1500 家，其中甲级监理单位有 64 家；监理工作从业人员达 8 万人，其中有 1180 多名监理工程师获得了注册证书；一支具有较高素质的监理队伍正在形成，全国累计受监理的工程投资规模达 5000 多亿元，受监理工程的覆盖率在全国平均约有 20%。

（3）工程监理全面推行阶段

1995 年 12 月，住房和城乡建设部在北京召开了第六次全国建设监理工作会议。会上，国家住房和城乡建设部和国家计委联合颁布了 737 号文件，即《工程监理规定》。这次会议总结了我国七年来工程建设监理工作的成绩和经验，对今后的监理工作进行了全面的部署。这次会议的召开标志着我国建设监理工作已进入全面推行的新阶段。但是，由于工程建设监理制度在我国起步晚，基础差，有的单位对实行工程建设监理制度的必要性还缺乏足够的认识，一些应当实行工程监理的项目没有实行工程监理，并且有些监理单位的行为不规范，没有起到工程建设监理应当起到的公正监督作用。为使我国已经起步的工程建设监理制度得以完善和规范，适应建筑业改革和发展的需要，并将其纳入法制化的轨道上来，1997年10月举行了全国首届注册监理工程师执业资格考试，同年12月全国人大通过了《中华人民共和国建筑法》，并将工程建设监理列入其中，它标志着《建筑法》以法律的形式，确立了在我国推行工程建设监理制度的重大举措。

2. 国外工程监理的发展

工程建设监理制度在国际上已有较长的发展历史，西方发达国家已经形成了一套较为完善的工程监理体系和运行机制，可以说，工程建设监理已经成为建设领域中的一项国际惯例。世界银行、亚洲开发银行等国际金融机构和发达国家政府贷款的工程项目，都把工程建设监理作为贷款条件之一。

建设监理制度的起源可以追溯到产业革命发生以前的16世纪，随着社会对房屋建造技术要求的不断提高，建筑师队伍出现了专业分工，其中有一部分建筑师专门向社会传授技艺，为工程业主提供技术咨询，解答疑难问题，或受聘监督管理施工，建设监理制度出现了萌芽。18世纪60年代的英国产业革命，大大促进了整个欧洲大陆城市化和工业化的发展进程，社会大兴土木，建筑业空前繁荣，然而工程项目业主却越来越感到单靠自己的监督管理来实现建设工程高质量的要求是很困难的，工程建设监理的必要性开始为人们所认识。19世纪初，随着建设领域商品经济关系的日趋复杂，为了明确工程项目业主、设计者、施工者之间的责任界限，维护各方的经济利益并加快工程进度，英国政府于1830年以法律手段推出了总合同制度，这项制度要求每个建设项目要由一个承包商进行总包，这样就导致了招标投标方式的出现，同时也促进了工程建设监理制度的发展。

自20世纪50年代末期，科学技术的飞速发展，工业和国防建设以及人民生活水平不断提高，需要建设大量的大型、巨型工程，如航天工程、大型水利工程、核电站、大型钢铁公司、石油化工企业和新城市开发等。对于这些投资巨大、技术复杂的工程项目，无论是投资者还是建设者都不能承担由于投资不当或项目组织管理失误而带来的巨大损失，因此项目业主在投资前要聘请有经验的咨询人员进行投资机会论证和项目的可行性研究，在此基础上再进行决策。并且在工程项目的设计、实施等阶段，还要进行全面的工程监理，保证实现其投资目的。

近年来，西方发达国家的建设监理制正逐步向法律化、程序化发展，在西方国家的工程建设领域中已形成工程项目业主、承包商和监理单位三足鼎立的基本格局。进入20世纪80年代以后，建设监理制在国际上得到了较大的发展。一些发展中国家也开始效仿发达国家的做法，结合本国实际，设立或引进工程监理机构，对工程项目实行监理。目前，在国际上工程建设监理已成为工程建设必须遵循的制度。

3. 工程监理未来的发展趋势

（1）建设监理应回归其"为业主提供建设工程专业化监督管理服务"的本来定位

抛开"建设监理"还是"项目管理"这种名词之间的无谓争执，让建设监理回归其"为业主提供建设工程专业化监督管理服务"的本来定位。从建设监理市场的竞争和开放性本质的论述，我们可以清楚地看到建设监理的本质是随着工程建设领域技术的发展，随着社会专业分工的不断细化，由客观存在的市场需求引发的一项符合市场经济规律的惯例。因此，它的本质是根据建设项目业主的需求为工程建设提供相应的专业化监督管理服务，以自己的专业能力求得生存。在我国，随着市场经济的不断发育、完善，监理更多的是根据业主的需求提供相应的技术、管理、咨询等服务，服务形式将更多样化。而且，随着我国固定资产投资体制改革的不断深入，法人责任制的深入贯彻落实，未来业主对项目投资回报的日益重视，业主们更关心的将是投资效益问题，因此未来建设监理的工作重心将逐步转移到如何用有限的资源（工程投资、工期等）去实现最佳的目标（工程质量、合理的建设规模），或者说更关心的是如何实现工程建设投资、工期、质量、建设规模等多目标之间的最佳组合，从而最大限度地发挥建设项目投资的综合效益。唯其如此，建设监理才能体现其存在的价值，才能拥有旺盛的生命力。

（2）政府对建设监理的管理将进一步从微观转向宏观，重点放到政策引导上

随着市场经济的发育完善，随着市场信用体系的建立健全和全社会信用意识真正地深入人心，政府应逐步退出具体细微的事务性管理工作，充分发挥市场经济规律自身的调节作用，譬如，随着工程建设领域各方行为的日益规范及信用机制的建立和完善，可以逐步淡化监理企业资质管理制度。政府在退出微观经济事务管理的同时，要加强宏观政策的研究，重点放在界定违法违规行为，制定相关法律法规并切实做好监管，为行业发展提供一个良好的政策环境以及公平竞争的平台。

（3）强制监理和政府定价制度将逐步退出历史舞台

"强制监理"方面存在的问题：一是现阶段"强制监理"已经成为让监理充当建设工程领域质量、安全问题责任的"垫背者"角色的最佳理由，一些地方、部门在处理建设工程质量、安全问题的时候，首先想到的是监理而不是工程建设的实施主体——施工单位，个别严重的甚至出现重罚监理、偏袒施工的怪现象，偏离了建设监理是受业主委托、代表业主实施工程管理这一基本的出发点。也正因如此，相当一部分业主是因为政府规定必须"强制监理"以及监理能帮其承担相当的责任而请监理，并非真正从节约项目投资、控制工程质量、实现项目建设目标的最佳完成这个角度来考虑问题，若非如此，为什么现阶段在请监理的同时，相当多的建设单位还要保留工程专业人员成立基建班子？二是少部分素质较差的施工企业，更是"躺在"监理身上，结果监理人员成了施工企业的质量、安全监督员，否则稍有闪失就成了质量、安全事故的责任人，这种责任界限的模糊不清，形成了表面上人人有责任、事实上相互推诿扯皮的现象，结果是损害了工程建设的效率。三是由于强制监理，形成了建设监理市场的表面繁荣，因此也滋生了一批素质不高的监理企业，这些监理企业往往通过压价竞争、人情关系等非实力比拼途径获取业务，这样的企业一旦取得业务后，又不派出或者说是根本就派不出实力强大的监理队伍开展监理工作，成为监理行业的"老鼠屎"，拉得一些本来实力尚可的监理企业为了生存不得不"同流合污"，严重败坏了监理行业的声誉。

因此，随着市场经济的不断发育、完善，强制监理和政府定价逐步退出历史舞台是必然的，但这会有一个过程，而且应该是一个逐步缩小范围的、有选择的、理性的退出过程。现阶段强制监理和政府定价的范围可以主要集中在政府投资的建设项目上，这也是中国特色的监理。

（4）社会对监理的素质要求将越来越高

如果政府一旦取消强制监理，"监理"这个"孩子"就必须走出政府的襁褓，自己去经风历雨、适者生存。社会对监理的素质要求也将越来越高。监理企业必须要能提供满足业主需求的服务才能生存，因此，除了提高自身的能力和水平，别无他法。监理企业和从业人员之间是一个双向选择的组合，什么样的企业需要什么样的人才，就能给予什么样的待遇；反之，什么样的人才能进什么样的企业，也就能得到什么样的报酬。因此，监理从业人员要想获得更大程度的个人满足，无论是个人的经济收入还是社会地位，除了努力提高自身的专业能力和职业道德水平，也别无捷径。

（5）监理行业结构将出现分化，出现金字塔形的构架

由于市场需求的多样化及企业自身能力的差异，监理行业的整体结构必将出现分化，现阶段存在的强势监理企业和弱势监理在同一平台上竞争的局面将不复存在，而且这种现象事实上也是极其不合理的。

第一类企业：在行业顶端的，将是拥有自主的知识产权、专有技术、实力强大的公司。其业务可能集中在某一项或多项专业工程领域，从事着从项目立项、可行性研究到初步设计、施工图设计、选择承包商、监督管理施工直至工程竣工验收，甚至包括项目后评估的项目全过程的管理和技术咨询服务。这样的企业不仅具有良好的社会信誉和知名度，而且在相关工程领域，甚至在国际工程建设领域中都处于领先地位，具有不可替代的能力。这样的企业为数很少，主要集中在一些技术含量高、工程复杂程度大的专业工程领域，其获利将相当可观。

第二类企业：处在金字塔中间部分的企业，将是不具备自有的专有技术或知识产权，但是具有良好的社会信誉、实力较强，而且有结构合理的人才队伍、相当丰富的建设项目管理经验、在某一项或多项专业工程技术上有专长。这样的企业将有能力根据市场的需要提供建设项目全过程或某一阶段的技术咨询和管理服务，这样的企业获利水平可能比不上第一种类型的企业，不存在暴利，但是总体规模将远大于第一种类型的企业，成为建设监理行业的中坚力量，其从业人员将具有相当的社会地位、受人尊敬。

第三类企业：处在金字塔底层的企业，主要在施工现场实施旁站或仅仅实施施工阶段质量、投资、安全等某一专项监管的企业。这样的企业可以是受业主的委托，也可以是受第一种类型监理企业的委托，甚至可以是受施工承包单位的委托，受谁委托即为谁服务。该类型企业的服务利润将十分有限。其从业人员的地位和收入也将远不如第一类、第二类企业人员。

综上所述，中国建设监理的发展需要政府更为有效的政策支持，需要更为公平、诚信的市场环境，需要所有从业人员的不懈努力。不管冠它以何种名称，这种"为业主的工程建设提供专业化监督管理服务"的工作终将有其旺盛的生命力。

1.2 测绘工程监理

1.2.1 测绘工程及其对监理的需求

传统意义的"测绘"是测量与地图制图的总称，是研究陆地、海洋、空间测量和编

制印刷地图的理论和方法的一门科学。"测绘学"的现代概念是研究地球和其他实体的与地理空间分布有关的信息的采集、量测、分析、显示、管理和利用的科学和技术。根据"测绘学"的现代定义，测绘工程可以理解成，为满足某种或某些对地理信息采集、量测、分析和利用的需求而开展的专业工作。伴随国民经济的快速持续发展，社会对各种形式的地理信息需求日益增强，测绘工程呈现出"项目规模大，技术含量高，成果形式多，生产组织复杂"的发展趋势。传统的用户和生产方对测绘项目进行管理的模式在相当多的测绘项目中遇到了难以解决的问题，产生了借助社会化的专业机构对测绘工程项目进行监督的需求。这些社会化的专业机构凭借自身的技术和经验在质量管理、进度控制和工程组织协调方面按照业主的授权开展工作，可以较好地保证大型复杂的测绘工程项目顺利开展。近年来，测绘市场对监理的需求呈现出快速增长的势头。

1.2.2 测绘工程监理的概念

测绘工程监理在目前还没有统一的概念，按照监理的性质和所提供服务的内涵可以理解为，提供高智能专业技术服务的监理单位接受业主的委托与授权。按照国家测绘法律法规和测绘工程监理合同的要求所进行的旨在实现测绘项目目标的微观监督管理活动。上述概念包括以下几层意思：

——测绘工程监理的行为主体是监理单位；

——监理单位开展工作需要业主的委托和授权；

——测绘工程监理具有明确的行为依据；

——测绘工程监理的监督活动主要在项目实施阶段；

——测绘工程监理是具有社会服务性质的微观监督行为。

1.2.3 建立测绘工程监理制度的必要性

在计划经济时期，我国的主体测绘工作由国家有关部门统一组织，组建测绘队伍，安排测绘任务，负责项目管理，控制成果的使用范围。利用政治和组织手段，在测绘行业建立了比较完善的项目质量和进度管理模式，并形成了重视质量工作的测绘优良传统。实行社会主义市场经济体制后，社会需求、投资方式、项目管理、职业道德和技术手段发生了重大变化，计划经济时期的项目管理模式已经基本不能适应现代测绘工程管理的需要。近二十年市场经济模式的运行，由于测绘工程项目组织的复杂性，不少问题难以解决，一度造成质量滑坡，投资浪费的情况。如何在新时期为国民经济建设和社会发展提供良好的测绘保障，完善测绘工程项目管理机制势在必行，监理制度就是其中的一项重要内容。

1. 发展社会主义市场经济的需求

随着社会主义市场经济的发展，各种工程建设包括测绘工程出现了投资来源多元化、投资使用有偿化和承包主体市场化的现象，使工程建设参与者的独立地位产生了不断增强的局面，同时带来一些原有市场机制难以解决的问题，如压价竞争、粗制滥造、转包及分包不规范等问题。传统的业主和生产单位二元主体的市场结构，对于大型复杂的测绘工程项目而言，难以解决的问题越来越多。究其原因，这与没有建立适应市场经济发展的管理制度有关。为了建立良好的市场经济秩序，约束测绘项目有关环节的随意性，特别是保证重大测绘工程项目成果质量，建立测绘工程监理制度，势在必行。

2. 投资者对测绘工程监理专业服务的需求

我国经济社会的快速持续发展，对基础地理信息即各种测绘成果的需求不断增强，测绘项目投资规模空前，技术要求越来越高，项目业主直接进行监督管理的难度在加大。特别是随着测绘项目责任制的逐步落实，项目业主承担的投资风险随之增大，使业主越来越感觉到仅凭自身的能力和经验难以完全胜任工程项目管理，产生了借助社会化的智力资源弥补自身不足的需求，将测绘项目的微观管理工作由专业化、社会化的监理单位来承担。引进监理机制，可以使业主从自己不熟悉的、日常的和微观的专业技术管理中解脱出来，专心于必须由自己做出决策的重要事务，让测绘专业知识和实践经验丰富的监理工程师为其提供技术服务。市场细分的客观发展规律和业主的需求，是测绘工程监理产生的直接推动力量。

3. 提高综合效益对测绘工程监理的需求

随着以"3S"技术和计算机技术为代表的高新测绘技术的发展，传统的生产流程被新的工序衔接所替代，以单纯的坐标数据和纸质线画图为代表的传统成果，被"4D"产品为代表的基础地理信息逐步取代，测绘产品的服务领域不断扩大，测绘行业为社会经济发展作出了自己的贡献。但是，新的测绘生产流程，特别是高额投资的复杂的地理信息系统建设，单靠业主单位进行管理监督几乎是不可能的，这对专业的监理单位而言，是相对容易的工作。从对监理单位和监理工程师的基本要求来看，他们对测绘项目中的各种情况较为熟悉，通过对进度、质量等方面的监理，尤其是过程质量控制，协调多种关系，对生产单位监督的同时进行指导，可以较好地避免工程严重拖期和质量低下问题。待具备条件后，监理若能在投资控制管理方面发挥作用，可望进一步提高测绘项目的综合效益。可以展望，实行测绘工程监理制度，有利于提高工程质量，有利于保障项目工期，有利于提高投资效益，是实现测绘工程领域数量与质量、速度与效益有机结合的重要途径。

4. 建立监理制度是加强测绘统一监管的需要

加强测绘统一监管是国家以法定形式确定的管理战略，是由测绘行业管理的特点所决定的。测绘工程监理作为一种测绘业务，自然应在相应法律法规的制约下开展。近年来，随着国民经济对测绘成果需求的不断增大，测绘工程项目投资空前，数字化测绘生产具有较高的科技含量，测绘成果应用越来越广泛，许多投资方引进了监理机制。在需求牵引下，一些与测绘相关的机构进入了测绘工程监理领域。这些监理对测绘项目的质量控制等方面发挥了作用。但由于没有相应机制上的制约和保护，监理发挥的作用受到很大限制，工作形式各不相同，业主和监理方的权利难以保障，甚至存在业主引进监理装门面走形式的现象，重大测绘项目的成果质量仍然难以保证。只有将监理纳入测绘行业管理范畴，制定并实行国家测绘工程监理有关法规和技术规范，实行统一监管，才能保证测绘工程监理健康发展。

1.2.4 测绘工程监理的发展现状

随着市场经济的发展，国民经济各行业对测绘成果的需求日益增强。测绘工程项目规模越来越大，技术先进，工序复杂，由传统的用户和生产方构成的二元市场结构已很难满足发展的要求。国家测绘局对此给予了长时间的关注并进行了积极探索。国家《测绘事业发展的第十个五年计划纲要》指出："要通过健全法制、法规管理，创造公开、公平、公正、竞争有序的测绘市场，积极探索测绘项目的工程监理制。"2007 年《中华人民共和国测绘质量管理条例（初稿）》已经明确把测绘工程监理作为重要内容列入，可以展望，测绘工程监理机制会尽快推行。国家测绘局组织实施的西部测图重大工程明确提出引进监理制。在需求推动下测绘工程监理已经浮出水面。全国测绘界对监理的研究探讨日益加深，不少重大测绘项目引进监理机制，市场实践不断增加，服务面不断拓宽，收到了很好的效果。

1. 目前从事测绘工程监理工作的机构情况

面对市场需求，探索阶段监理机构的缺位，着眼于未来的监理市场，本着先入为主的心态，一些单位积极行动起来，加入到监理实践中来。这些单位按性质可以分为三类：省级测绘质监站、测绘生产单位、数据加工公司和地理信息软件公司。应该讲，国家推行监理制度之后，这些单位都不是真正意义上的监理单位。但这些单位和其所开展的监理工作为监理制度的引进积累了经验。总结分析有关情况有利于监理制度的实施和推广。下面尝试评述其各自的优势和不足。

省级测绘质检站的职责属政府管理范畴，是受省级测绘行政主管部门的委托和授权，负责本行政区域内行业质量监督管理，进行各种类型的测绘产品质量检验，基础测绘检查验收及行业技术指导等。可以展望，引进测绘工程监理机制后，质检站应按照测绘行政管理部门的授权，对测绘工程监理单位的监理行为实施监督。由于质量检验任务量和经费投入多少等原因，相当一部分质检站在指令性任务和测绘市场项目中有过监理的经历。这类单位从事监理工作的优势是多年来从事的工作在一定程度上与监理相一致，都把质量监督、检查和控制作为自己的职责，按照相应的标准实施质量管理。质检站的主要技术人员都具有丰富的质量监督检查的工作经验和现场处理问题的能力，对从事过程检查经验较多的质检站来说，较易向全程质量监理过渡。但省级测绘质检站人员数量有限，从事一线监理所能调动的人数受限制，部分人员直接动手能力不强，一些质检站对地理信息数据监理不够熟悉。

进入测绘工程监理的测绘单位一般都是甲级测绘生产单位。他们的优势是生产经验比较丰富，对生产操作较为熟练，作业人数较多。特别是所从事的监理项目与以往生产做过的测绘项目相近时，对生产工序比较熟悉，生产单位进场作业初期，针对作业中相关技术技能对作业人员指导有利。但生产单位整体来看人员专业理论知识不是很高，对监督检查的程序了解不深，进入监理角色较慢，现场处理问题能力较差，有时身份错位，把自己作为生产单位内部的检查员角色。

地理信息加工公司和地理信息软件公司。二者既有相近之处，也存在一定区别。数据加工公司，近年来内业对各种地理信息数据加工处理较多，测绘内业工序技术较为熟练，库前数据做得较好。地理信息软件公司的长处是软件开发，多数已经有自己的品牌软件，对测绘项目入库较为熟悉，遇到数据问题比较容易得到处理，特别是测绘工程采用自己公司提供的商业软件进行数据检查更有别人不具备的条件。这两类公司的共性是缺乏测绘生产经验，特别是没有测绘外业工作经验，部分人员缺少测绘行业吃苦耐劳的精神，人员结构较为单一，多是计算机专业的年轻技术人员，协调能力差，现场处理问题困难。

2. 目前测绘工程监理所承担的工作

引进监理机制的测绘项目包括两类：第一类是单纯的测绘项目，一般投资额在百万元以上，如大中城市各种比例尺数字化地形图测绘、区域性正射影像图、大规模的地籍调查（包括权属调查、地籍测量和土地利用现状调查等）和各种基础地理信息系统建设；第二类是重大建设工程项目中处于配套专业的工程测量监理，如公路交通、水利枢纽、跨江大桥、超高层建筑等，这类监理一般都存在于工程建设总体监理项目之中。由于第二类监理作为一项重要内容已经列入相应专业的工程建设监理中，且内容相对单一，因此，本书以第一类监理为主。到目前为止，少部分项目，监理单位或主要监理人员以个人身份参与了方案论证和招投标阶段的一些工作，从事该项工作的监理单位多数是省级测绘质检站。绝大多数测绘工程监理局限于测绘工程施工阶段，且只是进行质量控制和进度统计，为业主提供项目进展有关信息和建议，在一定程度上承担了施工阶段的有关各方的协调工作。监理介入前期投资控制的案例极少。

3. 监理作用与效果

从众多引进监理机制的测绘项目的进展和结果来看，监理发挥了重要的作用，总体而言监理效果明显。专业技术人员专职从事测绘工程微观监督管理工作的作用得到了体现，这些监理人员基本能够站在第三方公正立场上，运用自己所掌握的知识和专业经验从事测绘工程监理工作，在工程进度控制和质量控制方面发挥了很大的作用。特别是监理通过工序控制和工序成果检查质量把关，针对生产单位存在的质量问题进行指导，使测绘工程项目的质量得到保证，很少出现返工或较大反复的案例。但由于测绘工程监理工作尚处于尝试阶段，对照建设监理的一般规定，将了解到的不同监理项目优缺点相互对比，实事求是地说，除了包括过程检查在内的质量检查外，共性的东西不多，有的距离业主的要求还存在一定的差距。个别项目，由于业主和监理单位共同作用的原因，存在着在项目管理机制上走过场的现象。

4. 监理工作中存在的问题

市场经济环境和法制环境是监理产生和发展的基本条件。伴随市场经济体制的建立和不断完善，我国经济持续高速发展，国民经济建设和民众生活对测绘成果的需求不断增长，及时详尽准确提供测绘成果的要求催生了测绘工程监理。在市场需求的促动下，测绘工程监理越来越普遍地被引进并发挥了相当程度的作用。但在测绘工程监理法制环境还没有建立的情况下，现有的测绘工程监理仅处于试行和摸索阶段，从操作层面上讲存在很多困难和问题。加之测绘市场供给相对大于需求，竞争激烈，测绘工程监理在相当程度上没有体现出应有的主体地位。在工作中遇到的困难较多，归纳起来有以下几个方面。

（1）行政法规技术规范缺位问题

缺乏行政法规和技术规范的支撑，这是测绘工程监理最大的困难。没有法律法规的支撑，测绘工程监理的定位不够明确，什么样的测绘项目需引进监理，符合什么条件的单位可以从事监理工作，从事监理工作的人员标准是什么，依据什么技术规范开展监理工作，监理的权利和责任如何认定，监理费用按什么标准收取。这些问题是监理试行中的最大问题，也是政府部门和各界最关注的问题，是监理遇到的所有原则问题的根源。

（2）业主给监理创造的工作环境问题

部分项目业主不能以平等主体的身份对待监理单位，影响监理作用的发挥。部分业主对监理单位的要求与其在测绘工程中所授予的权限不符，对监理单位所能发挥的作用缺少权利保障。业主对生产作业队伍的选用程序和招投标的效果如何对项目目标的实现非常重要，如果作业队伍力量薄弱，监理单位无法改变，将使监理工作很难令人满意。多数测绘项目监理介入之前，技术方案已经确定，但往往技术规定不够具体，作业过程中技术设计需要多次补充修改，而监理只能提出建议，业主组织解决不够及时，使得监理难以处理，进而影响整个项目目标的实现。在测绘技术层面上看，控制测量和数据格式方面存在较多问题，且不是监理单位可以确定的，需要业主单位在立项和准备阶段认真对待。在生产组织中，有时生产单位在业主的要求下，质量和进度很难兼顾。在业主催促进度，监理侧重质量的矛盾情况下，生产单位往往只能赶进度应付。造成监理无所适从又难以解决问题，使监理工作处于非常被动的局面。

（3）从事监理业务的单位存在的问题

目前，从事测绘工程监理工作的单位普遍与真正意义上的监理单位应具备的条件还有一定的差距。在组织管理上还没有达到专业化的程度，缺少监理经验。从事监理的人员对国家测绘法律法规、监理的定位、监理的行为准则和处理问题的方式方法不是很清楚，监理人员对监理知识掌握太少。参与监理的人员构成不够合理，年龄结构和专业结构满足不了工作需要，职业道德和专业知识参差不齐，少部分综合能力低下。这些问题的存在，可导致监理工作不到位，使业主失望，进而以不满意的态度对待监理单位，从而导致合作双方彼此不满意。

◎ 习题和思考题

1. 什么是工程监理？工程监理具有哪些性质？
2. 工程监理的目的什么？
3. 工程监理的依据是什么？它有何作用？
4. 试述工程监理实施的原则和程序。
5. 现阶段我国的工程建设中推行了哪些工程管理制度？
6. 简述测绘工程监理的概念。简述建立测绘工程监理制度的必要性。

第2章　测绘工程监理的组织与协调

【教学目标】

学习本章，要理解组织和监理组织的基本原理；了解测绘工程项目组织的目标管理、组织结构图和资源配置；掌握测绘工程监理的组织机构形式与人员配备；理解测绘工程监理组织协调的范围、层次、内容和方法。

2.1　组织的基本原理

组织是管理中的一项重要职能。建立精干、高效的项目监理机构并使之正常运行，是实现建设工程监理目标的前提条件。因此，组织的基本原理是监理工程师必备的理论知识。

组织理论的研究分为两个相互联系的分支学科，即组织结构学和组织行为学。组织结构学侧重于组织的静态研究，即组织是什么，其研究目的是建立一种精干、合理、高效的组织结构；组织行为学则侧重组织的动态研究，即组织如何才能够达到其最佳效果，其研究目的是建立良好的组织关系。

2.1.1　组织和组织结构

1. 组织

所谓组织，就是为了使系统达到它特定的目标，使全体参加者经分工与协作以及设置不同层次的权力和责任制度而构成的一种人的组合体。它含有以下3层意思。

①目标是组织存在的前提；

②没有分工与协作就不是组织；

③没有不同层次的权力和责任制度就不能实现组织活动和组织目标。

作为生产要素之一，组织有如下特点：其他要素可以相互替代，如增加机器设备可以替代劳动力，而组织不能替代其他要素，也不能被其他要素所替代。但是，组织可以使其他要素合理配合而增值，即可以提高其他要素的使用效益。随着现代化社会大生产的发展，随着其他生产要素复杂程度的提高，组织在提高经济效益方面的作用也愈益显著。

2. 组织结构

组织内部构成和各部分间所确立的较为稳定的相互关系和联系方式，称为组织结构。以下几种提法反映了组织结构的基本内涵。

①确定正式关系与职责的形式；

②向组织各个部门或个人分派任务和各种活动的方式；

③协调各个分离活动和任务的方式；

④组织中权力、地位和等级关系。

（1）组织结构与职权的关系

组织结构与职权形态之间存在着一种直接的相互关系，这是因为组织结构与职位以及职位间关系的确立密切相关，因而组织结构为职权关系提供了一定的格局。组织中的职权指的就是组织中成员间的关系，而不是某一个人的属性。职权的概念是与合法地行使某一职位的权力紧密相关的，而且是以下级服从上级的命令为基础的。

（2）组织结构与职责的关系

组织结构与组织中各部门、各成员的职责的分派直接有关。在组织中，只要有职位就有职权，而只要有职权也就有职责。组织结构为职责的分配和确定奠定了基础，而组织的管理则是以机构和人员职责的分派和确定为基础的，利用组织结构可以评价组织各个成员的功绩与过错，从而使组织中的各项活动有效地开展起来。

（3）组织结构图

组织结构图是组织结构简化了的抽象模型。但是，它不能准确、完整地表达组织结构，如它不能说明一个上级对其下级所具有的职权的程度以及平级职位之间相互作用的横向关系。尽管如此，它仍不失为一种表示组织结构的好方法。

2.1.2　组织设计

组织设计就是对组织活动和组织结构的设计过程，有效的组织设计在提高组织活动效能方面起着重大的作用。组织设计有以下要点。

①组织设计是管理者在系统中建立最有效相互关系的一种合理化的、有意识的过程；

②该过程既要考虑系统的外部要素，又要考虑系统的内部要素；

③组织设计的结果是形成组织结构。

1. 组织构成因素

组织构成一般是上小下大的形式，由管理层次、管理跨度、管理部门、管理职能四大因素组成。各因素是密切相关、相互制约的。

（1）管理层次

管理层次是指从组织的最高管理者到最基层的实际工作人员之间的等级层次的数量。

管理层次可分为三个层次，即决策层、中间层和执行层或操作层。决策层的任务是确定管理组织的目标和大政方针以及实施计划，它必须精干、高效；中间层的任务主要是参谋、咨询职能，其人员应有较高的业务工作能力；执行层的任务是直接调动和组织人力、财力、物力等具体活动内容，其人员应有实干精神并能坚决贯彻管理指令；操作层的任务是从事操作和完成具体任务，其人员应有熟练的作业技能。这三个层次的职能和要求不同，标志着不同的职责和权限，同时也反映出组织机构中的人数变化规律。

组织的最高管理者到最基层的实际工作人员权责逐层递减，而人数却逐层递增。

如果组织缺乏足够的管理层次将使其运行陷于无序的状态。因此，组织必须形成必要的管理层次。不过，管理层次也不宜过多，否则会造成资源和人力的浪费，也会使信息传递慢、指令走样、协调困难。

（2）管理跨度

管理跨度是指一名上级管理人员所直接管理的下级人数。在组织中，某级管理人员的管理跨度的大小直接取决于这一级管理人员所需要协调的工作量。管理跨度越大，领导者需要协调的工作量越大，管理的难度也越大。因此，为了使组织能够高效地运行，必须确定合理的管理跨度。

管理跨度的大小受很多因素影响，它与管理人员性格、才能、个人精力、授权程度及被管理者的素质有关。此外，还与职能的难易程度、工作的相似程度、工作制度和程序等客观因素有关。确定适当的管理跨度，需积累经验并在实践中进行必要的调整。

（3）管理部门

组织中各部门的合理划分对发挥组织效应是十分重要的。如果部门划分不合理，会造成控制、协调困难，也会造成人浮于事，浪费人力、物力、财力。管理部门的划分要根据组织目标与工作内容确定，形成既有相互分工又有相互配合的组织机构。

（4）管理职能

组织设计确定各部门的职能，应使纵向的领导、检查、指挥灵活，达到指令传递快、信息反馈及时；使横向各部门间相互联系、协调一致，使各部门有职有责、尽职尽责。

2. 组织设计原则

项目监理机构的组织设计一般需考虑以下几项基本原则。

（1）集权与分权统一的原则

在任何组织中都不存在绝对的集权和分权。在项目监理机构设计中，所谓集权，就是总监理工程师掌握所有监理大权，各专业监理工程师只是其命令的执行者；所谓分权，是指在总监理工程师的授权下，各专业监理工程师在各自管理的范围内有足够的决策权，总监理工程师主要起协调作用。

项目监理机构是采取集权形式还是分权形式，要根据建设工程的特点，监理工作的重要性，总监理工程师的能力、精力及各专业监理工程师的工作经验、工作能力、工作态度等因素进行综合考虑。

（2）专业分工与协作统一的原则

对于项目监理机构来说，分工就是将监理目标，特别是投资控制、进度控制、质量控制三大目标分成各部门以及各监理工作人员的目标、任务，明确干什么、怎么干。在分工中特别要注意以下三点。

①尽可能按照专业化的要求来设置组织机构；

②工作上要有严密分工，每个人所承担的工作，应力求达到较熟悉的程度；

③注意分工的经济效益。

在组织机构中还必须强调协作。所谓协作，就是明确组织机构内部各部门之间和各部门内部的协调关系与配合方法。在协作中应该特别注意以下两点。

①主动协作要明确各部门之间的工作关系，找出易出矛盾之点，加以协调。

②有具体可行的协作配合办法。对协作中的各项关系，应逐步规范化、程序化。

（3）管理跨度与管理层次统一的原则

在组织机构的设计过程中，管理跨度与管理层次成反比例关系。这就是说，当组织机构中的人数一定时，如果管理跨度加大，管理层次就可以适当减少；反之，如果管理跨度缩小，管理层次肯定就会增多。一般来说，项目监理机构的设计过程中，应该在通盘考虑影响管理跨度的各种因素后，在实际运用中根据具体情况确定管理层次。

（4）权责一致的原则

在项目监理机构中应明确划分职责、权力范围，做到责任和权力相一致。从组织结构的规律来看，一定的人总是在一定的岗位上担任一定的职务，这样就产生了与岗位职务相适应的权力和责任，只有做到有职、有权、有责，才能使组织机构正常运行。由此可见，组织的权责是相对于预定的岗位职务来说的，不同的岗位职务应有不同的权责。权责不一致对组织的效能损害是很大的。权大于责就容易产生瞎指挥、滥用权力的官僚主义；责大于权就会影响管理人员的积极性、主动性、创造性，使组织缺乏活力。

（5）才职相称的原则

每项工作都应该确定为完成该工作所需要的知识和技能。可以对每个人通过考察他的学历与经历，进行测验及面谈等，了解其知识、经验、才能、兴趣等，并进行评审比较。职务设计和人员评审都可以采用科学的方法，使每个人现有的和可能有的才能与其职务上的要求相适应，做到才职相称，人尽其才，才得其用，用得其所。

（6）经济和效率原则

项目监理机构设计必须将经济性和高效率放在重要地位。组织结构中的每个部门、每个人为了一个统一的目标，应组合成最适宜的结构形式，实行最有效的内部协调，使事情办得简捷而正确，减少重复和扯皮。

（7）弹性原则

组织机构既要有相对的稳定性，不要总是轻易变动，又要随组织内部和外部条件的变化，根据长远目标作出相应的调整与变化，使组织机构具有一定的适应性。

2.1.3　组织机构活动基本原理

组织机构的目标必须通过组织机构活动来实现。组织活动应遵循如下基本原理。

1. 要素有用性原理

一个组织机构中的基本要素有人力、物力、财力、信息、时间等。

运用要素有用性原理，首先应看到人力、物力、财力等要素在组织活动中的有用性，充分发挥各要素的作用，根据各要素作用的大小、主次、好坏进行合理安排、组合和使用，做到人尽其才、财尽其利、物尽其用，尽最大可能提高各要素的有用率。

一切要素都有作用，这是要素的共性，然而要素不仅有共性，而且还有个性。例如，同样是监理工程师，由于专业、知识、能力、经验等水平的差异，所起的作用也就不同。因此，管理者在组织活动过程中不但要看到一切要素都有作用，还要具体分析各要素的特殊性，以便充分发挥每一要素的作用。

2. 动态相关性原理

组织机构处在静止状态是相对的，处在运动状态则是绝对的。组织机构内部各要素之间既相互联系，又相互制约；既相互依存，又相互排斥，这种相互作用推动组织活动的进行与发展。这种相互作用的因子，叫做相关因子。充分发挥相关因子的作用，是提高组织管理效应的有效途径。事物在组合过程中,由于相关因子的作用,可以发生质变。一加一可以等于二,也可以大于二,还可以小于二。整体效应不等于其各局部效应的简单相加,这就是动态相关性原理。组织管理者的重要任务就在于使组织机构活动的整体效应大于其局部效应之和,否则,组织就失去了存在的意义。

3. 主观能动性原理

人和宇宙中的各种事物,运动是其共有的根本属性,它们都是客观存在的物质,不同的是,人是有生命、有思想、有感情、有创造力的。人会制造工具,并使用工具进行劳动;在劳动中改造世界,同时也改造自己;能继承并在劳动中运用和发展前人的知识。人是生产力中最活跃的因素,组织管理者的重要任务就是要把人的主观能动性发挥出来。

4. 规律效应性原理

组织管理者在管理过程中要掌握规律,按规律办事,把注意力放在抓事物内部的、本质的、必然的联系上,以达到预期的目标,取得良好效应。规律与效应关系非常密切,一个成功的管理者懂得只有努力揭示规律,才有取得效应的可能,而要取得好的效应,就要主动研究规律,坚决按规律办事。

2.2 测绘工程项目组织

项目组织在测绘项目的整个过程中有十分重要的作用。组织好坏直接决定了项目的成本、项目的工期以及项目的质量。首先要做好测绘项目的目标管理。其次在项目组织过程中,对项目的生产全过程进行有效控制,包括工期、成本、质量、资源配置等。

2.2.1 测绘项目目标管理

测绘项目目标实际上就是在规定的工期内尽量降低成本、保证质量完成项目合同中所要求的所有测绘任务,这是总体目标。项目目标包括工期目标、成本目标和质量目标。

1. 工期目标

工期目标就是在项目合同规定的时间内完成整个项目。项目要通过不同的工序完成,例如地形图测量项目,要通过收集资料、技术设计、控制测量、图根测量、细部测量、检查验收等工序。工期目标应分解为各个工序的工期目标。各工序的工期目标集合起来就构成了项目的整体工期目标。

2. 成本目标

成本目标就是完成项目所需花费的目标数额,也可称为成本预算。任何项目都期望花尽量少的费用完成项目,但必须保证质量。成本可分解为人工成本、设备折旧或租用成本、消耗材料成本等 3 大类成本。这 3 类成本还可按不同的工序进一步分解,例如地形图测量项目,在细部测量工序中,每个测量小组 3 人,配备 1 台全站仪、1 台电脑,消耗材料包括 1 卷绘图纸、1 箱复印纸、100 根木桩、50 枚道钉、4 盒水泥钉、3 支油性记号笔、2 罐喷洒式油漆等。假定工期 50 天、整个项目需要 10 组进行细部测量、人工费 200 元每天、全站仪折旧费每天 300 元、电脑折旧费每天 20 元、绘图纸 230 元每卷、复印纸 130元每箱、木桩 0.5 元每根、道钉 2 元每个、水泥钉 6 元每盒、油性记号笔 15 元每支、油漆 16 元每罐，则项目细部测量的成本目标为 316 611 元。同理，可算出其他项目工序的成本目标。全部工序的成本目标加起来就构成了整个项目的成本目标。

3. 质量目标

质量目标就是期望项目最终能够达到的质量等级。质量等级分为合格、良好和优秀。衡量项目质量有很详细的质量指标体系。测绘成果的质量由测绘成果检验部门检查验收评定。

2.2.2　测绘项目的组织结构图

测绘项目的组织结构图如图 2.1 所示。

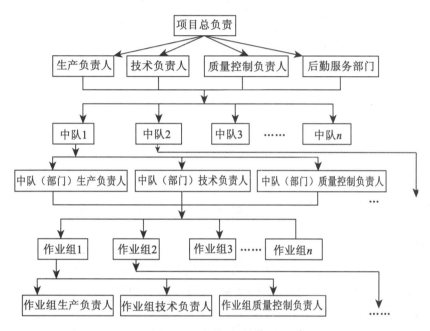

图 2.1　项目组织结构图

2.2.3　测绘项目的资源配置

人员和设备是完成测绘项目资源配置的两个主要条件，项目应配置合适的人员和设备。下面分别讨论人员配置和设备配置。

1. 人员配置

测绘项目人员配置分为项目负责人、生产管理组、技术管理组、质量控制组、后勤服务部门（包含资料管理组、设备管理组、安全保障组、后勤保障组等），下面对各项目组职责及成员构成分别说明。

（1）项目负责人

项目负责人一般由院长（总经理）担任，全面负责本项目的生产计划的实施、技术管理、质量控制、资料的安全保密管理等工作。

（2）生产管理组

测绘项目中的生产管理组一般分为三个层次：项目生产负责人一般由生产院长（项目经理）担任、中队（部门）生产负责人一般由中队长（部门经理）担任、作业组生产负责人一般由各生产作业组长担任。项目负责人全面负责整个项目的工作，包括经费控制、进度控制、质量控制、人员管理等工作。中队（部门）生产负责人全面负责整个中队（部门）的生产工作，也包括经费控制、进度控制、质量控制、人员管理等工作。作业组生产负责人负责组的全面工作，作业组一般不负责经费管理，只负责作业组的进度、质量和人员管理。

（3）技术管理组

测绘项目中的技术管理组一般分为三个层次：项目技术负责人一般由总工程师担任、中队（部门）技术负责人一般由中队（部门）工程师担任、作业组技术负责人一般由各生产作业组工程师担任。项目技术负责人是测绘项目的最高技术主管，负责整个项目的技术工作。中队（部门）技术负责人全面负责整个中队（部门）的技术工作。作业组是最基本的作业单位，每个组设一个技术组长，负责全组的技术工作，技术组长一般由组长兼任。作业员具体从事观测、进行数据处理等工作，作业组的组长（技术组长）也兼做作业员的工作。

（4）质量控制组

测绘项目的质量控制组一般由质量控制办公室（部门）负责，对每一道工序进行质量检查。

（5）后勤服务部门

后勤服务部门包含资料管理组、设备管理组、安全保障组、后勤保障组等，各自负责项目的后勤服务工作。

2. 设备配置

目前测绘项目的主要设备包括水准仪、经纬仪、全站仪、GPS测量系统、航空摄影机、数字摄影测量工作站和数字成图系统等。这7类设备前5类属于外业设备，后2类属于内业设备。测绘项目要配备合适的设备。例如，地形图测绘，地形图的比例尺和范围大小不同，要采用不同的测绘方法及不同的测绘设备。

2.3　测绘工程监理组织

2.3.1　监理组织

开展测绘工程监理业务，需要监理单位根据监理的业务特点建立一整套组织管理措施并落实到具体项目工作中。按照质量管理理论，监理单位首先要具有完备的质量管理体系，按照项目要求设立现场组织机构并落实各级人员的职责，制订监理工作开展的工作依据，并根据业务开展进行有效管理，努力实现监理的目标要求。

工程项目监理组织是指为了最优化实现监理目标，对所需一切资源进行合理配置而建立的针对本项目的一个临时组织机构。建立监理组织并使该组织按照规定开展工作是正常开展监理工作的前提。每一个拟监理的工程项目，监理单位都应根据工程项目的规模、性质，业主对监理的要求，委派称职的人员担任项目的总监理工程师，代表监理单位全面负责该项目的监理工作。在总监理工程师的具体领导下，组建项目的监理组织。

2.3.2 监理组织结构和设计

组织结构就是指在组织内部构成和各部分间所确定的较为稳定的相互关系和联系方式，简单地说，就是指对工作如何进行分工、分组和协调合作。

1. 监理组织结构的构成因素

组织一般由管理层次、管理部门和管理权限组成，各要素之间相互联系又相互制约。

管理层次一般有三个层次，即决策层、中间层和操作层。决策层，由总监理工程师和其助手组成，主要根据建设工程委托监理合同的要求和监理活动内容进行科学化、程序化决定与管理；中间层由各专业监理工程师组成，具体负责监理规划的落实，监理目标控制及合同实施的管理；操作层又叫执行层，由主要监理员、检查员等组成，具体负责监理活动的操作实施。对于项目较小的监理项目而言，中间层可以取消，监理组织结构只有决策层和操作层两部分组成。

管理部门的设立应依据监理目标、监理单位可利用的人力和物力资源以及合同结构情况，将质量控制、进度控制、合同管理、组织协调等监理工作内容按不同的职能活动或按子项目分解形成相应的职能管理部门或子项目管理部门。

管理权限应考虑监理人员的素质、管理活动的复杂性和相似性、监理业务的标准化程度、各项规章制度的建立健全情况、工程项目的区域范围等，按监理工作实际需要确定。

2. 监理组织结构的设计原则

组织结构设计是对组织活动和组织结构的设计过程，目的是提高组织活动的效能，是管理者在建立系统有效关系中的一种科学的、有意识的过程，既要考虑外部因素，又要考虑内部因素。监理组织结构应根据所监理项目的实际情况组建，以满足测绘工程需要和监理合同要求为准，通常要考虑下列五项基本原则。

（1）集权与分权统一的原则

在任何组织中都不存在绝对的集权和分权。在测绘工程监理机构设计中，所谓集权，就是总监理工程师掌握所有监理大权，各专业监理工程师及监理组长只是其命令的执行者；所谓分权，是指各专业监理工程师及监理组长在各自管理的范围内有足够的决策权，总监理工程师起协调作用。

监理机构是采取集权形式还是分权形式，要根据测绘工程的特点、监理工作的重要性，以及总监理工程师的能力、精力和各专业监理工程师、监理组长的工作经验、工作能力、工作态度等因素进行综合考虑。

（2）专业分工与协作统一的原则

对于测绘工程监理机构来说，分工就是将监理目标和任务，特别是质量控制、进度控制、投资控制这三大目标分解成各监理工作人员的目标和任务，明确干什么，怎么干；在监理组织机构中还必须强调协作。所谓协作，就是明确监理组织机构内部之间、各个监理组之间以及各监理组内部之间的协调关系与配合方法。

（3）权责一致的原则

在测绘工程监理机构中应明确划分职责、权力范围，做到责任和权力相一致。从组织结构的规律来看，一定的人总是在一定的岗位上担任一定的职务，这样就产生了与岗位职务相适应的权力和责任，只有做到有职、有权、有责，才能使监理机构正常运行。由此可见，组织的权责是相对预定的岗位职务来说的，不同的岗位职务应有不同的权责。权责不一致对组织的效能损害是很大的。权大于责就容易产生瞎指挥、滥用权力、以"我"为主的主观主义行为；而责大于权会影响监理人员的积极性、主动性、创造性，使组织机构缺乏活力。

（4）才职相称的原则

每项工作都应该确定为完成该项工作所需要的知识和技能。可以对每名监理人员通过考察他的学历与经历，进行测验或面谈等，了解其知识、经验、才能、兴趣等，并进行评审比较，使每个人现有的和可能有的才能与其所从事的职务尽可能地相适应，做到才职相称，人尽其才，才得其用，用得其所。

（5）经济和效率的原则

测绘工程监理机构的组织设计必须将经济性和高效率放在重要地位。监理项目部及下属的各监理组和每个监理人员为了一个统一的目标，应合理搭配，实行最有效的内部协调，使事情办得简捷而正确、快速而高效，减少重复和扯皮。

2.3.3　监理组织活动基本原理

监理组织机构目标必须通过各种组织机构活动来实现。组织活动应遵循如下基本原理：

1. 要素有用性原理

监理组织机构中的基本要素有人力、物力、财力、信息、时间等，这些要素都是必要的，但每个要素的作用大小是不一样的，而且会随着时间、场合的变化而变化。所以在组织活动过程中应根据各要素在不同的情况下的不同作用进行合理安排、组合和使用，做到人尽其才、物尽其用，最大可能地提高各要素的利用率。

2. 动态相关性原理

组织系统内部各要素之间既相互联系，又相互制约，既相互依存，又相互排斥。这种相互作用的因子叫做相关因子。充分发挥相关因子的作用，是提高组织管理效率的有效途径。事物在组合过程当中，由于相关因子的作用，可以发生质变，一加一可以等于二，也可以大于二，还可以小于二，整体效应不等于各局部效应的简单相加，这就是动态相关性原理。组织管理者的重要任务就是使组织机构活动的整体效应大于各局部效应之和，否则，组织就失去了存在的意义。

3. 主观能动性原理

人能够认识世界并在劳动中改造世界，同时也改造自身。这说明人具有主观能动的特点，因而人构成生产力中最活跃的因素，若能有效地发挥这种能动作用就会取得良好的效果。把组织当中每个人的主观能动性积极地发挥出来当然就是组织管理者的一项重要任务。

4. 规律效应性原理

客观事物内部的、本质的、必然的联系就是规律。规律与效应的关系非常密切，一个成功的管理者只有努力掌握规律，才能取得一定的效应，而要取得好的效应，就要主动研究规律，坚决按规律办事。组织管理者在管理过程中要善于掌握规律，才能达到预期的目标，取得良好的效应。

2.3.4 监理组织模式

监理组织模式对一个项目工程的规划、控制、协调起着重要的作用。针对测绘工程监理来说，目前常用的监理组织模式有如下两种：

1. 业主委托一家监理单位监理

这种监理委托模式是指业主只委托一家监理单位为其进行监理服务。这种模式要求被委托的监理单位应该具有较强的技术水平与组织协调能力，并能做好全面的规划管理工作。监理单位的项目监理机构可以组建多个监理分支机构对各生产单位分别实施监理。在具体的监理过程中，项目总监理工程师应重点做好与各方面的总体协调工作，加强横向和纵向的联系，保证项目监理工作的有效运行。这种模式如图2.2所示。

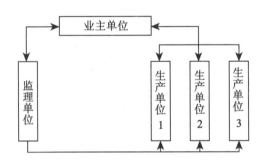

图2.2　业主委托一家监理单位进行监理的模式

2. 业主委托多家监理单位监理

这种监理委托模式是指业主委托多家监理单位为其进行监理服务。采用这种模式，业主分别委托几家监理单位针对不同的生产单位实施监理。由于业主分别与多个监理单位签订委托监理合同，所以各监理单位之间的相互协作与配合需要业主进行协调。采用这种监理模式，各监理单位间的沟通与协调工作至关重要，必须要保证以相同的标准和尺度来进行测绘工程监理工作。这种模式如图2.3所示。

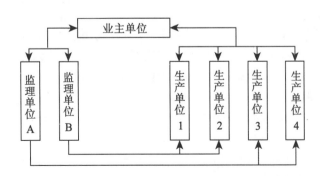

图2.3　业主委托多家监理单位进行监理的模式

2.4 测绘工程监理组织机构形式与人员配备

2.4.1 建立工程监理机构的步骤

工程监理企业在组织项目监理机构时，一般按以下步骤进行，如图2.4所示。

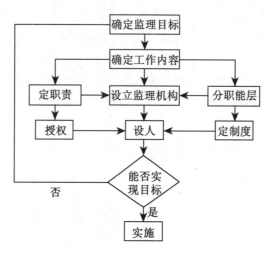

图2.4 组织设计步骤

1. 确定监理目标

监理目标是项目监理机构的前提，应根据委托监理合同中确定的监理目标，明确划分为若干分解目标。

2. 确定工作内容

根据监理目标和委托监理合同中规定的监理任务，明确列出监理工作内容，并进行分类归并及组合。此组织工作应以便于监理目标控制为目的，并考虑被监理项目的规模、性质、工期、工程复杂程度以及工程监理企业自身技术业务水平、监理人员数量、组织管理水平等。

3. 组织结构设计

①确定组织结构形式。由于工程项目规模、性质、建设阶段等的不同，可以选择不同的监理组织机构形式以适应监理工作需要。结构形式的选择应考虑有利于项目合同管理，有利于控制目标，有利于决策指挥，有利于信息沟通。

②合理确定管理层次。

③制定岗位职责。岗位职责及职责的确定，要有明确的目的性，不可因人设事。根据责权一致的原则，应进行适当的授权，以承担相应的职责。

④选派监理人员。根据监理工作的任务，选择相应的各层次人员，除应考虑监理人员个人素质外，还应考虑总体的合理性与协调性。

4. 制定工作流程与考核标准

为使监理工作科学、有序进行，应按监理工作的客观规律性制定工作流程，规范化地开展监理工作，并应确定考核标准，对监理人员的工作进行定期考核，包括考核内容、考核标准及考核时间。

2.4.2 测绘工程监理组织形式

监理单位受业主单位法人的委托，对具体的测绘工程实施监理，必须成立实施监理工作所需要的组织，即为监理组织机构。测绘工程监理组织形式有多种，应根据具体测绘项目的特点、组织管理模式、业主委托的监理任务以及监理单位自身情况而确定。常用的基本组织机构形式有以下3种。

1. 直线式组织

这种组织系统是最简单的，也是测绘工程监理项目中最常用的组织形式。它的特点是组织中各种职位是按垂直系统直线排列的。整个系统组织自上而下实行垂直领导，不设职能机构，可设职能人员协助主管人员工作，主管人员对所属单位的一切问题负责。其特点是：权力系统自上而下形成直线控制，权责分明，如图2.5所示。

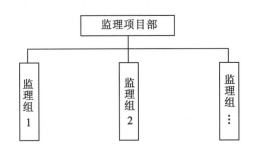

图2.5 直线式项目监理组织形式示意图

（1）直线式项目监理组织的优点

①保证统一领导，每个监理组都向项目部负责，项目部对各个监理组直接行使管理和监督的权力即直线职权，一般不能越级下达指令。每名监理人员的工作任务、责任、权力明确，指令唯一，这样可以减少相互间的扯皮和纠纷，方便协调。

②具有独立的项目组织的优点。特别是项目总监能直接控制各监理组，向业主负责。

③信息流通快，决策迅速，项目容易控制。

④项目任务分配明确，责、权、利关系清楚。

（2）直线式项目监理组织的缺点

①项目总监的责任较大，一切决策信息都集中于他处，这要求他能力强、知识全面、经验丰富、有较强的沟通协调能力，是一个"全能式"人物，否则决策较难、较慢，容易出错；

②各监理组间缺乏交流，横向的联系沟通不畅通；

③不适用于规模较大，工序复杂的项目，并使组织的目标难以实现。

2. 职能式组织

职能式监理组织形式是以职能作为划分部门的基础，把管理的职能授权给不同的管理部门。这种监理组织形式就是在项目总监之下设立一些职能机构，分别从职能角度对基层监理组织进行业务管理，并在总监授权的范围内，向下下达命令和指示。这种组织形式强调管理职能的专业化，即把管理职能授权给不同的专业部门，如图 2.6 所示。

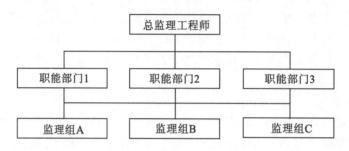

图 2.6　职能式项目监理组织形式示意图

在职能式的监理组织结构中，项目的任务分配给相应的职能部门，职能部门负责人对分配到本部门的项目任务负责。通常职能式的监理组织结构适用于工作内容复杂、技术专业性强、管理分工较细、任务相对比较稳定明确的项目监理工作。

（1）职能式项目监理组织的优点

①由于部门是按职能来划分的，因此各职能部门的工作具有很强的针对性，可以最大限度地发挥每名监理人员的专业才能，有利于人才培养和技术水平的提高，减轻总监理工程师的负担；

②如果各职能部门能做好互相协作的工作，对整个项目的完成会起到事半功倍的效果。

（2）职能式项目监理组织的缺点

①项目信息传递不通畅；

②工作部门可能会接到来自不同职能部门的互相矛盾的指令；

③当不同职能部门之间存在意见分歧，并难以统一时，相互间的协调存在一定的困难；

④职能部门直接对所下属的监理组下达工作指令，总监理工程师对工程项目的控制能力在一定程度上被弱化。

3. 直线职能式

直线职能式监理组织形式是吸收了直线式监理组织形式和职能式监理组织形式的优点而形成的一种组织形式。这种组织形式把管理部门和人员分为两类：一类是直线指挥部门的人员，他们拥有对下级实行指挥和发布命令的权力，并对该部门的工作全面负责；另一类是职能部门和人员，他们是直线指挥人员的参谋，他们只能对下级部门进行业务指导，而不能对下级部门直接进行指挥和发布命令，如图 2.7 所示。

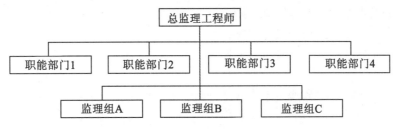

图 2.7　直线职能式项目监理组织形式示意图

2.4.3　工程监理机构的人员配备

1. 项目监理机构监理人员职责

（1）项目总监理工程师（项目总监）应履行的职责

①确定项目监理机构人员的分工和岗位职责；

②主持编写项目监理规划，审批项目监理实施细则，并负责管理项目监理机构的日常工作；

③审查分包单位的资质，并提出审查意见；

④检查和监督监理人员的工作，根据工程项目的进展情况可进行监理人员调配，对不称职的监理人员应调换其工作；

⑤主持监理工作会议，签发项目监理机构的文件和指令；

⑥审定承包单位提交的开工报告、施工组织设计、技术方案、进度计划；

⑦审核签署承包单位的申请、支付证书和竣工结算；

⑧审查和处理工程变更；

⑨主持或参与工程质量事故的调查；

⑩调解建设单位与承包单位的合同争议、处理索赔、审批工程延期；

⑪组织编写并签发监理月报、监理工作阶段报告、专题报告和项目监理工作总结；

⑫审核签认分部工程和单位工程的质量检验评定资料，审查承包单位的竣工申请，组织监理人员对待验收的工程项目进行质量检查，参与工程项目的竣工验收；

⑬主持整理工程项目的监理资料。

（2）总监理工程师代表应履行的职责

①负责总监理工程师指定或交办的监理工作；

②按总监理工程师的授权，行使总监理工程师的部分职责和权力。

（3）总监理工程师不得将下列工作委托总监理工程师代表

①主持编写项目监理规划、审批项目监理实施细则；

②签发工程开工/复工报审表、工程暂停令、工程款支付证书、工程竣工报验单；

③审核签认竣工结算；

④调解建设单位与承包单位的合同争议、处理索赔、审批工程延期；

⑤根据工程项目的进展情况进行监理人员的调配，调换不称职的监理人员。

（4）专业监理工程师应履行的职责

①负责编制本专业的监理实施细则；

②负责本专业监理工作的具体实施；

③组织、指导、检查和监督本专业监理员的工作，当人员需要调整时，向总监理工程师提出建议；

④审查承包单位提交的涉及本专业的计划、方案、申请、变更，并向总监理工程师提出报告；

⑤负责本专业分项工程验收及隐蔽工程验收；

⑥定期向总监理工程师提交本专业监理工作实施情况报告，对重大问题及时向总监理工程师汇报和请示；

⑦根据本专业监理工作实施情况做好监理日记；

⑧负责本专业监理资料的收集、汇总及整理，参与编写监理月报；

⑨核查进场材料、设备、构配件的原始凭证、检测报告等质量证明文件及其质量情况，根据实际情况认为有必要时对进场材料、设备、构配件进行平行检验，合格时予以签认；

⑩负责本专业的工程计量工作，审核工程计量的数据和原始凭证。

（5）监理员应履行的职责

①在专业监理工程师的指导下开展现场监理工作；

②检查承包单位投入工程项目的人力、材料、主要设备及其使用、运行状况，并做好检查记录；

③复核或从施工现场直接获取工程计量的有关数据并签署原始凭证；

④按设计图及有关标准，对承包单位的工艺过程或施工工序进行检查和记录，对加工制作及工序施工质量检查结果进行记录；

⑤担任旁站工作，发现问题及时指出并向专业监理工程师报告；

⑥做好监理日记和有关的监理记录。

项目监理机构人员的配备要根据监理的任务范围、内容、期限、工程规模、技术的复杂程度等因素综合考虑，形成整体素质高的监理组织，以满足监理目标控制的要求。项目监理组织的人员包括项目总监理工程师、专业监理工程师、监理员（含试验员）及必要的行政文秘人员。在组建时必须注意人员合理的专业结构、职称结构。

2. 项目监理机构的人员结构

（1）合理的专业结构

项目监理组织应当由与监理项目性质以及业主对项目监理的要求相适应的各专业人员组成，也就是各专业人员要配套。

项目监理机构中一般要具有与监理任务相适应的专业技术人员。如果监理工程有某些特殊性，或业主要求采用某些特殊的监控手段，或监理项目工程技术特别复杂而监理企业又没有某些专业的人员时，监理机构可以采取一些措施来满足对专业人员的要求，比如，在征得业主同意的前提下，可将这部分工程委托给有相应资质的监理机构来承担，或可以临时高薪聘请某些稀缺专业的人员来满足监理工作的要求，以此保证专业人员结构的合理性。

（2）合理的职称结构

合理的职称结构是指监理机构中各专业的监理人员应具有的与监理工作要求相适应的高、中、初级职称比例。监理工作是高智能的技术性服务，应根据监理的具体要求来确定职称结构。如在决策、设计阶段，就应以高、中级职称人员为主，基本不用初级职称人员；在施工阶段，监理专业人员就应以中级职称人员为主，高、初级职称人员为辅。合理的职称结构还包含另一层意思，就是合理的年龄结构，这两者实质上是一致的，在我国，职称的评定有比较严格的年限规定，获高级职称者一般年龄较大，中级职称多为中年人，初级职称者较年轻。老年人有丰富的经验和阅历，可是身体不好，高空和夜间作业受到限制，而青年人虽然有精力，可是没有经验，所以，在不同阶段的监理工作中，这些不同年龄阶段的专业人员要合理搭配，以发挥他们的长处。

2.5 测绘工程监理组织协调

2.5.1 组织协调的概念

所谓协调，就是以一定的组织形式、手段和方法，对项目中产生的不畅关系进行疏通，对产生的干扰和障碍予以排除的活动。项目的协调其实就是一种沟通，沟通确保了能够及时和适当地对项目信息进行收集、分发、储存和处理，并对可预见问题进行必要的控制，以利于项目目标的实现。

项目系统是一个由人员、物质、信息等构成的人为组织系统，是由若干相互联系而又相互制约的要素有组织、有秩序地组成的具有特定功能和目标的统一体。项目前协调关系一般来可以分为 3 大类：一是"人员/人员界面"；二是"系统/系统界面"；三是"系统/环境界面"。

项目组织是人的组织，是由各类人员组成的。人的差别是客观存在的，由于每个人的经历、心理、性格、习惯、能力、任务、作用的不同，在一起工作时，必定存在潜在的人员矛盾或危机。这种人和人之间的间隔，就是所谓的"人员/人员界面"。

如果把项目系统看作是一个大系统，则可以认为它实际上是由若干个子系统所组成的一个完整体系。各个子系统的功能不同，目标不同，内部工作人员的利益不同，容易产生各自为政的趋势和相互推托的现象。这种子系统和子系统之间的间隔，就是所谓的"系统/系统界面"。

项目系统在运作过程中，必须和周围的环境相适应。所以项目系统必然是一个开放的系统。它能主动地从外部世界取得必要的能量、物质和信息。在这个过程中，存在许多障碍和阻力。这种系统与环境之间的间隔，就是所谓的"系统/环境界面"。

工程项目建设协调管理就是在"人员/人员界面"、"系统/系统界面"、"系统/环境界面"之间，对所有的活动及力量进行联结、联合、调和的工作。

由动态相关性原理可知，总体的作用规模要比各子系统的作用规模之和大，因而要把系统作为一个整体来研究和处理，为了顺利实现工程项目建设系统目标，必须重视协调管理，发挥系统整体功能。要保证项目的各参与方围绕项目开展工作，组织协调很重要，只有通过积极的组织协调才能使项目目标顺利实现。

2.5.2　监理组织协调的范围和层次

一般认为，协调的范围可以分为对系统内部的协调和对系统的外层协调。对于项目监理组织来说，系统内部的协调包括项目监理部内部协调、项目监理部与监理企业的协调；从项目监理组织与外部世界的联系程度看，项目监理组织外层协调又可以分为近外层协调和远外层协调。近外层和远外层的主要区别是，项目监理组织与近外层关联单位一般有合同关系，包括直接的和间接的合同关系，如与业主、设计单位、总包单位、分包单位等的关系；和远外层关联单位一般没有合同关系，但却受法律、法规和社会公德等的约束，如与政府、项目周边居民社区组织、环保、交通、环卫、绿化、文物、消防、公安等单位的关系。

项目监理组织协调的范围与层次如图 2.8 所示。

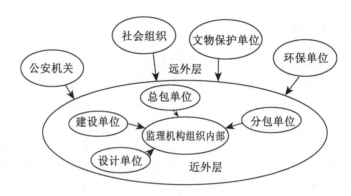

图 2.8　项目监理组织协调的范围和层次

2.5.3　监理组织协调的内容

1. 项目监理组织内部协调

项目监理组织内部协调包括人际关系、组织关系的协调。项目组织内部人际关系指项目监理部内部各成员之间以及项目总监和下属之间的关系总和。内部人际关系的协调主要是通过各种交流、活动，增进相互之间的了解和亲和力，促进相互之间的工作支持。另外还可以通过调解、互谅互让来缓和工作之间的利益冲突，化解矛盾，增强责任感，提高工作效率。项目内部要用人所长，责任分明、实事求是地对每个人的效绩进行评价和激励。

组织关系协调是指项目监理组织内部各部门之间工作关系的协调，如项目监理组织内部的岗位、职能、制度的设置等，具体包括各部门之间的合理分工和有效协作。分工和协作同等重要，合理的分工能保证任务之间平衡匹配，有效协作既避免了相互之间的利益分割，又提高了工作效率。组织关系的协调应注意以下几个原则。

①要明确每个机构的职责；

②设置组织机构要以职能划分为基础；

③要通过制度明确各机构在工作中的相互关系；

④要建立信息沟通制度，制订工作流程图；

⑤要根据矛盾冲突的具体情况及时灵活地加以解决。

2. 项目监理组织近外层协调

近外层协调包括与业主、设计单位、总包单位、分包单位等的关系协调，项目与近外层关联单位一般有合同关系，包括直接的和间接的合同关系。工程项目实施的过程中，与近外层关联单位的联系相当密切，大量的工作需要互相支持和配合协调，能否如期实现项目监理目标，关键就在于近外层协调工作做得好不好，可以说，近外层协调是所有协调工作的重中之重。

要做好近外层协调工作，必须做好以下几个方面的工作。

①首先要理解项目总目标，理解建设单位的意图。项目总监必须了解项目构思的基础、起因、出发点，了解决策背景，了解项目总目标。在此基础上，再对总目标进行分解，对其他近外层关联单位的目标也要做到心中有数。只有正确理解了项目目标，才能掌握协调工作的主动权，做到有的放矢。

②利用工作之便做好监理宣传工作，增进各关联单位对监理工作的理解，特别是对项目管理各方职责及监理程序的理解。虽然我国推行建设工程监理制度已有多年，可是社会对监理工作和性质还是有不少不正确的看法，甚至是误解。因此，监理单位应当在工作中尽可能地主动做好宣传工作，争取各关联单位对自己工作的支持。如主动帮助建设单位处理项目中的事务性工作，以自己规范化、标准化、制度化的工作去影响和促进双方工作的协调一致。

③以合同为基础，明确各关联单位的权利和义务，平等地进行协调。工程项目实施的过程中，合同是所有关联单位的最高行为准则和规范。合同规定了相关工程参与单位的权利和义务，所以必须有牢固的合同观念，要清楚哪些工作是什么单位做的，什么时候完成，要达到什么样的标准。如果出现问题，是哪个单位的责任，同时也要清楚自己的义务。比如在工程实施过程中，承包单位如果违反合同，监理必须以合同为基础，坚持原则，实事求是，严格按规范、规程办事。只有这样，才能做到有理有据，在工作中树立监理的权威。

④尊重各相关联单位。近外层相关联单位在一起参与工程项目建设，说到底最终目标还是一致的，就是完成项目的总目标。因而，在工程实施的过程中，出现问题、纠纷时一定要本着互相尊重的态度进行处理，对于承包单位，监理工程师应强调各方面利益的一致性和项目总目标，尽量少对承包单位行使处罚权或少以处罚相威胁，应鼓励承包单位将项目实施状况、实施结果和遇到的困难和意见向自己汇报，以寻找对目标控制可能的干扰，双方了解得越多越深刻，监理工作中的对抗和争执就越少，出现索赔事件的可能性就越小。一个懂得坚持原则，又善于理解尊重承包单位项目经理的意见，工作方法灵活，随时可能提出或愿意接受变通办法的监理工程师肯定是受到欢迎的，因而他的工作必定是高效的。

对分包单位的协调管理，主要是对分包单位明确合同管理范围，分层次管理。将总包合同作为一个独立的合同单元进行投资、进度、质量控制和合同管理，不直接和分包合同发生关系。对分包合同中的工程质量、进度进行直接跟踪监控，通过总包商进行调控、纠偏。分包商在施工中发生的问题，由总包商负责协调处理，必要时，监理工程师帮助协调。当分包合同条款与总包合同条款发生抵触，以总包合同条款为准。此外，分包合同不能解除总包商对总包合同所承担的任何责任和义务，分包合同发生的索赔问题，一般由总包商负责，涉及总包合同中业主义务和责任时，由总包商通过监理工程师向业主提出索赔，由监理工程师进行协调。

对于建设单位，尽管有预定的目标，但项目实施必须执行建设单位的指令，使建设单位满意，如果建设单位提出了某些不适当的要求，则监理一定要把握好，如果一味迁就，则势必造成承包单位的不满，对监理工作的公正性产生怀疑，给自己工作带来不便，此时，可利用适当时机，采取适当方式加以说明或解释，尽量避免发生误解，以便项目进行顺利；对于设计单位，监理单位和设计单位之间没有直接的合同关系，但从工程实施的实践来看，监理和设计之间的联系还是相当密切的，设计单位为工程项目建设提供图纸，以及工程变更设计图纸等，是工程项目主要关联单位之一。

协调的过程中，一定要尊重设计单位的意见，例如主动组织设计单位介绍工程概况、设计意图、技术要求、施工难点等；在图纸会审时请设计单位交底，明确技术要求，把标准过高、设计遗漏、图纸差错等问题解决在施工之前；施工阶段，严格监督承包单位按设计图施工，主动向设计单位介绍工程进展情况，以便促使他们按合同规定或提前出图；若监理单位掌握比原设计更先进的新技术、新工艺、新材料、新结构、新设备时，可以主动向设计单位推荐，支持设计单位技术革新等；为使设计单位有修改设计的余地而不影响施工进度，可与设计单位达成协议，限定一个期限，争取设计单位、承包单位的理解和配合，如果逾期，设计单位要负责由此而造成的经济损失；结构工程验收、专业工程验收、竣工验收等工作，请设计代表参加；若发生质量事故，认真听取设计单位的处理意见；施工中，发现设计问题，应及时主动通过建设单位向设计单位提出，以免造成大的直接损失。

⑤注重语言艺术和感情交流。协调不仅是方法问题、技术问题，更多的是语言艺术、感情交流。同样的一句话，在不同的时间、地点，以不同的语气、语速说出来，给当事人的感觉会是大不一样的，所产生的效果也很不相同。所以，有时我们会看到，尽管协调意见是正确的，但由于表达方式不妥，反而会激化矛盾。而高超的协调技巧和能力则往往起到事半功倍的效果，令各方面都满意。在协调的过程中，要多换位思考，多做感情交流，在工作中不断积累经验，才能提高协调能力。

3. 项目远外层协调

远外层与项目监理组织不存在合同关系，只是通过法律、法规和社会公德来进行约束，相互支持、密切配合、共同服务于项目目标。在处理关系和解决矛盾过程中，应充分发挥中介组织和社会管理机构的作用。一个工程项目的开展还存在政府部门及其他单位的影响，如政府部门、金融组织、社会团体、服务单位、新闻媒介等，对工程项目起着一定的或决定性的控制、监督、支持、帮助作用，这层关系若协调不好，工程项目实施也可能受到影响。

（1）与政府部门的协调

①监理单位在进行工程质量控制和质量问题处理时，要做好与工程质量监督站的交流和协调。工程质量监督站是由政府授权的工程质量监督的实施机构，对委托监理的工程，质量监督站主要是核查勘察设计、施工承包单位和监理单位的资质，以及监督项目管理程序和抽样检验。当参加验收各方对工程质量验收意见不一致时，可请当地建设行政主管部门或工程质量监督机构协调处理。

②当发生重大质量、安全事故时，监理单位在配合承包单位采取急救、补救措施的同时，应督促承包单位立即向政府有关部门报告情况，接受检查和处理，应当积极主动配合事故调查组的调查，如果事故的发生有监理单位的责任，则应当主动要求回避。

③建设工程合同应当送公证机关公证，并报政府建设管理部门备案；征地、拆迁、移民要争取政府有关部门支持和协调；现场消防设施的配置，宜请消防部门检查认可；施工中还要注意防止环境污染，特别是防止噪声污染，坚持做到文明施工，同时督促承包单位协调好和周围单位及居民区的关系。

（2）与社会团体关系的协调

一些大中型工程项目建成后，不仅会给建设单位带来效益，还会给该地区的经济发展带来好处，同时给当地人民生活带来方便，因此必然会引起社会各界关注。建设单位和监理单位应把握机会，争取社会各界对工程建设的关心和支持。比如说媒体、社会组织或团体，这是一种争取良好社会环境的协调。

根据目前的工程监理实践来看，对外部环境协调，由建设单位负责主持，监理单位主要是针对一些技术性工作协调。如建设单位和监理单位对此有分歧，可以在委托监理合同中详细注明。做好远外层的协调，争取到相关部门和社团组织的理解和支持，对于顺利实现项目目标是必需的。

2.5.4 监理组织协调的方法

组织协调工作千头万绪，涉及面广，受主观和客观因素影响较大。为保证监理工作顺利进行，要求监理工程师知识面要宽，要有较强的工作能力，能够因地制宜、因时制宜处理问题。监理工程师组织协调可采用以下方法。

1. 会议协调法

工程项目监理实践中，会议协调法是最常用的一种协调方法，一般来说，这种协调方法包括第一次工地会议、监理例会、专题现场协调会等。

（1）第一次工地会议

第一次工地会议是在建设工程尚未全面展开前，由参与工程建设的各方互相认识、确定联络方式的会议，也是检查开工前各项准备工作是否就绪并明确监理程序的会议。由建设单位主持召开，建设单位、承包单位和监理单位的授权代表必须出席会议，必要时分包单位和设计单位也可参加，各方将在工程项目中担任主要职务的负责人及高级人员也应参加。第一次工地会议很重要，是项目开展前的宣传通报会。

第一次工地会议应包括以下主要内容。

①建设单位、承包单位和监理单位分别介绍各自驻现场的组织机构、人员及其分工；

②建设单位根据委托监理合同宣布对总监理工程师的授权；

③建设单位介绍工程开工准备情况；

④承包单位介绍施工准备情况；

⑤建设单位和总监理工程师对施工准备情况提出意见和要求；

⑥总监理工程师介绍监理规划的主要内容；

⑦研究确定各方在施工过程中参加工地例会的主要人员，召开工地例会周期、地点及主要议题。

第一次工地会议纪要应由项目监理机构负责起草，并经与会各方代表会签。

（2）监理例会

监理例会是由监理工程师组织与主持，按一定程序召开的，研究施工中出现的计划、进度、质量及工程款支付等问题的工地会议。参加者有总监理工程师代表及有关监理人员、承包单位的授权代表及有关人员、建设单位代表及其有关人员。工地例会召开的时间根据工程进展情况安排，一般有周、旬、半月和月度例会等几种，工程监理中的许多信息和决定是在工地例会上产生和决定的，协调工作大部分也是在此进行的，因此监理工程师必须重视工地例会。

由于监理工地例会定期召开，一般均按照一个标准的会议议程进行，主要是：对进度、质量、投资的执行情况进行全面检查；交流信息；提出对有关问题的处理意见以及今后工作中应采取的措施。此外，还要讨论延期、索赔及其他事项。

会议的主要议题如下：

①对上次会议存在的问题的解决和纪要的执行情况进行检查；

②工程进展情况；

③对下月（或下周）的进度预测；

④施工单位投入的人力、设备情况；

⑤施工质量、加工订货、材料的质量与供应情况；

⑥有关技术问题；

⑦索赔工程款支付；

⑧业主对施工单位提出的违约罚款要求。

会议记录由监理工程师形成纪要，经与会各方认可，然后分发给有关单位。会议纪要内容如下：

①会议地点及时间；

②出席者姓名、职务及其代表的单位；

③会议中发言者的姓名及所发言的主要内容；

④决定事项；

⑤诸事项分别由何人何时执行。

监理工地例会举行的次数较多，一定注意要防止流于形式。监理工程师要对每次监理例会进行预先筹划，使会议内容丰富，针对性强，则可以真正发挥协调作用。

（3）专题现场协调会

除定期召开工地监理例会以外，还应根据项目工程实施需要组织召开一些专题现场协调会议，如对于一些工程中的重大问题以及不宜在工地例会上解决的问题，根据工程施工需要，可召开有相关人员参加的现场协调会。如对复杂施工方案或施工组织设计审查、复杂技术问题的研讨、重大工程质量事故的分析和处理、工程延期、费用索赔等进行协调，可在会上提出解决办法，并要求相关方及时落实。

专题会议一般由监理单位（或建设单位）或承包单位提出后，由总监理工程师及时组织。参加专题会议的人员应根据会议的内容确定，除建设单位、承包单位和监理单位的有关人员外，还可以邀请设计人员和有关部门人员参加。由于专题会议研究的问题重大，又比较复杂，因此会前应与有关单位一起，做好充分的准备，如进行调查、收集资料，以便介绍情况。有时为了使协调会达到更好的共识，避免在会议上形成冲突或僵局，或为了更快地达成一致，可以先将会议议程打印发给各位参加者，并可以就议程与一些主要人员进行预先磋商，这样才能在有限的时间内，让有关人员充分地研究并得出结论。会议过程中，监理工程师应能驾驭会议局势，防止不正常的干扰影响会议的正常秩序。对于专题会议，也要求有会议记录和纪要，作为监理工程师存档备查的文件。

2. 交谈协调法

并不是所有问题都需要开会来解决，有时可以采用"交谈"这一方法。交谈包括面对面的交谈和电话交谈两种形式。由于交谈本身没有合同效力，加上其方便性和及时性，所以建设工程参与各方之间及监理机构内部都愿意采用这一方法进行协调。实践证明，交谈是寻求协作和帮助的最好方法，因为在寻求别人帮助和协作时，往往要及时了解对方的反应和意见，以便采取相应的对策。另外，相对于书面寻求协作，人们更难于拒绝面对面的请求。因此，采用交谈方式请求协作和帮助比采用书面方法实现的可能性要大，所以，无论是内部协调还是外部协调，这种方法使用频率都是相当高的。

3. 书面协调法

当其他协调方法效果不好或需要精确地表达自己的意见时，可以采用书面协调的方法。书面协调方法的最大特点是具有合同效力。如以下几种书面形式。

①监理指令、监理通知、各种报表、书面报告等；

②以书面形式向各方提供详细信息和情况通报的报告、信函和备忘录等；

③会议记录、纪要、交谈内容或口头指令的书面确认。

各相关方对各种书面文件一定要严肃对待，因为它具有合同效力。比如对于承包单位来说，监理工程师的书面指令或通知是具有一定强制力的，即使有异议，也必须执行。

4. 访问协调法

访问协调法主要用于远外层的协调工作中，也可以用于建设单位和承包单位的协调工作，有走访和邀访两种形式。走访是指协调者在建设工程施工前或施工过程中，对与工程施工有关的各政府部门、公共事业机构、新闻媒介或工程毗邻单位等进行访问，向他们解释工程的情况，了解他们的意见。邀访是指协调者邀请相关单位代表到施工现场对工程进行巡视，了解现场工作。因为在多数情况下，这些有关方面并不了解工程，不清楚现场的实际情况，如果进行一些不恰当的干预，会对工程产生不利影响，此时采用访问协调法可能是一个相当有效的协调方法。大多数情况下，对于远外层的协调工作，一般由建设单位主持，监理工程师主要起协助作用。

总之，组织协调是一种管理艺术和技巧，监理工程师尤其是项目总监理工程师需要掌握领导科学、心理学、行为科学方面的知识和技能，如激励、交际、表扬和批评的艺术、开会的艺术、谈话的艺术、谈判的技巧等。而这些知识和能力的获得需要在工作实践中不断积累和总结，是一个长期的过程。

◎ 习题和思考题

1. 什么是组织？组织机构设置有哪些原则？
2. 组织机构活动应遵循的基本原理有哪些？监理组织活动应遵循的基本原理有哪些？
3. 如何做好测绘项目的资源配置？
4. 简述监理组织结构的设计原则。目前常用的监理组织模式有哪些？
5. 简述建立工程监理机构的步骤。测绘工程监理组织形式有哪些？
6. 简述组织协调的概念。简答监理组织协调的内容。
7. 监理组织协调的方法有哪些？

第3章 测绘工程监理工作中的投资控制

【教学目标】
学习本章，要掌握投资控制的目的和意义；理解投资控制的基本原理和方法；掌握测绘工程监理工作中决策、设计和实施三个阶段的投资控制工作。

3.1 投资控制的基本概述

3.1.1 投资控制的目的和意义

工程项目投资是以货币形式表示的基本建设工程量，反映了工程项目投资规模的综合指标和工程价值，它包括从筹集资金到竣工交付使用全过程中用于固定资产在生产和形成最低量流动基金的一次性费用总和，主要由建筑安装工程费、设备及工具、器具购置费以及预备费等构成。

合理地确定和有效地控制工程项目投资是监理工作中的重要组成部分，其基本任务是在工程项目建设的整个过程中进行投资的全方位和全过程控制，即在投资决策、设计准备、设计、招标发包、施工安装、物资供应、资金运用、生产准备、试车调试、竣工投产、交付使用以及保修等各阶段和各环节进行全面的投资控制，使技术、经济及管理部门紧密配合，充分调动主管、建设、设计、施工及监理等各方面的积极性，采取组织、技术、经济和合同等各种手段及措施，以计算机辅助，随时纠正发生的偏差，求得在工程项目中合理地使用人力、物力及财力，使项目的实际投资数额控制在批准的计划投资标准额之内，有效地使用人力、物力和财力，使有限的投资取得较好的经济效益和社会效益。

投资控制在社会主义市场经济条件下更具有特殊意义。从宏观上讲，投资控制是国家控制和调节固定资产投资以缓解我国建设投资的巨大需求和有限供给之间矛盾的主要手段和措施，对降低生产成本，提高经济效益，改进城镇居住条件，推行商品房改革，建立投资确定和控制系统等均具有战略意义。从微观上讲，我国工程建设投资长期存在三超现象(即概算超计划，预算超概算，决算超预算)，其原因主要是投资不足，不同阶段的估算、概算、预算缺乏动态调控，材料设备价格浮动幅度大，初步设计深度不够，使施工图设计出入较大，活口因素多，施工中变更设计及洽商频繁等，实行项目的投资控制是解决这些实际问题切实有效的手段。另外，投资和成本管理也是衡量单位管理水平的重要尺度，是提高单位经济效益的重要途径和提高竞争能力的重要条件。

3.1.2 投资控制的基本原理和方法

1. 投资控制的基本原理和目标控制的基本原则

投资控制的基本原理就是把计划投资额作为工程项目投资控制的目标值，再把工程项目建设进展过程中的实际支出额与工程项目投资目标进行比较，通过比较发现并找出实际支出额与投资目标值之间的差值，从而采取切实有效的措施加以纠正，实现投资目标的控制。

控制是为确保目标的实现而服务的，建设项目投资控制目标的设置是随着工程项目建设的不断深入而分阶段设置的。具体地说，投资估算是在工程设计方案选择和进行初步设计时建设项目的投资控制目标，设计概算是进行技术设计和施工图设计的投资控制目标，投资包干额是包干单位在建设实施阶段投资控制的目标，设计预算或建筑安装工程承包合同价则是施工阶段控制的目标，以上目标互相联系，互相制约，共同组成投资控制的目标系统。

概括起来，投资控制应遵循以下原则：

①合理地确定投资控制的总目标，并按工程项目的阶段，设置明确的阶段投资的控制目标。投资控制的总目标是经过多次反复论证逐渐明确和趋近才能确立的。各阶段目标既有先进性又有实现的可能，其水平要合理和适当，互相制约，互相补充，前者控制后者，后者补充前者，共同组成项目投资控制的目标系统。

②投资控制贯穿于建设的全过程，但其重点是设计阶段的投资目标控制。根据多项工程经验统计可知，不同阶段影响项目投资的程度不同。初步设计阶段影响项目投资的可能性为75%~95%，技术设计阶段影响项目投资的可能性为35%~75%，施工图设计阶段影响项目投资的可能性为5%~35%。由此可见，项目投资控制的关键在于施工以前的投资决策和设计阶段，而重点则是项目设计。要想有效地控制工程项目的投资，工作重点在建设前期，而关键在于抓设计。

③采取主动控制手段，能动地影响投资决策。通过实践发现偏差，采取措施予以纠正，这固然无可厚非，但这毕竟是事后的纠偏，不能把偏差预先消灭。为尽可能地减少或避免偏差的发生，应该事先采取积极主动的措施加以控制，主动采取措施去影响投资决策、影响设计、发包及承包等后续工作。

④协调和处理好投资、工期和质量三者的关系，寻找三者的有机结合点，争取令建设者及承建者都满意的平衡结果。

2. 投资控制的基本方法和流程

为了完成工程各阶段的投资目标管理，必须采取全方位、全过程的投资控制方法。

所谓全方位的投资控制，是指建立健全投资主管部门、建设施工设计等单位的全过程投资控制责任制，以建设单位为主，通过设计、施工单位的合作，监理单位的监督（并得到投资银行的监督），自始至终，层层把关。对监理单位来说，对一些关键性的工作，采取专人负责、从头到尾跟踪才能奏效。在监理单位内部，除了总监理工程师要抓投资控制外，各专业监理工程师也要注意投资控制，具体责任落在负责经济的监理工程师和经济师身上。

所谓全过程的投资控制是指把投资控制贯穿于工程实施的全过程，即立项阶段、设计和招标阶段及施工竣工阶段。特别是前两个阶段，一定要合理地确定工程项目的投资总目标，以此作为第三阶段乃至整个过程的投资控制基础，不打好良好的基础，作为投资控制重点的第三阶段也就产生不了真正的效果。投资控制工作流程框图如图3.1所示。

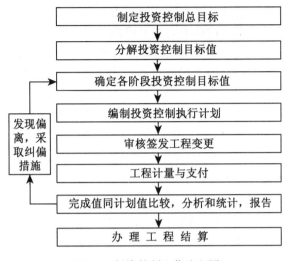

图 3.1　投资控制工作流程图

3. 投资控制的手段及基本业务

在投资及工程建设过程中，为了使投资得到更高的价值，利用一定限度的投资获得最佳经济效益和社会效益，使可能动用的建设资金能够在主体工程、配套工程、附属工程等分部工程之间合理地分配，必须使投资支出总额控制在限定的范围之内，并保证概预算与投资报价基本相符。在符合要求的造价参考体系、充分的造价审核程序和造价调整相关方法的前提下，必须采取一些投资控制的手段：

①组织手段。包括明确项目的组织结构，明确投资控制者及其任务，以使投资控制有专人负责，还要明确管理职能分工。

②技术手段。包括重视设计多方案的选择，严格审查监督初步设计、技术设计、施工图设计、施工组织设计，深入技术领域研究节约投资的可能。

③经济手段。包括动态比较投资的计划值和实际值，严格审核各项费用的支出，采取对节约投资奖励的有力措施。

④合同手段。严格按照合同规定，监督和管理业主及承包者的经济行为，认真负责地做好合同变更工作，协调业主与承包者之间的关系，使技术与经济相结合，实现投资控制。

总之，必须把各种投资控制的手段灵活地结合起来加以运用，以达到工程项目投资的目的。

为了有效地搞好投资控制，必须明确监理公司投资控制的业务内容。监理公司投资控制的业务内容概括起来有以下四点：

①在建设前期准备阶段，进行建设项目的可行性研究，对拟建项目进行财务评价和国民经济评价，预测工程风险及可能发生索赔的诱因，制定防范性措施。

②在设计阶段，提出设计要求，用技术经济方法组织评选设计方案，协助选择勘察设计单位，并组织、实施、审查设计概预算。

③在施工招标阶段，准备与发送招标文件，协助评审投标书，提出决标意见，协助建设单位与承建单位签订承包合同。

④在施工阶段，审查承建单位提出的施工组织设计、施工技术方案和施工进度计划，提出改进意见，督促检查承建单位严格执行工程承包合同，调解建设单位与承建单位之间的争议，检查工程进度和工程质量，验收分部（分项）工程，签署工程付款凭证，审查工程结算，提出竣工验收报告等。

综上所述，投资控制是属于经济技术范畴的一项十分重要的监理工作。监理公司要有效地完成好上述工作，就要求监理工程师必须具备经济、技术及管理等方面的知识和能力。其中，设计、施工方面的专业技术能力、技术经济分析能力、工程项目估价能力、处理法律事务能力以及收集和分析信息情报能力是最基本的要求。只有这样，监理人员才能同设计和施工人员共商和解决技术问题，并运用现代经济分析方法对拟建项目投入支出等诸多经济因素进行调查、研究、预测和论证，推荐最佳方案；才能对不同阶段工程的估价和对工程量进行准确计算，对合同协议有确切的了解。必要的时候，要对协议中的条款进行咨询，按有关法律处理纠纷。要运用准确的价格及成本的情报资料进行单价估算，确定本工程项目以单价为基础的总费用，从而圆满地完成投资控制的任务。

3.2 决策阶段的投资控制

3.2.1 决策阶段投资控制的意义

1. 建设工程项目投资决策的含义

建设工程项目投资决策是选择和决定投资行为方案的过程，是对拟建项目的必要性和可行性进行技术经济分析论证，对不同建设方案进行技术经济比较并作出判断和决定的过程。监理工程师在建设工程项目决策阶段的投资控制，主要体现在建设工程项目可行性研究阶段协助建设单位或直接进行项目的投资控制，以保证项目投资决策的合理性。

建设工程项目决策阶段，进行项目建议书以及可行性研究的编制，除了论证项目在技术上是否先进、适用、可靠，还包括论证项目在财务上是否盈利，在经济上是否合理。决策阶段的主要任务就是找出技术经济统一的最优方案，而要实现这一目标，就必须做好拟建项目方案的投资控制工作。

2. 工程项目决策阶段投资控制的意义

在工程项目决策阶段，监理工程师根据建设单位提供的建设工程规模、场址、协作条件等，对各种拟建方案进行固定资产投资估算，有时还要估算项目竣工后的经营费用和维护费用，从而向建设单位提交投资估算和建议，以便建设单位对可行方案进行决策，确保建设方案在功能上、技术上和财务上的可行性，确保项目的合理性。

具体而言，通过可行性研究阶段投资估算的合理确定、最佳投资方案的优选，达到资源的合理配置，促使建设工程项目的科学决策；反之，该投资方案确定不合理，就会造成项目决策失误。另外，决策阶段所确定的投资额是否合理，直接影响到整个项目设计、施工等后续阶段的投资合理性，决策阶段所确定的投资额作为整个项目的限额目标，对于建设工程项目后续设计概算、设计预算、承包合同价、结算价、竣工决算都有直接影响。

通过监理工程师在决策阶段的投资控制，确定出合理的投资估算，优选出可行方案，为建设单位进行项目决策提供了依据，并为建设工程项目主管部门审批项目建议书、可行性研究报告及投资估算提供了基础资料，也为项目规划、设计、招投标、设备购置、资金筹措等提供了重要依据。

3.2.2 决策阶段投资控制的主要工作

工程项目决策阶段的可行性研究是运用多种科学手段综合论证一个工程项目在技术上是否先进、适用、可靠，在经济上是否合理，在财务上是否盈利，为投资决策提供科学依据。投资者为了排除盲目性，减少风险，一般都要委托咨询、设计等部门进行可行性研究，委托监理单位进行可行性研究的管理或对可行性报告的审查。

监理工程师在可行性研究决策阶段进行监理工作，主要是编制、审查可行性研究报告，其具体任务主要是审查拟建项目投资估算的正确性与投资方案的合理性；在可行性研究阶段进行投资控制，主要应围绕对投资估算的审查和对投资方案的分析、比选进行。

1. 对投资估算的审查

（1）审查投资估算基础资料的正确性

对建设工程项目进行投资估算，咨询单位、设计单位或项目管理公司等投资估算编制单位一般应事先确定拟建项目的基础数据资料，如项目的拟建规模、生产工艺设备构成、生产要素市场价格行情、同类项目历史经验数据，以及有关投资造价指标、指数等，这些资料的准确性、正确性直接影响到投资估算的准确性。监理工程师应对其逐一进行分析。

对拟建项目生产能力，应审查其是否符合建设单位投资意图，通过直接向建设单位咨询、调查的方法即可判断其是否正确。对于生产工艺设备的构成，可对相关设备制造厂或供货商进行咨询。对于同类项目历史经验数据及有关投资造价指标、指数等资料的审查，可参照已建成同类型项目，或尚未建成但设计方案已经批准，图纸已经会审，设计概预算已经审查通过的资料作为拟建项目投资估算的参考资料。同时，还应对拟建项目生产要素市场价格行情等进行准确判断，审查所套用指标与拟建项目差异及调值系数是否合理。

（2）审查投资估算所采用方法的合理性

投资估算的方法很多，而每种投资估算方法都各有各的适用条件和范围，并具有不同的精确度。如果使用的投资估算方法与项目的客观条件和情况不相适应，或者超出了该方法的适用范围，就不能保证投资估算的质量。监理工程师应根据投资估算的精确度要求以及拟建项目技术经济状况的已知情况来审查投资估算所采用的方法的合理性。

在项目建议书、初步可行性研究阶段，对投资估算精度允许偏差较大时，可用单位生产能力估算法、资金周转率法等。在已知拟建项目生产规模，并有同类型项目建设经验数据时，可用生产规模指数估算法，但要注意生产规模指数的取值、调值系数等的差异。当拟建项目生产工艺流程及其技术比较明确、设备组成比较明确时，可运用比例估算法。

2. 对项目投资方案的审查

对项目投资方案的审查，主要是通过对拟建项目方案进行重新评价，审查原可行性研究报告编制部门所确定的方案是否为最优方案。监理工程师对投资方案审查时，应做好如下工作：

①列出实现建设单位投资意图的各个可行方案，并尽可能地做到不遗漏。因为遗漏的方案如果是最优方案，那么将会直接影响到可行性研究工作质量，直接影响到投资效果。

②熟悉建设工程项目方案评价的方法，包括项目财务评价、国民经济评价方法，以及评价内容、评价指标及其计算、评价准则等。要求监理工程师对拟建项目建设前期、建设期、建成投产使用期全过程项目的费用支出和收益以及全部财务状况进行了解，弄清各阶段项目财务现金流量，利用动态、静态方法计算出各种可行性方案的评价指标，进行财务评价。

监理工程师通过对方案的审查、比选、确定最优方案的过程就是实现建设工程项目方案技术与经济统一的过程，也就同时做到了投资的合理确定和有效控制。

3.3 设计阶段的投资控制

3.3.1 设计阶段投资控制概述

1. 建设工程设计阶段

工程设计是可行性研究报告经批准后，工程开始施工前，设计单位根据已批准的设计任务书，为具体实现拟建项目的技术、经济要求，拟定建筑、安装及设备制造等所需的规划、图纸、数据等技术文件的工作。一般工程项目进行初步设计和施工图设计两阶段设计，大型和技术复杂的工程项目可在两阶段之间增加技术设计阶段。

2. 设计阶段投资控制的目标

按我国现行有关规定，建设工程项目初步设计阶段应编制初步设计概算，施工图设计阶段应编制施工图预算，技术设计阶段应编制修正的概算。设计概算不得突破已经批准的投资估算，施工图预算不得超过批准的设计概算。这就为设计阶段监理工程师进行投资控制明确了目标和任务。

3. 设计阶段在投资控制中的重要地位

建设工程项目的造价控制工作贯穿于项目建设的整个过程。在不同的阶段，投资控制工作的重点和效果是完全不同的。大量案例资料证明，设计阶段的费用虽然占整个工程费用的3%，但对整个工程投资控制的影响程度非常大，在技术设计之前的阶段，对整个投资的影响程度超过75%，而整个施工阶段对投资的影响程度不超过25%。因而，必须充分重视设计阶段的投资控制工作，坚持以设计阶段为重点的全过程投资控制。

在设计阶段反映建设工程投资的合理性，主要体现在设计方案是否合理，以及设计概算、施工图预算是否符合规定的要求，即初步设计概算不超过投资估算，施工图预算不超过设计概算。

为实现这一目标，监理工程师在设计阶段进行投资控制的方法为：积极推行标准化设计、限额设计；鼓励通过设计方案竞赛或设计招标及运用价值工程优化设计；对设计概算和施工图预算进行有效审查。

3.3.2 设计阶段投资控制要点

1. 编制造价计划

造价计划是发达的资本主义国家通过多年的实践引入的设计程序。其目的是在设计作出决策之前，判明每一分部（分项）工程对造价总额产生的影响，它不仅估计到投标报价，而且要深入考察每一工程在全部造价中所占的比重，并与建筑师共同研究有无更好办法实现特定的建筑功能，以便选择最佳途径实现建筑的功能目的。

2. 进行方案设计招标

方案设计实行招标竞争，其内容应与可行性研究报告或设计任务的要求相符，进行多方案比较，从功能上、标准上和经济上全面权衡，取长补短，综合选用优秀方案。

3. 初步设计要有一定的深度

初步设计深度要符合一定的规定，既要为施工图设计打好基础，又要满足概算要求。

4. 保证概算质量

概算应提高质量，做到全面、准确，力求不留缺口，并要认真考虑各种浮动因素，使其能真正起到控制施工图预算的作用，概算超出计划投资时应分析原因，在做必要的调整后上报审批。

5. 实行限额设计

施工图设计应根据批准的概算实行限额设计，即将投资切块分配到各工种，严格执行原初步设计标准，材料设备要定型、定量，不留或少留活口。

6. 预算由设计单位编制

首先检查设计并作出必要的修改，如由于其他的客观原因确需突破概算，则应及时向上级主管部门申请追加投资。

7. 施工招标应在施工图阶段进行

施工招标宜在施工图阶段进行。招标文件和标底应严密、准确，不得超过批准的概算投资。宜提供工程量清单作为投标的统一标准，明确工期、供料、拨款、结算等主要合同条件，选择合适的施工企业实行邀请招标，以标价合理等综合条件，实行定量打分评标，确定中标单位。

3.4 实施阶段的投资控制

3.4.1 实施阶段投资控制的目标和任务

确定建设项目在施工阶段的投资控制目标值，包括项目的总目标值、分目标值、各细目标值。在项目实施过程中要采取有效措施，控制投资的支出，将实际支出值与投资控制的目标值进行比较，并作出分析及预测，以加强对各种干扰因素的控制，及时采取措施，确保项目投资控制目标的实现。同时，要根据实际情况，允许对投资目标进行必要的调整，调整的目的是使投资控制目标处于最佳状态和切合实际。

施工阶段投资控制的任务是：

①编制建设项目招标、评标、发包阶段关于投资控制详细的工作流程图和细则。

②审核标底，将标底与投资计划值进行比较；审核招标文件中与投资有关的内容（如项目的工程量清单）。

③参加项目招标的系列活动（如项目的许标、决标），对投标文件中的主要技术方案作出技术经济论证。

④施工阶段有以下经济措施：

A. 项目的工程量复核，并与已完成的实物工程量比较。

B. 在项目实施进展过程中，进行投资跟踪。

C. 定期向监理总负责人、业主提供投资控制报表。

D. 编制施工阶段详细的费用支出计划，复核一切付款账单。

E. 审核竣工结算。

⑤施工阶段投资控制的技术措施主要有以下两方面：

A. 对设计变更部分进行技术经济比较。

B. 继续寻求在建设项目中通过设计的修正挖潜实现节约投资的可能性。

⑥施工阶段投资控制对合同的控制，主要有以下几方面的工作：

A. 参与处理工程索赔工作。

B. 参与合同修改、补充工作，着重考虑对投资控制有影响的条款。

3.4.2 工程款计量支付

1. 工程款计量周期

发包人支付工程进度款，应按照合同约定计量和支付，支付周期同计量周期。常用的方式为按月结算与支付，即实行按月支付进度款，竣工后结算的办法。合同工期在两个年度以上的工程，在年终进行工程盘点，办理年度结算。当采用分段结算方式时，应在合同中约定具体的工程分段划分，付款周期应与计量周期一致。

2. 工程计量的原则

工程计量时，若发现工程量清单中出现漏项、工程量计算偏差，以及工程变更引起工程量的增减，应按承包人在履行合同义务过程中实际完成的工程量计算。

3. 工程计量的要求

承包人应在每个月末或合同约定的工程段完成后向监理工程师递交上月或上一工程段已完工程量报告；监理工程师应在接到报告后 7 天内按施工图纸（含设计变更）核对已完工程量，并应在计量前 24 小时通知承包人。

如发、承包双方均同意计量结果，则双方应签字确认；如承包人收到通知后不参加计量核对，则由发包人核实的计量应认为是对工程量的正确计量；如发包人未在规定的核对时间内进行计量核对，承包人提交的工程计量视为发包人已经认可；如发包人未在规定的核对时间内通知承包人，致使承包人未能参加计量核对的，则由发包人所作的计量核实结果无效；对于承包人超出施工图纸范围或因承包人原因造成返工的工程量，监理工程师不予计量；如承包人不同意发包人核实的计量结果，承包人应在收到上述结果后 7 天内向监理工程师提出，申明承包人认为不正确的详细情况。发包人收到后，应在 2 天内重新核对有关工程量的计量，或予以确认，或将其修改。

经监理工程师（代表发包人）和承包双方认可的核对后的计量结果，应作为支付工程进度款的依据。

4. 进度款支付申请

承包人应在每个付款周期末，向监理工程师递交进度款支付申请，并附相应的证明文件。除合同另有约定外，进度款支付申请应包括下列内容：本周期已完成工程的价款；累计已完成的工程价款；累计已支付的工程价款；本周期已完成计日工金额；应增加和扣减的变更金额；应增加和扣减的索赔金额；应抵扣的工程预付款；应扣减的质量保证金；根据合同应增加和扣减的其他金额；本付款周期实际应支付的工程价款。

5. 支付工程进度款的原则

监理工程师应在收到承包人的工程进度款支付申请后 14 天内核对完毕；否则，从第 15 天起承包人递交的工程进度款支付申请视为被批准。

发包人应在批准工程进度款支付申请的 14 天内，按不低于计量工程价款的 60%、不高于计量工程价款的 90%向承包人支付工程进度款。

发包人在支付工程进度款时，应按合同约定的时间、比例（或金额）扣回工程预付款。

6. 支付工程进度款时，发、承包双方进行协商处理的原则

发包人未在合同约定时间内支付工程进度款，承包人应及时向发包人发出要求付款的通知；发包人收到承包人通知后仍不按要求付款，可以与承包人协商签订延期付款协议，经承包人同意后延期支付；协议应明确延期支付的时间，以及从付款申请生效后按同期银行贷款利率计算应付工程进度款的利息。

7. 违约责任

当发包人不按合同约定支付工程进度款，且与承包人又不能达成延期付款协议，导致施工无法进行时，承包人可停止施工，由发包人承担违约责任。

3.4.3 工程索赔和现场签证处理

1. 工程索赔的处理

（1）索赔成立的条件

建设工程施工中的索赔是发、承包双方行使正当权利的行为，承包人可以向发包人索赔，发包人也可向承包人索赔。

合同一方向另一方提出索赔时，应有正当的索赔理由和有效证据，并应符合合同的相关约定。即索赔应当具备三要素：一是正当的索赔理由；二是有效的索赔证据；三是在合同约定的时间内提出。

（2）索赔证据的要求

任何索赔事件的确立，其前提条件是必须有正当的索赔理由。对正当索赔理由的说明

必须具有证据，因为进行索赔主要是靠证据说话。没有证据或证据不足，索赔是难以成功的。索赔证据必须符合以下要求：

①真实性。索赔证据必须是在实施合同过程中确定存在和发生的，必须完全反映实际情况，经得住推敲。

②全面性。所提供的证据应能说明事件的全过程。索赔报告中涉及的索赔理由、事件过程、影响、索赔数额等都应有相应证据，不能零乱和支离破碎。

③关联性。索赔的证据应当能够互相说明，相互具有关联性，不能互相矛盾。

④及时性。索赔证据的取得及提出应当及时，符合合同约定。

⑤具有法律证明效力。一般来说，证据必须是书面文件，有关记录、协议、纪要必须是双方签署的；工程中重大事件、特殊情况的记录、统计必须由合同约定的发包人现场代表或监理工程师签证认可。

（3）索赔证据的种类

①招标文件、工程合同，以及发包人认可的施工组织设计、工程图纸、技术规范等。

②工程各项有关的设计交底记录、变更图纸、变更施工指令等。

③工程各项经发包人或合同中约定的发包人现场代表或监理工程师签认的签证。

④工程各项往来信件、指令、信函、通知、答复等。

⑤工程各项会议纪要。

⑥施工计划及现场实施情况记录。

⑦施工日报及工长工作日志、备忘录。

⑧工程送电、送水及道路开通、封闭的日期及数量记录。

⑨工程停电、停水和干扰事件影响的日期及恢复施工的日期记录。

⑩工程预付款、进度款拨付的数额及日期记录。

⑪工程图纸、图纸变更、交底记录的送达份数及日期记录。

⑫工程有关施工部位的照片及录像等。

⑬工程现场气候记录，如有关天气的温度、风力、雨雪等。

⑭工程验收报告及各项技术鉴定报告等。

⑮工程材料采购、订货、运输、进场、验收、使用等方面的凭据。

⑯国家和省级或行业建设主管部门有关影响工程造价、工期的文件、规定等。

（4）索赔通知的递交

①承包人应在确认引起索赔的事件发生后28天内向监理工程师发出索赔通知，否则，承包人无权获得追加付款，竣工时间不得延长。

②承包人应在现场或监理工程师认可的其他地点，保持证明索赔可能需要的记录。监理工程师收到承包人的索赔通知后，未承认发包人责任前，可检查记录保持情况，并可指示承包人保持进一步的同期记录。

③在承包人确认引起索赔的事件后42天内，承包人应向监理工程师递交一份详细的索赔报告，包括索赔的依据、要求追加付款的全部资料。

如果引起索赔的事件具有连续影响，承包人应按月递交进一步的中间索赔报告，说明累计索赔的金额。

承包人应在索赔事件产生的影响结束后 28 天内，递交一份最终索赔报告。

④监理工程师在收到索赔报告后 28 天内，应作出回应，表示批准或不批准并附具体意见。还可以要求承包人提供进一步的资料，但仍要在上述期限内对索赔作出回应。

⑤监理工程师在收到最终索赔报告后的 28 天内，未向承包人作出答复，视为该项索赔报告已经认可。

2. 现场签证处理

（1）现场签证的含义

现场签证指发包人现场代表与承包人现场代表就施工过程中涉及的责任事件所作的签认证明。

承包人应发包人要求完成合同以外的零星工作或非承包人责任事件发生时，承包人应按合同约定及时向发包人提出现场签证。

（2）现场签证处理

承包人应发包人要求完成合同以外的零星工作或非承包人责任事件发生时，承包人应按合同约定及时向发包人提出现场签证。

承包人应在接受发包人要求的 7 天内向监理工程师提出签证，监理工程师签证后施工。若没有相应的计日工单价，签证中还应包括用工数量和单价、机械台班数量和单价、使用材料品种及数量和单价等。若发包人未签证同意，承包人施工后发生争议的，责任由承包人自负。

监理工程师应在收到承包人的签证报告 48 小时内给予确认或提出修改意见，否则，视为该签证报告已经认可。

◎ 习题和思考题

1. 简述投资控制的基本原理和目标控制的基本原则？
2. 简述投资控制的基本方法和流程。
3. 简述建设工程项目投资决策的含义，简述工程项目决策阶段投资控制的意义。
4. 简述决策阶段投资控制的主要工作。
5. 简述设计阶段投资控制的要点。
6. 简述实施阶段投资控制的目标和任务。

第4章 测绘工程监理工作中的进度控制

【教学目标】

学习本章，要掌握进度控制的概念、意义、任务和作用；了解影响工程进度控制的主要因素；掌握测绘工程监理工作中设计阶段、实施阶段、检查验收阶段的进度控制内容。

4.1 进度控制概述

4.1.1 进度控制的概念

测绘工程建设的进度控制是指在工程项目各建设阶段编制进度计划，将该计划付诸实施，在实施的过程中经常检查实际进度是否按计划要求进行，如有偏差则分析产生偏差的原因，采取补救措施或调整、修改原计划，直至工程竣工，交付使用。进度控制的最终目的是确保项目进度目标的实现，建设项目进度控制的总目标是建设工期。

进度与质量、投资并列为工程项目建设三大目标。它们之间有着相互依赖和相互制约的关系。监理工程师在工作中要对三大目标全面系统地加以考虑，正确处理好进度、质量和投资的关系，提高工程建设的综合效益。特别是对一些投资较大的工程，对进度目标进行有效的控制，确保进度目标的实现，往往会产生很大的经济效益。

工程项目的进度受许多因素的影响，建设者需事先对影响进度的各种因素进行调查，预测它们对进度可能产生的影响，编制科学合理的进度计划，指导建设工作按计划进行。然后根据动态控制原理，不断进行检查，将实际情况与计划安排进行对比，找出偏离计划的原因，特别是找出主要原因，采取相应的措施，对进度进行调整和修正，再按新的计划实施，这样不断地计划、执行、检查、分析、调整计划的动态循环过程，就是进度控制。

4.1.2 进度控制的意义

我们知道，一个工程项目能否在预定的时间内施工并交付使用，这是投资者，特别是生产性或商业性工程的投资者最为关心的问题，因为这直接关系到投资效益的发挥。因此，为使工程在预定的工期内完工并交付使用，工程项目的进度控制是一项非常重要的工作。

工期是由从开工到竣工验收一系列工序所需要的时间构成的，工程质量是施工过程中由各施工环节形成的，工程投资也是在施工过程中发生的。因此，监理工程师在进行质量控制和投资控制时，都是在总的计划下，按照具体的进度计划确定成本预算和成本分析的。加快进度、缩短工期会引起投资增加，但项目提前生产和使用会带来尽早获得效益的好处；进度快，有可能影响质量，而质量的严格控制又有可能影响进度，但在质量严格控制下，因为不返工又会加快进度。因此，监理工程师在工程项目中进行进度控制，不是单单以工期为目的进行的，是在一定的约束条件下，寻求发挥三者效益，恰到好处地处理好三者之间的关系。

进度控制还需要各阶段和各部门之间的紧密配合和协作，只有对这些有关的单位进行协调和控制，才能有效地进行建设项目的进度控制。

4.1.3　进度控制的任务和作用

工程项目的进度控制是一项系统工程。其基本任务是按照工程总体计划目标，按工程建设的各阶段，对系统的各个部分制定合理的进度计划，并对实际执行情况进行检查、分析、比较并作出调整，从而保证总目标的实现。概括地讲，进度控制的基本任务可归纳为以下几点：

①编制工程项目建设监理工作进度控制计划；

②审查承包单位提交的工程项目的进度计划；

③深入实际工作，检查和掌握进度计划的执行情况；

④将工程项目进度的实际情况与计划目标进行比较、对照和认真分析，找出出现偏差的原因；

⑤决定应该采取的相应措施和补救办法；

⑥及时调整计划，保证总目标的实现。

进度控制有利于尽快发挥投资效益、有利于维持良好的经济秩序、有利于提高企业的经济效益。

4.1.4　影响工程进度控制的主要因素

由于建设项目具有庞大、复杂、周期长、相关单位多等特点，因而影响进度的因素很多。从产生的根源看，有的来源于建设单位及上级机构；有的来源于设计、施工及供货单位；有的来源于政府、建设部门、有关协作单位和社会；也有的来源于监理单位本身。归纳起来，这些因素包括以下几个方面：

①人的干扰因素。如建设单位的使用要求发生改变而使得设计发生变更；建设单位提供建设场地不及时或场地不能满足工程要求；勘察资料不准确，特别是地质资料和测绘资料错误或遗漏而引起的不能预料的技术障碍；设计、施工中采用不成熟的工艺或技术方案失当；图纸供应不及时、不配套或出现差错；计划不周导致停工待料和相关作业脱节，工程无法正常进行；建设单位越过监理职权进行干涉，造成指挥混乱等。

②材料、机具、设备干扰因素。如材料、构配件、机具、设备供应环节的差错，品种、规格、数量、时间不能满足工程的需要。

③地基干扰因素。如受地下埋藏文物的保护、处理的影响。

④资金干扰因素。如建设单位资金方面的问题，未及时向承包单位或供应商拨款等。

⑤环境干扰因素。如交通运输受阻，水、电供应不具备，外单位临近工程施工干扰，节假日交通、市容整顿的限制；向有关部门提出各种申请审批手续的延误；安全、质量事

故的调查、分析、处理及争端的调解、仲裁；恶劣天气、地震、临时停水、停电、交通中断、社会动乱等。

受上述因素的影响，工程会产生延误。工程延误有两大类，其一是指由于承包单位自身的原因造成的工期延长，一切损失由承包单位自己承担，同时建设单位还有权对承包单位实行违约误期罚款；其二是指由于承包单位以外的原因造成的工期延长，经监理工程师批准的工程延误，所延长的时间属于合同工期的一部分，承包单位不仅有权要求延长工期，而且还有权向建设单位提出赔偿的要求以弥补由此造成的额外损失。

监理工程师应对上述各种因素进行全面的分析，采用公正的方法区分工程延误的两大类原因，合理地批准工期延误的时间，以便有效地进行进度控制。

4.2 设计阶段的进度控制

4.2.1 设计阶段监理工作的主要内容

项目设计是建设过程中的关键环节，是整个工程在技术及经济方面的全面安排，不但关系到项目的进度、质量及投资，而且还关系到日后投产效益的发挥。因此，监理工程师对项目设计阶段的进度控制应引起足够的重视。

设计阶段监理工作的内容主要是：

①根据设计任务书等有关批文，编制："设计要求文件"或"方案竞赛（又称平行设计）文件"；

②组织设计方案竞赛（评比）和评定设计方案；

③选择勘探、设计单位，委托勘察设计单位及任务，办理合同，并督促检查合同的执行情况；

④审查初步设计（或扩大初步设计、技术设计）阶段和施工详图阶段的方案和设计文件；

⑤审查概算与预算。

4.2.2 设计进展的阶段及目标

设计阶段的监理任务需要按照设计阶段进度计划分阶段分别以专业目标来实现，设计进展阶段具体的工作内容是：

1. 设计准备工作阶段的主要监理工作

①各专业监理工程师深入研究并深刻理解、掌握有关项目准备的各种批文及技术资料；

②根据需要组织调查研究，收集有关设计方面的资料；

③各专业针对建设项目提出设计具体要求或方案竞赛文件；

④总监理工程师汇总"设计要求"或"竞赛文件"。通过此阶段的监理工作，提出"设计要求"文件或"方案竞赛"文件，提出初步勘察报告，交建设单位研究。

2. 初步设计和技术设计阶段的主要监理工作

①将建设单位认可的"设计要求"或"方案竞赛"文件发送有关设计单位或直接委托设计单位；

②与设计单位进行技术磋商，并进行期中审查；

③组织方案的评定和审查，将评定的若干方案和审查结果作为监理意见，以书面形式向建设单位提出，请其认可；

④根据需要，向城建部门上报评定方案或初步设计审查意见；

⑤提出详勘任务书。此阶段工作，提出如下成果：设计方案评定意见；初步设计审查意见书；取得上级主管部门对初步设计方案初步审查意见的有关批文；提出详勘任务书。

3. 施工图设计阶段的主要监理工作

①确定设计单位进行施工图设计；

②向设计部门发出关于初步设计的审查意见；

③与设计单位进行技术磋商；

④进行设计中间审查，正确控制设计标准和主要技术参数；

⑤审查施工图预算；

⑥审查施工图进度。

通过以上工作，提供以下成果：确定施工图设计单位，提出中间审查意见，提出预算审查意见。

当以上各阶段工作进行后，监理单位应进行设计阶段的监理工作总结，提交监理工作总结报告，提请建设单位及上级主管领导予以评价。

如果在施工过程中，有关建设单位和施工单位要求变更设计事宜，监理应及时与有关设计单位协商解决，并按规定办理设计变更手续，及时下达给施工单位实行。通过施工过程中的设计监理，使设计单位和施工单位紧密协调和配合，使设计能更好地满足使用和施工工艺要求而更趋合理和完善。

4.3 实施阶段的进度控制

4.3.1 实施阶段进度控制概述

由于人为、材料、机具、地基、资金及环境等因素的干扰，工程实际进度往往与计划进度不一致。因此，监理工程师在工程项目的施工期间，必须深入现场随时掌握工程的进度情况，收集有关进度资料；在此基础上进行资料数据的整理、统计，并将其与计划进度比较和评价，根据有关进度资料、评价结果，提出可行性的变更措施和调整计划。由于工程进度控制具有周期循环的性质，所以施工进度的过程实质上是一个循序渐进的过程，是一个动态控制的管理过程。

4.3.2 实施阶段进度监测

为了准确及时地了解施工进度执行情况，监理工程师应做好以下两件监理工作：

1. 施工实际进度资料数据收集

①经常地、定期地、完整地收集承建单位提供的有关进度报表资料；

②参加承建单位定期或临时召开的有关工程进度协调会，听取工程施工进度的汇报和讨论；

③监理人员长驻现场或深入现场，具体检查进度的实际进行情况。

根据工程规模大小、类型、监理对象及现场条件，可每月、每半月或每周进行一次实际进度检查，在某些特殊情况下，甚至进行每日进度检查。

2. 施工实际进度数据的整理、统计分析和比较

未达到进度监控的目的时，监理人员必须将收集到的资料进行必要的整理、统计和分析，从而形成可比性的数据资料，通过实际进度与计划进度的比较，找出它们之间的偏差，通常采用的方法有以下几种：

①横道图。用横道图表示的进度表中，除表示计划进度外，应留有空格，以便在空格内填上实际进度情况，对照此表中计划进度与实际进度二者的时间差，即为时间偏差。

②工程量曲线。将按实际进度计算的工程量曲线画在按计划进度计算的工程量曲线图上，对照二者的时间差异，即为时间偏差。

③工作量累计曲线。为反映工程施工进度中不同计算单位的项目综合进展情况，应用投资额统一各部分计算单位，用工作量累计曲线表示工程综合进展情况，将计划投资额累计曲线同实际投资额累计曲线进行比较，即查出按投资额所确定的时间差异。

④网路计划。同横道图比较，网路计划有如下特点：

A. 能明确表示工作之间的逻辑关系；

B. 能确定每一项工作最早可能的开工时间、最早可能完工的时间以及最迟开工和最迟必须完工的时间；

C. 能确定每一项工作的总时差及自由时差；

D. 能确定网路计划中的关键线路；

E. 能进行工期费用及资源等目标的优化；

F. 以现代计算工具——电子计算机辅助计算，实现进度控制的实时性及自动化。

4.3.3 进度计划的调整

通过实际进度数据分析比较，找出二者的时间差，如果这种偏差将影响到后续工作及整个工程按时完成，应及时对施工进度进行调整，一次实现对进度控制的目的，保证预期计划工期目标的实现。

施工进度计划调整的方法取决于施工进度表的编制方法：

1. 采用横道图编制施工进度表

这种进度计划表的编制基础是流水作业理论，其空间参数、时间参数及工艺参数已确定。因此，如果由于某种原因使其中某个分部（或分项）工程拖延了作业时间，就打破了原计划流水作业的平衡，必须重新按流水作业理论对进度计划作调整，并保证预定工期目标的实现。其调控方法有：

①当实际进度对比计划进度滞后时间不长时，可不打破整个施工进度计划流水作业的

平衡，只在某个分部（或分项）作局部调整，这时，如果工作面允许，可增加劳力以缩短工期；如果工作面较小，应考虑增加工作班次，以缩短工期，赶上进度。

②当实际进度比计划进度滞后时间较长时，采取局部调整已不能将滞后的时间调整完，此时应当对进度计划采取大改动，在保证流水作业的预定工期完成的前提下，通过调整流水段，重新安排施工过程和专业队数，增加专业队人数等办法调整进度计划。在调整过程中要反复多次，直到最后达到预定工期要求，并尽可能使劳力、材料、资金、机具的供应均衡。

2. 采用网络计划编制施工进度表

（1）工期偏差（Δ）对后续工作影响的分析

当实际进度计划对计划进度出现偏差时，应着重分析此种偏差对后续工作的影响、偏差大小及偏差出现的位置。分析的方法主要是用网络计划中的总时差及自由时差来分析和判断。

（2）施工进度计划的调整方法

三种不同的调整方法：

①进度拖延时间在总时差 TF 范围内，自由时差 FF 范围外，即 $FF<\Delta<TF$。

可见，这一拖延不会影响总工期，只对后续工作产生影响，因此，在调整前需估算和确定后续工作允许拖延的时间限制，并依此作为进度调整的限制条件进行进度调整。

②某工作进度拖延时间已超出其总时差的范围，即 $\Delta>TF$。

在这种情况下，可分三种情况区别对待进度调整：

一是项目总工期不允许拖延。此时只有采取缩短关键线路上的后续工作的持续时间来保证总工期目标的实现。可用工期-费用优化方法寻找缩短持续时间的关键工作。

二是项目总工期允许拖延。这时只需一实际数据取代原计划数据，并重新计算网络计划参数，之后按新进度计划施工。

三是项目总工期允许拖延的时间有限。此时以总工期的限制时间作为规定工期，并对尚未实施的网络计划精选工期-费用优化，通过压缩网络计划中某些工作的持续时间，以保证总工期满足规定工期的要求。

③某工作进度超前。施工进度滞后固然要影响工期的预定目标，但进度超前也可能造成其他目标失控。比如，在工期超前的情况下，可使资源的需求发生变化，进而打乱原计划对材料、设备、人力等的安排，以及资金的使用和安排。因此，当出现工作进度超前时，监理工程师必须综合分析由于进度超前对后续工作产生的影响。与承包单位协商，提出合理的进度调整方案。

4.4 测绘工程检查验收阶段的进度控制

测绘工程检查验收阶段监理是测绘工程监理工作非常重要的环节，在一定程度上决定监理工作的成败。引进监理的测绘项目一般都是重大测绘项目，尤其是以航测法数字化测图、国土资源调查、数据库建设和大型工程测量等项目为多。这一阶段的监理工作非常复杂，需要在质量、进度控制和关系协调等方面进行大量的工作。

测绘生产单位在测绘项目生产过程中应该严格地按照合同要求和进度计划实施，但现在的测绘市场中仍然存在合同规定的期限已经接近，仍有相当大的工作量没有完成的情况。产生这方面的原因有很多，其中测绘生产合同中规定的上交资料期限不科学和测绘生产单位组织生产不利是最主要的原因。这时，业主特别是业主代表从成果需求或项目管理角度往往催促监理和测绘生产单位按时上交成果。

作业方有两种情况：一种是所剩工作量有限，该项目在测绘生产单位中属于常规生产项目，生产和检查力量比较容易调配，在不打破正常生产组织的情况下，进度和质量可以得到保障。另外一种情况则可能使监理单位和业主比较棘手，由于招投标或议标过程中生产单位为取得项目夸大自己的生产能力，评标委员会或业主没有发现，而在监理过程中发现，测绘生产单位的实际进度已经滞后于计划进度，但由于测绘生产的其他项目同期生产，经监理单位和业主催促但无能力增加有效作业力量投入，测绘生产单位对测绘项目后期数据处理工作量估计不足，造成手忙脚乱。

出现这种情况时，监理应彻底详细地了解进度情况，尽可能准确统计剩余工作量，客观估计检查工作量及所需时间，并对目前的情况进行分析，提出后阶段的监理建议，及时编制监理报告提交业主。对测绘生产单位提出有关生产组织、进度和质量方面的要求和相关建议，确保后期生产在可控状态下加快进度。

在检查验收阶段，如果进度正常，监理在该阶段的中心任务是质量控制，其中督促测绘生产单位尽快完善成果质量是非常重要的工作。

监理在验收阶段主要是对测绘生产单位在进行成果全方位总结汇总时的监理工作，是验收前的必要准备，为业主和生产单位同时把好关，使成果满足合同和有关文件的要求，为项目能够顺利开展验收提供有力的保障。

◎ 习题和思考题

1. 什么是测绘工程建设的进度控制？目的是什么？
2. 简述进度控制的意义。
3. 简述进度控制的任务和作用。
4. 影响工程进度控制的主要因素有哪些？
5. 设计阶段监理工作的主要内容有哪些？
6. 设计进展的阶段的监理工作有哪些？
7. 实施阶段进度监测的主要工作有哪些？
8. 测绘工程检查验收阶段的进度控制的内容有哪些？

第5章 测绘工程监理工作中的质量控制

【教学目标】

学习本章，要理解质量、工程质量和质量控制的概念；了解质量控制的基本原则；熟悉测绘工程设计、生产准备、实施、检查验收四个阶段的质量控制工作。

5.1 监理工作中质量控制概述

5.1.1 质量和工程质量

质量的概念随着社会的前进，人们认识水平的不断深化，也不断地处于发展之中。

根据国内外有关质量的标准，对"质量"（品质）一词的定义为：反映产品或服务满足明确或隐含需要能力的特征和特性的总和。

定义中所说的"产品"或"服务"既可以是结果，也可以是过程。也就是说，这里所说的产品或服务包括了它们的形成过程和使用过程在内的一个整体。所说的"需要"分为两类：一类是"明确需要"，指在合同、标准、规范、图纸、技术要求及其他文件中已经作出规定的需要；另一类是"隐含需要"，指顾客或社会对产品、服务的期望，同时指那些人们不言而喻的不必要作出规定的需要。显然，在合同情况下是订立明确条款的，而在非合同情况下双方应该明确商定隐含需要。值得注意的是，无论是"明确需要"还是"隐含需要"都会随着时间推移、内外环境的变化而变化，因此，反映这些"需要"的各种文件也必须随之修订。所说的"特性"是指事物特有的性质，是指事物特点的象征或标志，在质量管理和质量控制中，常把质量特征称为外观质量特性，因此，可以把"特征"和"特性"统称为特性，即理解为质量特性。

"需要"与"特性"之间的关系是："需要"应该转化为质量特性。所谓满足"需要"就是满足反映产品或服务需要能力的特性总和。对于产品质量来讲，不论是简单脚手架扣件，还是一栋复杂的办公大楼，都具有同样的属性。对质量的评价常可归纳为六个特性：即功能性、可靠性、适用性、安全性、经济性和时间性。产品或服务的质量特性要由"过程"或"活动"来保证。以上所说的六个质量特性是在科研、设计、制造、销售、维修或服务的前期、中期、后期的全过程中实现并得到保证的。因此过程中各项活动的质量控制就决定了其质量特性，从而决定了产品质量和服务质量。以上所述是对"质量"一词的广义概括，质量包括四个特点：

①质量不仅包括结果，也包括质量的形成和实现过程。

②质量不仅包括产品质量和服务质量，也包括其形成和实现过程中的工作质量。

③质量不仅要满足顾客的需要，还要满足社会需要，并使顾客、业主、职工、供应方和社会均受益。

④质量不但存在于工业、建筑业，还存在于物质生产和社会服务各个领域。

工程质量，从广义上说，既具有质量定义中的共性也存在自己的个性，它是指通过工程建设全过程所形成的工程产品（如房屋、桥梁等），以满足用户或社会的生产、生活所需的功能及使用价值，应该符合国家质量标准、设计要求和合同条款；从系统观点来看，工程产品的质量是多层次、多方面的要求，应达到总体优化的目标。

工程施工质量是工程质量体系中一个重要组成部分，是实现工程产品功能和使用价值的关键阶段，施工阶段质量的好坏，决定着工程产品的优劣。

工程项目建设过程就是其质量形成的过程。严格控制建设过程各个阶段的质量，是保证其质量的重要环节。工程质量或工程产品质量的形成过程有以下几个阶段：

（1）可行性研究质量

项目的可行性直接关系到项目的决策质量和工程项目的质量，并确定着工程项目应达到的质量目标和水平。因此，可行性研究的质量是研究工程决策质量目标和质量控制程度的依据。

（2）工程决策质量

工程决策阶段是影响工程项目质量的关键阶段。在此阶段，要尽量反映业主对工程质量的要求和意愿。因此，工程决策质量是研究工程质量目标和质量控制程度的依据。在工程项目决策阶段，要认真审查可行性研究，使工程项目的质量标准符合业主的要求，并与投资目标相协调，与所在地的环境相协调，避免产生环境污染，以使工程项目的经济效益和社会效益得到充分的发挥。

（3）工程设计质量

工程项目的设计阶段是根据项目决策阶段确定的工程项目质量目标和水平，通过初步设计使工程项目具体化，然后再通过技术设计和施工图设计阶段确定该项目技术是否可行，工艺是否先进，经济是否合理，装备是否配套，结果是否安全等。因此，设计阶段决定了工程项目建成后的使用功能和价值，是影响工程项目质量的决定性环节，是体现质量目标的主体文件，是制定质量控制计划的具体依据。

因此，在工程项目设计阶段要通过设计招标或组织设计方案竞赛，从中选择优秀设计方案和优秀设计单位，还要保证各部分的设计符合决策阶段确定的质量要求，并保证各部分的设计符合国家现行有关规范和技术标准，同时应保证各专业设计部分之间协调，还要保证设计文件和图纸符合施工图纸的深度要求。

（4）工程施工质量

工程项目施工阶段是根据设计和施工图纸的要求，通过一道道工序施工形成具体工程，这一阶段将直接影响工程的最终质量。因此，施工阶段是工程质量控制的关键环节，是实现质量目标的重要过程，要从具体工艺逐一地控制和保证工程质量。因此在工程项目施工阶段，要组织施工项目招标，依据工程质量保证措施和施工方案以及其他因素等选择优秀的承包商，在施工过程中严格监督其按施工图纸进行施工。

就工程施工质量而言，具体内容如图 5.1 所示。

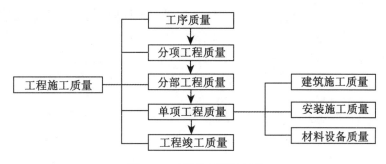

图 5.1　工程施工质量系统

（5）工程产品质量

工程项目验收阶段是对施工阶段的质量，通过试运行，检查、评定、考核质量目标是否达到。这一阶段是工程项目从建设阶段向生产阶段过渡的必要环节，体现了工程质量的最终结果。工程中的竣工验收阶段是工程项目质量控制的最后一个重要环节，通过全过程的质量目标控制，形成最终产品的质量。

5.1.2　质量控制

质量控制是指为实现工程建设的质量要求而采取的措施、手段和方法。质量控制是三项控制中的重点，也是监理活动的核心内容。对测绘工程监理而言，质量控制和检查是引进监理机制的最重要、最直接的原因。

质量控制包括生产单位的质量控制、政府行业监督部门的质量监督和监理单位代表业主所做的质量控制。其中生产单位的质量控制是内部的、自身的控制；监理单位进行的质量控制是外部的、横向的控制；政府行业监督部门根据有关法律法规和技术规范所进行的质量监督是强制性的、外部的、纵向的质量控制；监理所进行的质量控制的范围由业主和监理单位在监理合同中明确。目前测绘工程监理所承担的质量控制多数是生产作业阶段的质量控制，少部分包括设计阶段的技术咨询。

5.1.3　质量控制的基本原则

在贯彻"百年大计、质量第一"的工程建设指导方针中，必须有相应的质量保证体系和质量监督体系以及相应的质量管理制度和方法。其中工程建设监理工作肩负着重大的责任，在实施质量控制中，监理工作应贯彻以下基本原则：

1. 全面质量管理的原则

其基本含义体现在以下三个方面：

（1）全方位

全方位是指建设工程的每一分项工程、每一分部工程、每一单位工程，直到每一个设备零件、材料单件及每项技术、业务、政治、行政工作等，都要保证质量第一和质量全优，只有如此，才能保证大系统的质量。

（2）全过程

全过程是指时间上自始至终的全过程。这就是说，从提出项目任务、决策、可行性研究、勘察设计、设备及材料订货、施工、调试、运转、投产、达产的全面建设周期，都要保证质量。这里首先要保证决策和设计的质量，否则即使施工质量再好，也弥补不了决策和设计上的失误。当然，好的决策和设计也需要施工来保证质量和体现决策和设计的正确性。

（3）全员

全员是指参加建设工作的每一个人员，特别是项目领导人员、技术人员、管理人员乃至全体职工，都要有质量意识，对本岗位的工作质量负责。

2. 重视和不断提高生产三要素素质的原则

劳动者、劳动手段以及劳动对象的素质是投入建设、生产和科研中的三个主要素质方面。对大型工程建设来说，工程所要求的劳动者、施工手段以及施工对象（设备、材料等）都必须具备并不断提高素质，这是保证工程项目优质的前提条件。

在这三要素当中，劳动者的素质，其中包括政治、文化、科技和工作素质是至关重要的。将劳动者、劳动手段和劳动对象三者互相匹配并进行优化组合，才能体现工程项目的素质。要保证和提高上述三要素的素质，关键是提高管理的素质，提高管理素质的关键在于提高各级领导班子的素质、各级技术人员的素质和各类管理人员的素质。这就是说，在工程的软系统（包括政策、法规、技术等）、硬系统（包括材料、设备等）以及活系统（人员等）当中，人的要素是最重要的，要不断运用党的方针政策和思想政治工作培养社会主义人生观、价值观和政绩关，提高人们的思想和业务水平，激发人的积极性、主动性和创造性，这是工程建设监理工作的重要工作。

3. 预防为主的原则

监理工作的过程是一个不断发现、预见质量问题和解决质量问题的动态过程。在实施全方位、全过程和全员的质量战略中，不可能也不必做到一切工作毫无差错，但必须而且能做得到的，却是及时发现和改正差错，防微杜渐，以预防质量事故的发生。要做到把质量的事后把关，过渡到事前、事中质量控制；对产品的质量检查，过渡到对工作质量检查、工序质量检查，其中对中间产品质量检查是保证工程质量的有效措施。

4. 坚持质量标准的原则

以国家和行业主管部门颁布的标准、规范、规程和规定，并以工程中的有效文件（包括合同条款、技术设计书以及有效的指令等）为依据，采取科学的检测手段，并取得足够数量的采集数据，运用合理的数据分析和处理方法，及时对工序及中间过程和最终产品进行抽查验收和质量评定，做到实事求是，求真务实，一切以科学可靠的数据为依据，对质量做出符合实际的评价和评定，并依此找出质量的规律性，以指导后续工程的优质建设，取得用户满意。对不合格工程，坚持原则，予以返工；对优质工程，予以奖励，执行"优质优价"和"等价互利"的原则。

5. 工程建设监理质量控制与政府对工程质量的监督紧密结合的原则

政府和监理单位都对工程质量负有责任，应紧密配合，共同把好质量关。做到既对社会公共利益负责，也对具体的工程项目和业主的利益负责。

然而，二者在质量监督管理方面的具体内容、依据、方法、责任等是有区别的，其性质也是不同的。

政府有关部门的质量监督侧重于影响社会公众利益的质量方面；它运用法律、法规、规范和标准等进行工程项目质量的监督；控制的方式以行政、司法为主，并辅以经济、管理的手段，是强制性的；它采用阶段性和不定期的方式进行审查、审批、巡视，以发现质量上的问题，并加以制止和纠正；派出专业性的质量监督机构或技术人员对工程项目施工质量进行监督、检查；对于工程项目质量上的问题一般不承担法律和经济责任。

工程建设监理的质量控制，除了依据法律、法规、规范和标准之外，还要依据有关合同条款的要求进行监理。工程建设监理的质量控制更全面、更具体、更具有针对性。它不但要对社会负责，而且要对项目业主负责。

6. 坚持工程项目管理和质量保证的标准化、国际化的原则

近年来，随着工程项目的国际化，在工程项目中使用的质量管理和质量保证体系也趋于标准化、国际化，许多工程项目建设企业为加强自身素质，提高竞争能力，都在贯彻国际通用的质量标准体系 ISO9000 系列。该系列包括两大部分：质量体系认证和产品质量认证。

5.2 测绘工程设计阶段的质量控制

测绘工程监理不像其他建设工程监理（如建筑工程监理、水利工程监理等）分为初步设计、扩大设计、施工图设计等阶段。测绘工程监理的设计阶段主要是业主或是委托技术设计单位或是测绘生产单位编制的技术设计能否满足工程总的控制目标，是否符合项目本身的技术标准和国家规范等。

5.2.1 测绘工程技术设计概述

1. 编制测绘工程技术设计的意义和范围

测绘设计的目的是制订切实可行的技术方案，保证测绘项目正常开展，使所生产的测绘产品符合技术标准和业主要求，并获得最佳的经济效益和社会效益。所以，测绘项目在生产作业之前都必须进行技术设计。技术设计可分为项目设计和专业设计两种，项目设计为综合性设计，专业设计一般按照工序进行。专业设计的功能是指导工序作业，专业设计应该按照项目设计的总体要求和技术路线进行分解和细化，所有专业设计结合在一起构成了项目完整的测绘项目生产技术指导文件。对项目设计和专业设计同时进行的项目一般规模较大、具有较为完整的测绘生产工序，其成果一般可直接应用于国民经济建设和社会发展。对于中等规模且技术路线成熟的测绘项目，可将项目设计和专业设计进行合并，一次性编写技术设计书。对于项目规模较小和技术较为简单的测绘项目可不编写技术设计书，直接编写作业指导书，这种情况在各种专业测绘中经常出现，同时，技术设计的过程是多工序相互协调的过程，不仅要满足业主的要求还要满足生产的客观要求。目前，引进监理机制的一般是大中等规模的测绘项目。

2. 编制测绘工程技术设计的基本原则

技术设计应坚持的基本原则主要有以下几个方面：

①技术设计首先应坚持先整体后局部的原则。通盘考虑业主对项目的总体要求，且兼顾发展，充分重视项目的经济效益和社会效益。

②技术设计的用人原则。技术设计需要有广泛的实践经验的人来编写，同时从理论上了解技术和各种技术之间的相互关系。广泛的实践经验应该被认为是完成设计任务的先决条件。

③技术设计的科学性、先进性原则。制定科学的技术方案，采用切实可行的技术路线，对于关键性的技术问题应进行论证攻关，制定拟采用推广新技术所必须进行的控制措施。同时，设计方案应尽可能采用先进的生产技术手段和工艺，保证工程项目"又好又快"地完成。

④技术设计应与项目工作方案相协调。针对项目需求和经费保障情况，充分考虑人的作业能力和技术水平，顾及到软硬件设备情况，使得技术方案具有高度的指导性和可行性。这就是考虑设计的经济性原则，用最少的投入获取最大的经济效益。

3. 编制测绘工程技术设计的依据

测绘工程技术设计的依据主要有：

①指令性测绘项目中上级下发的任务安排文件、市场项目中的合同及其附件；

②国家有关法律法规特别是测绘行业的有关法规，如国家对测绘坐标系统建立的规定；

③国家和地方有关的技术标准，主要包括国家标准、地方标准、行业标准等；

④业主对本项目制订的技术要求，如招标文件；

⑤国家测绘行业生产定额和成本定额等，如测绘产品收费标准。

4. 编制测绘工程技术设计的基本内容

测绘行业包含十几种专业测绘，常见的测绘成果将近 60 种，项目规模相差悬殊，进行技术设计的层次不同，设计所包含的具体内容也差异较大。但就其内容而言，还是具有明显的共性的。这些内容主要包括下列几方面。

①项目概述：项目名称、项目规模、任务来源、作业范围、产品样式、主要精度指标、质量要求、工期、检查验收方式等。

②作业区的自然地理特征和社会经济概况：地理特征、城乡居民地的分布、交通和水系、气候变化情况及困难类别的分布等。

③对已有资料的收集、分析和检测等。

④项目引用的作业依据：对于所引用的技术依据都应列出，排列顺序有多种方式，如按标准等级、作业所依据的主次、作业工序先后所依据的标准顺序。对于所应用标准之间在主要精度指标、操作方法或工序质量要求等方面存在不一致之处必须明确具体执行的标准。

⑤设计方案：作为技术设计的核心，该部分内容应全面，明确作业方法和技术要求，新技术投入使用的认证资料应完善、质量保证措施应严密；为保证技术指导和进度指标的实现，对工序衔接及工序质量控制要制定具有可操作性的生产规定。

⑥质量保障措施：从生产组织管理角度强调生产单位控制质量的方法手段，质量方针的贯彻落实，明确产品质量控制责任，对生产过程中的各级检查工作提出要求及质量处理意见；

⑦上交资料：按上级下达任务或合同要求整理提交完善的测绘成果资料，列出上交成果资料清单。

5. 编写测绘工程技术设计应注意的问题

①设计内容要全面，要覆盖测绘项目施工前期准备阶段、生产过程、成果提交、检查验收和缺陷责任等整个过程；

②技术规定要明确，引用标准要全面严密，成果提交格式内容要明晰，主要精度指标要具体准确；

③文字要精练，避免含糊不清，引用标准已经明确的不要大量重复摘录；

④相关的附件要齐全，一般包括踏勘报告、起算数据分析报告、已有资料一览表及其他附图附件；

⑤名词术语专业化，计量单位统一化，字体、线形、符号、代码标准规范化。

6. 测绘工程技术设计编制的程序

由于技术设计书在测绘工程项目的重要作用，测绘行业对技术设计的起草、修改和审批一直非常重视，国家测绘行业主管部门在有关规章和技术标准中对该项工作程序进行了规定。传统测绘项目的项目设计一般由下达任务的部门组织编写，专业设计由承担任务的单位起草，报下达任务的部门进行审批。在市场经济环境下，技术设计的编写出现了新的情况。一般分为以下三种情况，一是业主起草；二是承担单位起草，业主单位审查修改批准；三是组织专门测绘机构起草，甚至于进行技术设计，委托两个以上单位分别起草，择优选用。

不论采用哪种方式进行技术设计，设计稿件必须履行系列审批和备案手续。首先由设计单位的技术负责人审批，然后报下达任务的部门或业主单位审批，同时报各级测绘行政主管部门备案。对于坐标系统的选取应严格按照国家和省级法律法规办理。

补充规定的办理。一些测绘项目，特别是大型测绘项目，由于种种原因需要在生产过程中进行设计调整和补充。首先，应明确补充规定作为原技术设计的调整属于该项目技术设计的一部分，应采用原设计相同的审批程序进行。如果补充规定对原设计做出了原则性的修改应重新进行论证。同时，应注意补充规定与原设计之间的衔接并对补充规定生效前有关成果进行处理。

5.2.2 与收集资料有关的监理工作

广泛收集各种有关资料并加以认真分析，实现对已有资料的充分利用。这些资料主要包括：一种是政府下达的任务计划书或是指令性的文件或是市场项目中的合同及附件；二是项目成果执行标准，也就是测绘成图成果执行的技术标准和规范等，例如，《国家基本比例尺地形图分幅和编号》（GB/T 13989—1992）、《全球定位系统（GPS）测量规范》（GB/T 18314—2001）、《基础地理信息要素分类与代码》（GB/T 13923—2006）、《城市测量规范》（CJJ 8—99）等；另一种是测绘生产中使用的基础和专业资料，如采用的坐标系统、基础控制点、地形图资料、工作底图等。分析和利用好这些已有资料可以对整个工程起到事半功倍的作用。

任务计划书、政府指令性文件或是市场项目的合同是工程立项的基础和总的指导思想，也可以说是业主对项目提出的总"要求"。无论是业主、监理单位还是测绘生产单位都应该认真地领会这些"要求"。"要求"构成了产品质量的内涵。"要求"是纲。

标准，简而言之，标准是指衡量事物的准则。标准统一了，生产出来的产品也就规范了。标准的主要作用在于：其一，作为产品质量控制的依据；其二，作为鉴别产品质量的依据。严格按照标准规定进行检验监理是获得正确、可靠结果的保证，同时也是做出科学、公正的判断的依据。

对于收集到的一些与项目相关的基础资料，我们必须要认真加以分析。比如，收集到的基础控制点，这些点的坐标系统是否相同，点的等级精度是否一致，点的标识情况是否完好，以及点的精度是否满足作为项目起算点的精度要求等。还比如地形图资料，地形图的比例尺、精度、成图年代等能否满足项目的整体要求。只有认真地分析这些资料才能对项目的开工起到积极的作用，否则可能是事倍功半。

监理单位对业主准备提供给测绘生产单位的各项资料要认真检查，检查资料是否齐全、内容是否符合规定要求等，再将资料整理归类，列出资料清单，然后将这些整理好的资料一起交给测绘生产单位，做好资料的交接工作。

5.2.3 测绘工程技术设计阶段监理

测绘工程监理还处于初级探索阶段，对设计阶段如何监理以及在该阶段监理的内容在以往的案例中涉及的少之又少。总结大量技术设计案例，从保证和提高技术设计质量的目的入手，协助业主做好工程技术设计的监理审批工作。

1. 监理的意义

监理工作主要是"质量、进度、投资"三控制。由于测绘工程监理处于初始探索阶段，从全国来看，引入测绘工程监理的项目绝大多数是生产实施阶段，而生产实施阶段监理的引入往往是在进入工程施工准备阶段以后，也就是测绘生产单位中标后准备进场组织生产了。大多数业主只看到测绘招投标中投标单位的让利，只对测绘生产单位的质量和进度进行控制，却对决策设计阶段没有委托监理。殊不知，项目决策和设计阶段对整个项目的投资效益和工期有着极其重大的影响。测绘生产单位是以设计为依据组织生产的，而设计中主要控制质量指标的引用决定工程的质量及工程事故的发生，据有关资料表明，测绘工程质量事故的发生主要是由技术设计不完善而造成的。有些设计对工程的进度和质量控制不住，造成了"三边工程"（边设计、边施工、边修改）的不良局面，直接影响工程的进度和质量，甚至影响了决策部门的形象。设计阶段监理对整个工程三大目标的控制有着非常重要的意义，业主应该充分认识到对项目实施设计监理的必要性，从而以最小的成本取得最大的收益。

2. 监理的内容

①向设计单位提供设计所需的资料，编写设计文件要求，拟订和商谈委托设计合同的内容。

②监理技术设计起草单位或起草人的设计能力。协调业主选择设计单位或进行设计招标工作，审查设计单位或中标单位的测绘资质等级、是否从事过相关的测绘项目以及主要设计人的专业能力，还要审查设计单位对该工程项目的设计是否有相关建议及对特殊问题的处理对策等。

③监理技术设计起草审批工作程序。监理设计过程是否符合有关法规和技术规范规定。如踏勘报告是否全面详实，有关资料收集是否全面，起算数据分析检测结果是否满足项目要求，重大技术问题的论证情况，各级审批签字手续是否齐全，以及在编写设计过程中对重大技术问题论证的会议纪要等。

④监理生产技术路线的先进性和可行性。技术路线是否先进决定生产效率和成果质量，进而决定项目的综合效益。针对一般的测绘项目，应采用成熟的高新技术安排生产流程，保证成果的全面性和准确性。对于采用目前尚不够成熟的高新技术，应本着鼓励支持和谨慎的态度协助业主加大论证力度，保证技术路线的可行性和可靠性。

⑤监理设计方案的全面性。按照项目要求，对照技术设计编写规定，审查设计方案是否按照设计大纲和项目要求进行设计，检查设计方案的全面性，杜绝缺项。

⑥监理技术设计的工期。根据工程项目总的工期要求，协助业主确定合理的设计工期，同时协调设计单位，提供设计所需的基础资料和数据，力求使设计能够按原进度计划进行。

⑦做好业主和设计单位之间的协调工作。配合设计单位开展技术分析，搞好设计方案的比较，对发现设计单位技术设计中存在的主要问题，如技术标准、质量、进度等及时与业主和设计单位之间做好沟通。

3. 监理的措施

①组织措施。建立健全监理组织，完善职责分工及有关制度，落实具体监理工程师的责任。

②技术措施。建立工作计划体系，协助设计单位开展优化设计和完善设计质量保证体系。

③经济措施。及时进行计划设计时间与实际设计时间的比较分析，对设计周期提前的实行奖励。严格质检和验收，不符合规定质量要求的拒付设计费，达到质量优良者，支付质量补偿金或奖金等。

④合同措施。按合同条款支付设计费，防止过早、过量现金支付，全面履约，减少对方提出索赔的条件和机会，正确处理索赔等。

4. 监理的注意事项

①作为测绘工程技术设计阶段的监理应全面掌握与项目有关的信息资料和测绘项目现场情况，使监理工作有的放矢。一是全面掌握有关下达任务的部门或业主方面的情况，如项目资金投入情况、成果种类、质量要求、工期计划等；二是全面掌握了解与项目相关的法律法规和项目准备利用的资料情况；三是深入测区进行现场勘察，对项目情况进行全面了解，掌握测区困难类别及难度分布情况并研究制订出解决问题的方法和意见。

②应注意审查技术方案的针对性。为指导项目作业，设计书中的技术方案要有强烈的针对性。根据监理单位的经验，客观判断技术设计中技术方案是否可行，实施后是否满足

用户提出的基本需求。

③检查技术设计所规定成果的种类、数据格式及以图形作为载体的信息（属性注记、说明注记）等是否满足用户要求。

④由于设计监理的特殊性，要求设计监理从业人员既具有扎实的专业知识，又要有丰富的相关测绘生产的实际经验。根据业主需求、监理单位的业务范围和能力，监理单位应做好对技术设计编写单位的技术支持和保障等多方面的服务工作。

5.3 测绘工程生产准备阶段的质量控制

生产准备阶段是项目顺利开工的前期基本保障。因而，做好生产准备阶段的监理工作是十分必要的。生产准备阶段监理工作主要有以下几方面的内容：

5.3.1 协助业主做好施工准备阶段的监理工作

业主应向测绘生产单位提供完整、可靠的基础资料，或受业主委托，监理单位和测绘生产单位共同收集和分析资料，同时需取得业主的认可，这些基础资料是生产单位进行作业的主要依据。监理对业主向测绘生产单位提供的工程资料要一一核实检查。这些资料一般包括下列内容：一是涉及的法律、行政法规、技术标准和规范等（有条件的业主直接将这部分内容的文本提供给测绘生产单位，没有条件的必须将这部分内容的具体名称及版本等信息落实清楚）。监理核查该项内容是否按照招标文件或合同中的约定提供，提供的资料是否符合招标文件或合同中的要求等；二是技术设计书或实施细则或作业指导书，这部分内容是指导测绘生产单位作业的直接依据，因此这部分内容必须由业主提供给生产单位，如果是生产单位自己编写的技术设计书等也必须经业主或有关上级部门审批，监理要核查设计审批手续是否齐全，设计方案是否为最终方案等；三是用于作业的基础资料，如高等级控制点的数量和分布情况、某种比例尺地形图的纸制图件或电子文档、工作范围底图等以及是否提供必要的食宿和交通工具等。监理要核查提供的内容是否符合生产作业的要求，提供的种类是否满足投标文件或合同当中的约定等。监理单位还要协助业主做好资料交接清单，做好和测绘生产单位的资料交接工作。总之，如果业主把工程资料准备工作做得充分细致，生产单位就可以非常顺利地开展施工阶段的工作，为工程的顺利完成打下良好的基础。

业主还要及时掌握项目资金的落实情况，如果是政府投资的基础测绘项目，资金到位率比较高，但一定要做到专款专用，不能挪为他用；如果是业主自筹资金，就要落实好资金的来源渠道和时间，做好资金的到位时间安排，不能影响生产的正常运行，不能因为资金问题造成与测绘生产单位的合同违约问题。如果是贷款项目，还要准备好保证金及还款计划等。

项目总监理工程师会同业主对中标单位，按照约定时间就签订合同与中标单位进行具体磋商，最后双方就合同条款达成协议，由业主签订合同。监理工程师还应对双方达成协议的合同条款是否能正确反映施工监理权限和内容进行审查提出意见。如中标单位需要将项目的某项工程委托分包单位进行施工时，项目监理工程师应协同业主对分包单位进行资格审查和认可。然后，按照合同中规定的有关条款，支付测绘生产单位相应的测绘进场启动资金。与中标单位签订生产合同后，业主能够更好地控制和监督测绘生产单位的进场时间，以及测绘生产单位对合同的履行情况等。

项目总监理工程师会同业主对中标单位进行进一步的资质审查，协助业主检查中标单位的测绘资质等级、主要业绩、技术力量、管理能力、资金或财务状况等。

5.3.2 施工准备阶段对生产单位的监理

业主与测绘生产单位签订生产合同后，监理就要针对生产合同中的约定，按照监理合同的权限，了解生产单位对本项目的总体工作安排，如什么时间进入现场。生产单位按照规定的时间进场后，监理要从以下几个方面对生产单位进行监理：

1. 检查测绘生产单位的组织结构体系、作业人员及培训情况

①作业现场组织机构是否齐全，是否成立了如生产管理部门、质量检查部门、后勤保障部门等有利于保障项目目标得以更好实现的各种组织，以及检查这些组织是否与投标方案中拟定的组织结构相一致；

②作业现场的主要作业人员是否与投标文件中拟定的参与项目生产的人员相一致，能否进行正常生产；

③作业现场的人员数量、素质能否满足实际工作的需求；

④进场的主要管理人员、技术人员是否进场工作并能够履行自己的职责；

⑤进场的作业人员是否经过岗前培训，只有通过培训，取得上岗资格才能上岗。

2. 检查测绘生产单位质量保证体系

①作业现场成立的质量检查部门是否满足生产进度的实际检查工作，能否保证各工序的顺利进行；

②作业现场各级人员的职责是否得到落实，现场负责人的意图和指令能否得到有效的贯彻；

③现场负责人的进度和质量意识如何，技术负责人的技术水平如何，质量检查人员的质量检查及问题处理是否受到行政干预；

④作业现场是否建立了奖惩制度，以质量为中心的生产责任制是否真正建立。

3. 仪器设备检查

①作业现场仪器设备总量是否满足本项目工作的需要；

②生产作业所应用的仪器设备是否经过测绘仪器计量部门的检定，检定结果是否符合要求。监理单位应对检定证书的原件进行 100% 的检查；

③生产作业所应用的平差计算、数据处理和编图软件等能否符合业主的要求；

④如发现正在使用的设备未按规定要求进行检定或检定结果为不合格时，监理人员应现场发出监理指令予以纠正。

4. 作业环境的检查

①生产单位的工作环境是否能够满足工作需要，环境卫生状况能否保证作业人员健康工作；

②仪器摆放是否安全；

③数据处理的保密工作是否到位。

5. 分包队伍的审查

虽然总测绘生产单位对承包合同承担乙方的最终责任，但分包单位的资质、能力直接影响着工程质量、进度等目标的实现，所以在有分包队伍的情况下，监理必须做好对分包队伍资质的审查、确认工作。审查分包队伍的内容和审查中标单位的内容基本一致。

6. 建章立制情况

生产单位要针对项目的需要制订各种必要的规章制度，如工作管理制度、生活管理制度、保密工作制度、安全生产管理制度等。监理要对以上的各项规章制度进行监理，并在生产实施阶段对各种规章制度的执行情况进行监理，做好监理记录。

总之，监理经过对测绘生产单位施工准备阶段的各项监理结果，给出生产单位是否达到开工的基本要求的评价，指出需要整改的地方，经生产单位整改后再经过综合分析给出对测绘生产单位的综合整体评价。

5.3.3 监理单位本身应做的工作

监理的作用是代表业主，对测绘项目，用严密的监理制度、特殊的管理方式，按合同规范要求，进行全过程跟踪和全面监督与管理，促使测绘项目的质量、工期、投资按计划实现。

1. 组建项目监理机构

为更好开展施工阶段的监理工作，监理单位应根据测绘工程项目的规模、性质、业主对监理的要求，委派称职的人员担任项目的总监理工程师，代表监理单位全面负责该工程的监理工作。一般情况下，监理单位在承接工程监理任务时，就已经选派称职的人员主持该项工作，该人就可作为项目总监理工程师。总监理工程师是一个项目监理工作的总负责人，他是对内向监理单位负责，对外向业主负责，有必要时还要任命总监理工程师代表。

监理单位应该按照有利于工程合同管理，有利于监理目标管理，有利于决策指挥，有利于信息沟通的"四有利"原则组建该项目的监理机构。监理机构中一般有以下三个层次：第一，决策层。由总监理工程师及其助手组成，根据监理合同的要求和监理活动内容进行科学化、程序化决策与管理；第二，中间控制层（协调层和执行层），由各专业监理工程师组成，具体负责监理规划的落实，监理目标控制及合同实施的管理；第三，作业层（操作层），主要由监理员和检查员组成，具体负责监理活动的操作实施。监理单位将组建的监理机构的组织形式、人员构成及对总监理工程师的任命通知业主。当总监理工程师需要调整时，监理单位应征得业主同意并通知业主；当专业监理工程师需要调整时，总监理工程师应书面通知业主和生产单位。

监理机构中还应当根据项目规模、性质及业主对监理的要求合理成立与划分各部门，依据监理组织机构目标、监理单位可利用的人力和物力资源情况，按照测绘工程监理组织形式采用合理组织形式，落实项目的监理组织机构，同时明确各岗位职责和考核标准。例如，在我国的某直辖市的集体土地调查项目中，由于测绘的范围大，地域广，在该项目的监理活动中的监理组织机构形式就采用了直线式组织方式；我国某市的城镇地籍测量项目中，结合项目的规模，监理组织机构采用职能式。

2. 参加监理组织机构的人员的素质及培训和学习情况

监理人员要根据工程规模、工期、自然条件、施工安排等因素适当配置人员,人员配置以能够照顾各个主要工作面,各种专业技术和年龄适中为原则,要满足对工程项目进行质量、进度、费用监理和合同管理的需要。一个业务精通,作风正派,具备驾驭在施工和设计可能出现问题时解决问题的能力的总监理工程师将起龙头作用。根据我国经验,监理机构中各级监理人员比例一般在下列范围内:总监办及驻地监理工程师等高级监理人员为10%~15%;各类专业监理工程师等中级监理人员为50%~55%;各类监理工程师助理及监理员等初级监理人员为20%~25%;行政人员约为10%。在这样比例的分配下合理配置监理项目的人数。监理活动的成效,不仅取决于监理队伍的总量能否满足监理业务的需要,而且取决于监理人员尤其是监理工程师的水平和素质。

为了使参加监理工作的人员充分掌握施工监理的方法和程序,有效、公正地执行合同,保护合同双方的利益,避免因监理工作失误给工程带来损失,对监理人员进行培训是十分必要的。培训的内容包括有关监理咨询的内容及监理方法、质量监控、进度监控、费用监控和合同管理等。通过培训既可掌握有关监理工作的理论基础、监理方法等,又可学习和实践测绘理论知识,为自己今后的监理工作打下坚实的基础。但是,实践经验是不能完全从书本、讲座中学到的,必须在生产实践中学习,从监理工程师代表和高级监理工程师那里得到指导。

3. 监理单位的设施和后勤保障情况

有了符合项目要求的人员投入,还要有必要的监理设备投入,投入使用仪器设备的种类和各项精度指标等硬件要求必须达到项目要求的各项指标。比如投入使用的 GPS、全站仪、水准仪等型号和标称精度,投入必要的交通工具以及监理人员的办公、通讯设备和居住场所等,这些都必须按照委托合同的约定达到项目的总体要求,保障监理工作顺利进行。

4. 编制监理方案

监理方案,是编制监理实施细则的前期框架性文件;监理方案,又是开展项目监理活动的纲领性文件,由项目总监理工程师主持编制。对于规模较小的项目也可以不编写监理方案,而直接编写监理细则。

5. 编制监理实施细则

在监理规划的指导下,为具体指导投资控制、质量控制、进度控制的进行,还需结合工程项目实际情况,制订相应的实施性计划或细则。监理实施细则由专业监理工程师编写,并经总监理工程师批准。它是对工程项目监理工作"做什么"、"如何做"等更详细的补充和说明,使监理工作详细具体,具有可操作性。在总结测绘行业监理的实践中,监理实施细则主要是指施工阶段的监理实施细则。

6. 编制监理协调工作程序

监理作为业主和测绘生产单位以外的第三方,其协调工作的目标就是以合同为依据,协调好生产过程中各种复杂的工作关系,公正、公平地解决各项矛盾与冲突,确保建设总目标的顺利实现。因此,协调是项目管理的一项重要工作,作为一种管理方法贯穿于整个项目和项目管理过程中。在项目实施过程中,总监理工程师是协调的中心和沟通的桥梁。

监理要编制的协调工作程序主要是投资控制协调程序、进度控制协调程序、质量控制协调程序和其他方面协调程序。协调工作的方法和内容在第 2 章中已经作出了相关的论述。

7. 健全质量控制体系

工程质量控制的目标，就是通过有效的质量控制工作和具体的质量控制措施，在满足进度和投资要求的前提下，实现工程预定的质量目标。所谓工程质量就是必须符合国家现行的有关测绘产品质量的法律、法规、技术标准和规范等有关规定，尤其是强制性标准的规定。也就是同类项目的质量目标具有共性，不因业主的不同而不同。可见，对于监理单位制定出健全的质量控制体系是非常必要的。那么如何制定出健全的质量控制体系，这就要求该体系从系统性、全过程、全方位的角度来控制。

首先，从系统控制角度来说，应避免不断提高质量目标的倾向，应确保基本质量目标的实现。不能盲目追求"最新"、"最高"、"最好"等，对质量目标要有一个理性的认识。

其次，从全过程角度来说，测绘产品的总体质量目标与该项目的实现过程息息相关，测绘生产的不同阶段质量控制的侧重点不同，比如，在设计阶段主要解决"做什么"和"如何做"的问题，使工程质量总体目标具体化；在招投标阶段主要解决"谁来做"的问题，使质量目标的实现落实到测绘生产单位的身上；在施工阶段通过具体的施工解决"做出来"的问题，使质量目标物化地体现出来；在验收阶段主要解决测绘产品质量是否符合预定质量目标的问题。因此，应当根据项目各阶段质量控制的重点和特点，确定各阶段质量控制的目标和任务，以便实现全过程的质量控制。

第三，从全方位角度来说，对项目的所有内容和影响项目质量的所有因素进行质量控制。

另外，还要加强对测绘生产单位自身质量控制的监督力度，对于出现问题的环节必须经过返工合格后才能进入下一道工序。比如，控制测量环节出现了问题，如果不能及时发现和解决，势必造成下道工序成果的不合格，进而影响工期、进度和总体质量。

8. 监理组织内部工作制度

①监理组织工作会议制度；

②监理工作日志制度；

③监理周报、月报制度；

④技术资料及档案管理制度；

⑤监理费用预算制度等。

9. 监理工作中应该注意的几个形象问题

①监理人员一定要有良好的业务素质，要精通监理业务，要懂得监理业务的工作程序，要不断地学习，保持实事求是的科学态度、谦虚谨慎的工作作风来履行监理的职责。

②加强内部管理，规范工作程序，一切按规定、规程、制度办事，减少工作中的随意性。凡是有规定的按规定办，没有规定的商量了办，重大的事情请示了再办。

③监理人员到施工现场行使监督管理的职能，应树立认真、严格、稳重、通情达理的良好形象。要有一定的组织协调能力，不要下车伊始，指手画脚。在充分熟悉所管工程的技术要求，仔细听取意见的基础上对需要解决的问题作出判断。重要的比较复杂的问题应

由监理组集体研究后，请示总监理工程师作出决定。重大问题还得请甲方一起决定，以减少失误。

④发出的任何指令都应慎重，处理问题要注意有理、有利、有节。一旦指令发出，必须得到认真执行。否则，失去权威的指令将会严重损坏自己的形象。

⑤现场联合检验必须按各方认定的规定范围执行。不需要联合检验的项目和工序，不要事无巨细都揽在手中，造成吃力不讨好的尴尬局面。联合检验时，应到的人员都必须到场，不要让监理人员唱独角戏，避免把监理人员变成了测绘生产单位的现场管理员。

⑥监理人员接受业主委托进行的是"测绘工程监理"，所以在处理具体技术方案（包括技术措施、施工方案、设计变更等）时，应注意发挥监理的协调作用，绝不能替代勘察、设计、施工和生产单位的职能。以防超越职责，陷入不属于管辖范围的具体工作之中，超脱不了，损坏了监理形象。

⑦尊重业主，维护业主的正当权益，是监理人员义不容辞的责任。但不是对业主的每一个具体人的意见都要无条件地听从。监理人员只能按严格的管理工作程序办事，接受业主总代表和总代表委托的人员的有据可查的书面意见。其他的应该耐心听取，接受认为可行的部分，并解释清楚。不然将无所适从，万一发生问题，无法追究其他人的责任，最终只能由监理自己来承担。

⑧严肃监理纪律，树立监理人员的廉洁形象。坚持原则，不徇私情，不贪赃枉法。为纯洁监理队伍的形象，凡违法乱纪者必定给予严肃处理，直至开除出监理队伍。不允许因个人的玩忽职守造成监理工作的失误，给工程带来麻烦和损失，这同样会损坏监理的形象。所以监理人员要一丝不苟地履行职责，不能有丝毫的疏忽大意。

⑨团结是事业胜利的保证，我们既要搞好与业主、生产单位和其他相关单位的关系，还要搞好自身的团结，在工作中监理工程师之间要相互支持、相互帮助、相互关心，形成团结、紧张、严肃、活泼的生动局面。

5.4 测绘工程实施阶段的质量控制

测绘工程质量是项目成功的基础，没有工程质量，就没有工程项目投资效益。测绘工程实施阶段是业主意图得以实现并最终形成成果实体的过程。因此，在测绘实施阶段进行质量控制是测绘工程监理工作的重点和核心，是进行投资控制和进度控制结果的具体体现。监理工程师对测绘工程实施阶段的质量控制，就是要按照监理合同所赋予的权利，围绕影响工程质量的各种因素，对测绘工程项目的实施过程进行有效的监督和管理。

在 2000 年版 GB/T 19000—ISO9000 标准中，质量控制的定义是：质量管理的一部分，致力于满足质量要求。从上述定义我们可以看出，质量控制是满足顾客、法律、法规等所提出的质量要求；是围绕产品形成过程每一阶段的工作如何能保证做好，对人和设备等因素进行控制；使对产品质量有影响的各个过程都处于受控状态，持续提供符合规定要求的产品。

5.4.1 实施阶段质量控制的重要作用

质量控制是测绘工程监理工程中最重要的工作，是测绘工程项目控制三个目标的核心目标。测绘工程实施阶段是形成最终产品实体的重要阶段。所以，测绘实施阶段的质量控制，是测绘工程项目质量控制的重点。

质量控制是业主投资得以最快获得收益的前提。在三大目标的统一关系中，如果保证业主成果质量要求或提高成果质量要求，做好质量控制，可以使成果在短期内投入使用，最快地获得成果的经济效益和社会效益，并且能够减少成果在应用过程中的维护和升级的费用，节约了二次投资的空间。

质量控制是保证生产单位提供满足业主要求成果的有力保障。测绘工程项目成果必须依据国家和政府颁布的有关标准、规范、规程、规定及工程项目的有关合同文件，对测绘成果形成的全过程，主要是测绘生产实施阶段影响测绘成果质量的各环节上的主导因素进行有效的控制，预防、减少或消除质量缺陷，才能满足业主对整个项目成果质量的要求。

质量控制有利于提高生产单位的生产能力。合理的质量控制可以在监理的协调下，克服由生产单位进行质量控制的片面性和放任性的弊端；促进生产单位和业主共同做好质量控制工作；有利于健全和不断完善生产单位的生产组织和人员的优化配置及生产单位质量保证体系，才能增加生产单位的经济效益。

质量控制有利于生产进度计划的顺利实施。施工质量控制和进度控制的均衡、协调是保证测绘工程项目能如期、保质完成的最有效的手段。在生产过程中无序追求工期，不做科学的工期计算，就会在规划工期内以非正常的作业方法和手段赶工期，使作业人员劳动强度加大，质量目标更是难以操控，严重的还会造成返工。

质量控制是目标控制的核心。在测绘实施过程中进行严格的质量控制，能够保证项目的预定功能和质量要求（相对于由于质量控制不严而出现质量问题可认为是"质量好"），则不仅可以减少实施过程中的返工费用，而且可以大大减少投入使用后的产品升级和维护费用。另一方面，严格控制质量能起到保障进度的作用。如果在测绘生产过程中发现质量问题及时进行返工处理，虽然需要耗费时间，但可能只影响局部工作的进度，不影响整个工程的进度；或虽然影响整个工程的进度，但是比不及时返工而酿成重大质量问题对整个工程进度的影响要小，也比留下严重的质量隐患到成果使用时才发现造成的损失要小。所以，质量控制是整个工程项目控制的核心，是业主投资有所成效的关键。

5.4.2 实施阶段质量控制的内容和手段

1. 质量控制的一般原则

监理工程师在测绘实施过程中的质量控制，一般应该遵循以下原则：

（1）坚持"质量第一、用户至上"原则

质量关系到业主对成果的实用性和适用性，同时也关系到业主的投资效果。所以，监理工程师在监理过程中必须处理好三大目标控制的关系，坚持把质量第一作为目标质量控制的基本原则。

（2）坚持"以人为本"的管理原则

不论什么样的测绘工程项目都是由人来参与，进行组织、决策、管理和生产的。测绘生产实施阶段的各单位、各部门、各岗位的人员的素质和工作能力，都直接或间接地影响成果质量。所以在质量控制中，要以人为核心，重点控制人的素质和人的行为，充分发挥人的积极性和主动性，让参与项目的每个人都有质量意识，达到控制人的质量就是控制成果的质量。

（3）坚持以"预防、预控"为主的原则

测绘成果的质量控制应该是积极主动的，应事先对影响质量的各种因素加以分析控制，而不能消极被动，等出现了问题再进行处理。所以，要重点做好质量的事先控制和事中控制，以预防、预控为主，加强在测绘实施阶段的过程和中间产品的检查和控制。

（4）坚持"质量标准、严格检查"的原则

质量标准是评价产品质量的尺度，严格检查是执行质量标准的准绳。产品质量是否符合合同规定的质量标准要求，应通过监理工程师的严格检查，对照质量标准，符合质量标准要求的才是合格，不符合质量标准要求的就不合格，必须返工处理。

（5）贯彻"科学、公正、守法"的职业规范原则

监理人员在处理质量问题过程中，必须坚持科学、公正、守法的职业规范，尊重科学，尊重事实，以数据为依据，客观、公正地处理质量问题。

2. 质量控制的依据

（1）工程合同文件

测绘合同和监理合同文件分别规定了参与测绘生产的单位各方在质量控制方面的权利和义务，有关各方必须履行合同中的各项承诺。对于监理单位来说，既要履行监理合同的条款，又要监督业主、测绘生产单位履行有关的质量控制条款。因此，监理工程师要熟悉和掌握这些条款，据此进行质量监督和控制。

（2）设计文件

按照项目的技术设计书或项目的作业指导书进行作业是测绘生产实施阶段质量控制的一项重要原则。因此，经过审批的技术设计书或作业指导书等设计文件，无疑是质量控制的重要依据。

（3）法律、法规和规范

国家及地方政府颁布有关测绘的法律、法规和规范，如《中华人民共和国测绘法》、《××省测绘管理条例》等。

（4）有关质量检查检验的国家规范和行业标准

技术标准有国家标准、行业标准、地方标准和企业标准之分。它们是建立和维护正常生产和工作秩序应遵守的准则，也是衡量成果质量的尺度。例如国家测绘局1995年颁布的《测绘产品质量评定标准》（CHl002—95）和《测绘产品质量评定标准》（CHl003—95）；国家2000年颁布的《数字测绘产品质量要求第一部分数字线划地形图、数字高程模型》（GB/T17941.1—2000）；国家2001年颁布的《数字测绘产品检查验收规定和质量评定》（GB/T18316—2001）等。

3. 质量控制的内容

测绘实施阶段质量控制主要是通过生产单位对该项目的预期投入（主要是人员、设

备、作业环境等）、组织生产过程和生产出来的测绘成果进行全过程的控制，以期按标准达到预定的成果质量目标。

为完成测绘实施阶段质量控制的任务，监理工程师应当做好以下工作：

①检查生产单位的资质情况。

②审查生产单位是否存在分包单位。若允许分包则核实中标单位申报的分包单位情况是否属实。审查分包单位的资质、作业能力，是否符合分包条件。

③做好生产单位上岗人员审查工作。从事测绘生产的人员数量必须满足测绘生产活动的需要，没有经过培训或经过培训不合格的作业人员不允许上岗。

④做好对生产单位投入生产的仪器设备检验情况的审定工作。监理单位应对测绘生产单位提交的测量仪器的型号、技术指标、精度等级、法定计量部门的标定证明，经检查核实确定后，方可进行正式使用。在作业过程中，监理工程师也应经常检查和了解所用测量设备的性能、精度状况，使其处于良好的状态之中。

⑤审查生产单位的组织落实和制度制订情况。检查从事作业活动的组织者及管理者，以及相应的各种制度。直接负责人（包括技术负责人）、专职检查人员，必须到位在岗。健全各种制度，如管理层和作业层各类人员的岗位职责；作业环境的安全、消防规定；资料保密管理规定；人身安全保障措施等相关制度。

⑥做好生产工序过程的质量控制工作。

⑦检查生产单位的质量控制情况和生产单位质量管理制度的落实情况。

⑧检查生产单位各项制度的执行情况。

⑨检查工序质量，严格执行工序交接检查制度。

⑩做好困难地区、隐蔽地区的质量检查工作。

⑪做好质量监督，行使好监理权利和义务；行使质量否决权，组织现场协调会，发挥好与业主和生产单位的桥梁作用。

⑫做好过程产品和中间产品的检查验收工作。不合格的产品不允许进行阶段性验收。

4. 质量控制的方法和手段

（1）监理控制方法和手段的科学化

监理的方式方法要讲究科学化。监理方法科学化包含监理工作方法和控制方法科学化。其一，监理工作方法的科学化首先表现在监理思想方法的科学性，就是要在监理实践中坚持"两点论"，用辩证的观点去正确对待和处理测绘过程中遇到的问题，用公平、公正、客观，实事求是的工作态度去处理在测绘生产合同中发生的矛盾。工作方法的科学化就是抓主要矛盾和矛盾的主要方面，控制中分清主次，主要矛盾解决了，次要矛盾即可迎刃而解（如控制测量工作中的精度指标问题就是抓主要矛盾的典型）；坚持严格监控与热情帮助相结合的具有中国特色的监理方法。其二，监理控制方法科学化，主要指在测绘生产过程中，监理对工程项目进行事前、事中、事后全过程的动态控制，以事前、事中控制为主，事后控制为辅相结合的控制方法，强调监理工作的预见性、计划性和指导性，最大限度地采用先进的网络技术，先进的计算机目标管理及科学化的统计资料分析，这些都构成控制方法的科学化。

（2）监理质量控制方法和手段

监理质量控制方法包括审核技术文件、旁站监理、签发指令性文件、召开各种协调会议，严格执行监理程序、实地测量、平行检验、现场巡视、抽样检测、计算机辅助管理等手段，运用这些手段时要得当，有度、合理、有效、技术先进等构成控制手段的科学化。

通过测绘工程监理的实践，在对质量控制过程中的目的、作用及控制方法手段的适用范围进行分析时，对目前的测绘项目和大多数业主来说，认为旁站监理、现场巡视、实地测量平行检验是测绘工程监理质量控制的三种最为有效的方式，体现了质量控制的点线面相结合、以数据事实说话的科学工作方法，从而达到对成果质量的有效控制。对于有效的质量控制，无论何种方式，监理人员的素质是最重要的，要善于发现问题，解决问题并防患于未然，做到预防为主。

①实地测量平行检验。实地测量平行检验是测绘工程监理工程师获取数据的重要手段。平行检验是建设工程监理提出的概念，《建设工程监理规范》是这样释义平行检验概念的：项目监理机构利用一定的检查或检测手段，在测绘生产单位自检的基础上，按照一定的比例独立进行检查或检测的活动。这个定义对于测绘工程监理来讲也是通用的。测绘工程监理的平行检验是在测绘生产单位自检合格的基础上进行的平行检验。项目监理机构或监理工程师可以采用与测绘生产单位相同的生产方法（同精度）采集数据，也可以采用高于测绘生产单位精度的方法进行采集数据。然后，依据技术规范或监理细则等技术规程评判批、部分或某工序合格或不合格，如果不合格，发监理工程师通知单，要求整改。

②现场巡视和旁站监理。现场巡视是相对于旁站而言的，是对于绝大多数的测绘项目（除数据整合、数据入库、系统建设等没有外业的项目）都需要进行的一种监督检查手段。项目监理机构或监理工程师为了了解生产单位各工序作业的具体情况，需要派监理人员到生产现场进行野外巡视。如测量控制点的选埋情况，调绘底图与实地的一致性，属性调查的正确性与现实性等。在监理工作中，巡视是旁站的前提，旁站是监理工作中必不可少的一种手段。监理人员不仅要知道何时该去旁站，重要的是要知道旁站时重点检查什么。

旁站监理从词义上解释，是指生产单位在测绘生产过程中，监理人员在一旁守候、监督生产单位操作的做法。由于项目在生产过程中所包含的内容非常丰富，作业区范围一般情况下又相当大，因此监理不可能也根本没有必要对每一个生产过程环节都进行旁站监理，而是应该在比较重要的、困难类别较高、容易出现问题的环节进行旁站监督。一般情况下，旁站监理应该是持续时间短的、抽查性质的，有时也可以是随机进行的，而不应该是持续不断的工作。旁站监理的对象可以是作业员，也可以是管理人员。旁站监理人员需要有实事求是、公正和科学的态度与工作作风。所用的方法主要是检查和督导。目前，有不少旁站监理只流于形式，即事无巨细，统统一"站"了之。表面上好像监理事事处处都有人在，实际上，因为监理的人数和精力都有限，不可能一直进行监督。所以，监理应该充分发挥旁站监理先行和督导的作用，为后续的监理工作、下一步的决策打下基础。

监理在进行现场巡视和旁站监理时，为了确保旁站和巡视的工作质量，应要求现场监理人员必须做到"五勤"即"腿勤、眼勤、脑勤、嘴勤、手勤"。具体说，"腿勤"是指监理人员不怕辛苦，加强现场巡视的覆盖面，对于重要工序，坚持全过程旁站，随时发现问题，防止质量失控。"眼勤"是指监理人员在现场巡视过程中，要注意看，要能看到问题，及时采取处理措施。"脑勤"是要求现场监理人员对看到的问题要动脑筋，认真分析，发挥自己的主观能动性、出主意：想办法。"嘴勤"是指监理人员经常不断地及时地将自己的意图和发现的问题转达给测绘生产单位，督促测绘生产单位采取措施及时解决问题。"手勤"是要求监理人员要将现场看到的以及自己所做的指令，认真记录下来，以书面形式发布。

5. 影响质量控制的因素分析

测绘生产实施阶段影响质量的主要因素有：人、仪器设备、方法、环境和监理。监理工程师在质量控制时，必须对什么人，用什么样的仪器设备，采用什么方法，什么样的环境进行控制。而且对影响质量因素的控制要做到事前控制，这是做好质量控制的关键。

（1）人的因素

人的因素主要指领导者（包含行政领导和技术领导）的素质，作业人员的理论、技术水平，以及责任心、违纪违章等。测绘生产实施阶段，首先要考虑到人的因素，因为人是施工过程的主体，工程质量的形成受到所有参加测绘生产实施的领导干部、技术骨干、操作人员共同作用，他们是形成测绘成果质量的主要因素。首先，应提高他们的质量意识。作业人员应当树立四大观念，即质量第一的观念，为用户服务的观念，用数据说话的观念以及社会效益、企业效益（质量、成本、工期相结合）综合效益观念。其次，是人的素质。领导层、技术骨干素质高，决策能力就强，就有较强的质量规划、目标管理、组织生产、技术指导和质量检查的能力；管理制度完善，技术措施得力，工程质量就高。作业人员应有精湛的技术技能、一丝不苟的工作作风、严格执行质量标准和操作规程的意识和观念。测绘成果质量的好坏实际上是生产出来的，不是检查出来的，所以作业员的素质和技术能力直接关系到成果的质量。后勤保障人员应做好生活等各方面的服务保障工作，以出色的工作质量，间接地保障测绘成果质量。提高人的素质，可以依靠质量教育、精神和物质激励的有机结合，也可以靠培训和优选，进行岗位技术练兵等。

（2）仪器设备因素

测量仪器设备是测绘工程必不可少的，仪器设备的性能、数量对工程质量也将产生影响。如进行控制测量时所用的 GPS 的性能和指标，直接影响控制测量成果的精度；碎部测量时所用的全站仪的性能和指标，直接影响所测碎部点的精度；内业数据处理所使用的计算机的配置，直接影响数据处理的速度，进而影响人员的投入情况以及投入的现有人员能否满足项目生产进度的需求等。此外，所用测量仪器是否经过指定仪器鉴定部门进行鉴定，以及测量仪器是否在鉴定有效期内使用。因此，在测量实施阶段，监理工程师必须根据测绘各工序特点，技术设计的要求，以及施测的方法，使测绘生产单位所用的仪器设备必须处于完好的可用状态，而且能够满足工程质量及进度的要求。

（3）方法因素

方法是指在测绘成果形成过程中测绘生产单位所采用方法的集合，它是通过生产单位质量管理体系、现场生产组织管理、技术方案等具体制度来体现的。

①审查测绘生产单位质量管理体系是否建立。质量管理体系是测绘生产单位保障工程质量的一套完整的质量管理系统，它阐明了生产单位总体管理要求、工程项目管理机构的工作要求以及专项工作要求。监理工程师审查重点是工程项目管理机构设置、各类管理人

员的配备、质量保证管理制度的制定。

工程项目管理机构制定的质量管理制度的审查要注意其必须符合该项目的特点和实际需要，符合有关测绘生产质量管理方面的法律、规范、法规性文件，各项管理制度要齐全完整，不留漏洞，各项工作要求明确，符合项目质量目标，制度之间不能互相矛盾，同时制度本身要有针对性和可操作性。

②审查现场生产组织管理。现场生产组织管理是指测绘生产单位负责该项目的直接领导对该项目组织生产、工序安排及作业人员等现场调度和管理的情况。负责人对现场生产组织管理工作落实的好坏将直接影响工程的质量、进度的目标实现。同时，现场负责人要制定生产组织管理制度。组织管理制度的主要内容是：工程特点、责任人、工期要求、质量目标等。监理工程师在对生产组织管理制度进行审查时，要分析其工期、质量之间关系是否合理，有否质量预控措施，能否满足成果质量要求，是否符合设计和规范要求等。

③审查技术方案。技术方案是为了保证成果质量而做出的更详细的技术实施方案，是对组织生产过程中具体技术问题确定明确的施工步骤、方法以及质量控制目标的具体要求。监理工程师在工程施工前应熟悉设计文件及规范要求，在施工前及早同生产单位做好技术方案的沟通和探讨工作，落实方案的可行性。在审查技术方案时，监理工程师必须结合工程实际，从技术、组织、管理等全面进行分析、综合考虑，有利于确保工程质量。

（4）环境因素

环境是指测区的自然环境、项目管理环境、生产单位劳动环境等。在实际工作中对项目质量影响因素较多，有的将对质量产生重大影响，且具有复杂多变的特点。因此，监理工程师应根据项目的具体特点和现场环境的具体情况，对影响工程质量的环境因素，采取有效预防控制措施。对环境因素的控制是与现场生产组织管理紧密相连的。所以说监理工程师在审查时要注意生产组织方案中是否考虑了环境对质量的影响。如在夏季是否考虑如何避暑问题，如在比较偏僻的地区冬季如何解决野外作业人员的保暖问题等，这些都将影响作业人员的工作效率和工作的积极性，进而影响工程的质量和进度。综上所述，环境的因素对工程影响涉及范围较广，复杂而多变，监理工程师在编制监理细则时，必须根据项目的地区特点全面考虑，综合分析，制定行之有效的监理细则，才能达到控制的目的。

（5）监理因素

①编制监理方案。监理方案是对监理机构开展监理工作做出全面、系统地组织和安排，是指导监理工作的纲领性文件。它包括监理工作范围和依据、监理工作内容和目标、监理工作程序、监理机构组织形式和人员配备、监理工作方法和措施、监理工作制度等。因而，监理工程师在编制监理方案时，应按项目特点、项目要求有针对性地编制监理方案，并使其具有可操作性和指导性。在监理方案中应确定监理机构的工作目标，建立监理工作制度、程序方法和措施，明确监理机构在工程监理实施中应当做哪些工作，由谁来做这些工作，在什么时间和什么地点做这些工作，如何做好这些工作。只有这样，监理机构的各项工作才有依据，成果质量控制才能达到预期目标。

②编制监理实施细则。监理实施细则是在监理方案基础上，结合工程项目的具体专业特点和掌握的工程信息制定的指导具体监理工作实施的文件。因而，监理实施细则必须做到详细具体、针对性强、具有可操作性。监理工程师在编制监理实施细则时要抓住影响成

果质量的主要因素，制定相应的控制措施，根据监理检查生产单位作业工序的特点和质量评定要求，确定相应检验方法和检测手段，明确检测手段的时间和方式。监理实施细则编制完成后，监理工程师应明确告诉测绘生产单位监理检查的具体内容、时间和方式。测绘生产单位应提前通知监理工程师，监理工程师应在约定时间内对监理检查的内容按监理实施细则规定的方法和手段实施监理。只有这样，监理工程师才能有效对工程质量进行控制。

5.4.3 作业规范性检查

测绘成果质量是在测绘生产过程中形成的，而不是最后检验出来的，测绘成果形成的整个过程由一系列相互联系与制约的作业活动所构成。因此，保证作业活动过程的效果和质量是整个测绘成果得以保证的基础和前提。对于监理单位而言，就要认真做好作业规范性的检查。

1. 测绘生产单位自检与专检的检查

（1）测绘生产单位的自检系统

测绘生产单位是成果质量的直接实施者和责任者。监理工程师的质量监督与控制就是使测绘生产单位建立起完善的质量自检体系并能有效运行。

测绘生产单位的自检系统一般表现为以下几点：

①参与测绘生产的作业员在作业结束后必须自检；

②不同的作业员之间必须把经自检合格后的产品进行互检，互检要有相应的检查记录；

③不同工序之间的材料交接和转换必须由相关人员进行交接检查，做好资料的交接记录；

④测绘生产单位要设置专职检查机构和专职检查人员进行专检，检查比例按照《测绘产品检查验收规定》（CHl002—95）、《数字测绘产品检查验收规定和质量评定》（GB/T18316—2001）等有关规范执行，并做好检查记录；

⑤各个级别检查出来的问题的处理办法和意见，要有相应的整改记录。

为实现上述几点，测绘生产单位必须有整套的制度及工作程序；具有相应的专职质检人员、仪器设备等。

（2）监理工程师的检查

监理工程师的质量检查与验收，是对测绘生产单位作业活动质量的复核与确认；监理工程师的检查决不能代替生产单位的自检，而且，监理工程师的检查必须是在生产单位自检并确认合格的基础上进行的。生产单位专职检查员没有检查或检查不合格的成果不能上报监理工程师，不符合上述规定，监理工程师一律拒绝检查。

2. 生产单位实际作业过程的检查

监理工程师要对测绘生产的各个工序进行过程检查，主要检查生产的作业方法、作业流程、生产工艺以及野外实际问题的处理是否符合规范和设计要求。也就是监理所常用的旁站方式进行现场监理。旁站监理的内容，在本节已有论述，这里就不再赘述了。

3. 精度指标的检查

地形图的精度指标主要有数学精度和地理精度。其中数学精度在评判地形图的质量中占有的权重较其他指标更高。因此，测绘生产单位应该把自己检测的结果报送到监理工程师处。监理工程师应该把这项工作列入监理规划和质量控制计划中，并看作是一项经常性工作任务，贯穿于整个生产活动当中。

常规测量检核的要素有：绝对精度、相对精度、高程精度、属性精度、地理精度、整饰精度、逻辑精度等。

4. 工程进度计划调整的检查

测绘生产过程中，由于种种原因可能会调整工作计划，工程计划的变更可能是生产单位自身提出的调整，也可能是业主或是监理单位提出的调整。不论什么原因导致计划调整，测绘生产单位都应做好变更生产计划的准备，这也是监理单位做好质量控制，检查生产单位规范性的一项重要内容。

如果是生产单位要求变更，生产单位就要说明相应修改的原因，做出变更后的生产计划，并将这些相关文件送给业主或总监理工程师，待批准后实施。如果是业主或监理工程师要求变更调整，除非合同条款中有明确规定业主可以随时更改计划，否则生产计划变更要征得生产单位的同意后方可进行，或者生产单位要给予一定的经济补偿后方可修改。允许变更后，业主或总监理工程师要给生产单位下达变更通知单并附有相应的时间调整计划。

5. 仪器设备的检查

仪器设备是测绘生产的基本工具，仪器设备是否符合要求直接影响测绘成果的质量。因此，监理工程师要对作业过程中的仪器设备进行必要的质量控制。检查的主要内容有：投入生产使用的仪器是否与开工前准备使用的仪器一致；从事生产的人员是否具备操作仪器或使用其他设备的能力等；作业员实际操作仪器的方法是否得当，如仪器的使用、数据的判读、数据的处理、记录手簿等。

6. 现场会议情况的管理

现场例会是成果形成过程中参加生产建设各方沟通情况，解决问题，形成共识，作出决定的主要渠道，也是监理工程师进行现场质量控制的重要场所。

通过现场会议，监理工程师可以根据监理过程中的质量状况，指出存在的问题，测绘生产单位提出整改的意见和措施，并作出相应的保证。由于参加例会的人员一般既有管理人员又有技术人员，所以，对问题达成共识的可能性就大，利于生产的顺利进行。

此外，除了必要的会议以外，监理工程师还可以召开专题会议，对某个具体的问题进行探讨和形成决议。测绘生产单位本身也应多召开会议，各个作业组之间经常加强交流，互相学习彼此的工作方法和心得。

总之，作业规范性检查的内容涉及方方面面，凡是与测绘生产活动有关的内容都应该进行必要的规范化和制度化，使管理者和被管理者行事有理有据、按章办事，不能摸着石头过河。

5.4.4 工序成果质量检查

工序成果泛指测绘生产过程中各工序生产出来的阶段性成果，该成果可能是测绘最终成果的组成部分，也可能是生产过程中的一个过程产品。

工序质量的检查检验，就是利用一定的方法和手段，对工序操作及其完成产品的质量进行实际而及时的检查，并将所检查的结果同该工序的质量特性的技术标准进行比较，从而判断是否合格或优良。这是对阶段性成果及最终成果质量控制的方式，只有作业过程中的中间产品质量都符合要求，才能保证最终测绘成果的质量。

5.4.5 质量控制措施

为了取得目标控制的理想效果，达到质量控制的目标，监理应当从多方面采取措施实施质量控制，通常可以将这些措施归纳为组织措施、技术措施、经济措施和合同措施。

1. 组织措施

组织措施是从质量控制的组织管理方面实施控制，一般应从以下几方面制定具体的措施：

①建立质量管理体系（ISO9001），完善职责分工及有关质量监督制度，落实质量控制责任。

②建立与监理工作任务相符合的组织机构，由项目总监理工程师负责，围绕质量这一中心工作展开全面的监理工作。

③设立专业监理工程师或专职人员。根据项目的特点安排各工序的专业工程师负责其质量与进度的控制工作；鉴定质量的资料收集和整理工作由专职人员负责；工程调度安排由专人负责等。

④在监理组织内部做好分工，建立相应的责任制，明确岗位及岗位责任。

⑤建立业主、监理单位、测绘生产单位三方的联系机制，随时互通各方情况，了解和解决影响质量因素的具体问题。

⑥协调好各方的关系，建立一个和谐、融洽的合作机制。

组织措施是其他各类措施的前提和保障，而且一般不需要增加什么费用，尤其是对由于业主原因所导致的目标偏差，这类措施可以成为首选措施，故应予以足够的重视。

2. 技术措施

技术措施不仅对解决项目实施过程中的技术问题是不可缺少的，而且对纠正质量目标偏差也有相当重要的作用。运用技术措施进行质量控制一般要做好以下工作：

①在测绘生产单位进入现场前期，监理单位应协助生产单位完善和检验生产单位质量保证体系和质量控制措施。

②测绘生产实施前严格检查检验所用仪器设备的各种性能和使用期限等，保证其符合工程实施方案、招标文件和投标文件中所承诺的使用设备，同时要求所用设备必须满足生产实际要求。

③以预防为主，加强野外现场巡视，互相沟通情况，掌握生产单位的实际作业能力和由此产生的质量动向，把质量的事后检查把关转为事前的预控和事中的工序检查。

④在有限的时间、人力、物力条件下，为能有效地控制成果质量，合理选择质量控制点是做好预控工作的一种手段，针对某些重要工序重点控制人的行为。

⑤将质量目标进行分解，确定阶段性质量控制目标，加大监理检查的技术投入。

⑥通过现场的巡视与旁站，检查施工人员的实际操作状况，判断施工是否在按照正确的工艺流程进行野外生产，便于及时采取措施。

⑦测绘生产实施过程是一个动态过程，运用动态控制的原理，从投入转化到产出，运用反馈原理做好实际值与计划值的比较。

不同的技术措施产生的质量控制效果也是不同的，因此监理单位要能提出多个不同的技术方案，同时要对不同的技术方案进行经济分析，达到技术控制质量和经济效益的最优化。

3. 经济措施

经济措施是最易为人接受和采用的措施。在市场经济条件下，经济措施是保证质量和进度最有效的措施。在实际应用中可以采取以下几种手段和方法：

①严格质检和验收，不符合国家规范、招标投标文件及合同规定质量要求的拒付工程款。

②工程进度的认可和工程进度款的签认，须以质量为前提，达不到合同要求质量标准的分项成果或阶段性成果业主或监理方不予签认，不支付工程进度款。

③充分发挥市场经济条件下的经济杠杆作用，利用经济效益在质量和进度关系中的相互影响关系，降低质量成本、减少返工损失、求得质量的最优点。

④在质量达不到要求时充分运用索赔手段。

⑤建立质量奖惩制度等。

经济措施绝不仅仅是审核工作量及相应付款和结算报告，还要从全局性和总体性的问题上加以考虑。对将来可能出现或不可预见的必要的投资要以主动控制为出发点，及时采取预防措施。

4. 合同措施

合同措施除了拟定合同条款、参加合同谈判、处理合同执行过程中的问题、防止和处理索赔等措施之外，还要协助业主确定对目标控制有利的工程组织管理模式和合同结构，分析不同合同之间的相互联系和影响，对每个合同做总体和具体分析等。具体归纳为以下几个方面：

①将控制质量与合同管理工作结合起来，对合同中的有关质量条款进行集中整理，做细密科学的分析，为质量控制提供合同依据；

②利用合同的约束力，调控和调整关系，保障质量工作；

③坚持合同的全面履行和实际履行的原则，保障工程质量。

由于投资控制、进度控制和质量控制均要以合同为依据，因此合同措施就显得格外重要。这些合同措施对目标控制更具有全局性的影响。另外，在采取合同措施时要特别注意合同中所规定的业主和监理的义务和责任。

5.5　测绘工程检查验收阶段的质量控制

检查验收阶段的质量控制是测绘工程监理工作非常重要的环节，在一定程度上可以决定监理工作的成败。引进监理的测绘项目一般都是重大测绘项目，尤其是以航测法数字化测图、数据库建设和大型工程测量等项目为多。这一阶段的监理工作非常复杂，需要在质量、进度控制和关系协调等方面进行大量的工作。中心的工作是按照监理合同的约定进行质量检查及质量问题的处理，保证成果质量满足项目设计要求，为项目验收奠定基础。

5.5.1　检查验收的基本概念和术语

1. 检查验收的含义

为了评定测绘成果质量，须严格按照相关技术细则或技术标准，通过观察、分析、判断和比较，适当结合测量、试验等方法对测绘成果质量进行符合性评价。

2. 相关术语

①单位成果。为实施检查与验收而划分的基本单位。

②批成果。同一技术设计要求下生产的同一测区的、同一比例尺（或等级）单位成果集合。

③批量。批量成果中单位成果的数量。

④样本。从批成果中抽取的用于评定批成果质量的单位成果集合。

⑤样本量。样本中单位成果的数量。

⑥全数检查。对批成果中全部单位成果逐一进行检查。

⑦抽样检查。从批成果中抽取一定数量样本进行检查。

⑧质量元素。说明质量的定量、定性组成部分。即成果满足规定要求和使用目的的基本特性。质量元素的适用性取决于成果的内容以及成果规范，并非所有的质量元素适用于所有的成果。

⑨质量子元素。质量元素的组成部分，描述质量元素的一个特定方面。

⑩检查项。质量子元素的检查内容。说明质量的最小单位，质量检查和评定的最小实施对象。

⑪详查。对单位成果质量要求的全部检查项进行检查。

⑫概查。对单位成果质量要求中的部分检查项进行检查。部分检查项一般指重要的、特别关注的质量要求或指标，或系统性的偏差、错误。

⑬错漏。检查项的检查结果与要求存在的差异。本章根据差异的程度，将其分为ABCD四类。A 类：极重要检查项的错漏；B 类：重要检查项的错漏，或检查项的严重错漏；C 类：较重要检查项的错漏，或检查项的较重错漏；D 类：一般检查项的轻微错漏。

⑭高精度检测。检测的技术要求高于生产的技术要求。

⑮同精度检测。检测的技术要求与生产的技术要求相同。

⑯简单随机抽样。从批成果中抽取样本时，使每一个单位成果都以相同概率构成样本，可采用抽签、掷骰子、查随机数表等方法。

⑰分层随机抽样。将批成果按作业工序或生产时间段、地形类别、作业方法等分层后，根据样本量分别从各层中随机抽取 1 个或若干个单位成果组成样本。

5.5.2　测绘成果质量检查验收基本规定

1. 测绘成果质量检查验收制度

（1）二级检查一级验收制

测绘成果质量通过二级检查一级验收方式进行控制，测绘成果应依次通过测绘单位作业部门的过程检查、测绘单位质量管理部门的最终检查和项目管理单位组织的验收或委托具有资质的质量检验机构进行质量验收。其要求如下：

①测绘单位实施成果质量的过程检查和最终检查。过程检查采用全数检查。最终检查一般采用全数检查，涉及野外检查项的可采用抽样检查，样本以外的应实施内业全数检查。

②验收一般采用抽样检查。质量检验机构应对样本进行详查，必要时可对样本以外的单位成果的重要检查项进行概查。

③各级检查验收工作应独立、按顺序进行，不得省略、代替或颠倒顺序。

④最终检查应审核过程检查记录，验收应审核最终检查记录，审核中发现的问题作为资料质量错漏处理。

（2）提交检查验收的资料

项目提交的成果资料必须齐全，一般应包括：

①项目设计书、技术设计书、技术总结等。

②文档簿、质量跟踪卡等。

③数据文件，包括图库内外整饰信息文件、元数据文件等。

④作为数据源使用的原图或复制的二底图。

⑤图形或影像数据输出的检查图或模拟图。

⑥技术规定或技术设计书规定的其他文件资料。

提交验收时，还应包括检查报告。

2. 测绘成果质量检查验收依据

测绘成果质量的检查验收依据有关的测绘任务书、合同书中有关产品质量元素的摘录文件或委托检查验收文件、有关法规和技术标准以及技术设计书和有关的技术规定等。

3. 数学精度检测

图类单位成果高程精度检测、平面位置精度检测及相对位置精度检测，检测点（边）应分布均匀、位置明显。检测点（边）数量视地物复杂程度、比例尺等具体情况确定，每幅图一般各选取 20~50 个。

按单位成果统计数学精度，困难时可以适当扩大统计范围。在允许中误差 2 倍以内（含 2 倍）的误差值均应参与数学精度统计，超过允许中误差 2 倍的误差视为粗差。同精度检测时，在允许中误差 $2\sqrt{2}$ 倍以内（含 $2\sqrt{2}$ 倍）的误差值均应参与数学精度统计，超过允许中误差 $2\sqrt{2}$ 倍的误差视为粗差。检测点（边）数量少于 20 时，以误差的算术平均值代替中误差；大于 20 时，按中误差统计。

高精度检测时，中误差计算按式（5.1）执行：

$$M = \pm \sqrt{\frac{\sum_{i=1}^{n} \Delta^2}{n}} \tag{5.1}$$

式中，M 为成果中误差；n 为检测点（边）总数；Δ_i 为较差。

同精度检测时，中误差计算按式（5.2）执行：

$$M = \pm \sqrt{\frac{\sum_{i=1}^{n} \Delta^2}{2n}} \tag{5.2}$$

式中，M 为成果中误差；n 为检测点（边）总数；Δ_i 为较差。

4. 测绘成果质量检查验收记录与报告

检查验收记录包括质量问题及其处理记录、质量统计记录等。记录填写应及时、完整、规范、清晰。检验人员和校核人员签名后的记录禁止更改、增删。最终检查、验收工作完成后，应编写检查、验收报告，并随测绘成果一起归档。

5. 质量问题处理

验收中发现有不符合技术标准、技术设计书或其他有关技术规定的成果时，应及时提出处理意见，交测绘单位进行改正。当问题较多或性质较重时，可将部分或全部成果退回测绘单位或部门重新处理，然后再进行验收。

经验收判为合格的批，测绘单位或部门要对验收中发现的问题进行处理，然后进行复查。经验收判为不合格的批，要将检验批全部退回测绘单位或部门进行处理，然后再次申请验收。再次验收时应重新抽样。

过程检查、最终检查中发现的质量问题应改正。过程检查、最终检查工作中，当对质量问题的判定存在分歧时，由测绘单位总工程师裁定；验收工作中，当对质量问题的判定存在分歧时，由委托方或项目管理单位裁定。

5.5.3 测绘成果质量检查验收工作的组织实施

测绘成果质量检查验收实行二级检查一级验收制，即实施过程检查、最终检查和验收。

1. 测绘成果质量检查工作实施

（1）过程检查

只有通过自查、互查的单位成果，才能进行过程检查。过程检查应该进行逐单位成果详查。检查出的问题、错误、复查的结果应在检查记录中记录。对于检查出的错误修改后应复查，直至检查无误为止，方可提交最终检查。

（2）最终检查

通过过程检查的单位成果，才能进行最终检查。最终检查应进行逐单位成果详查。对野外实地检查项，可抽样检查，样本量不应低于表5.1的规定。检查出的问题、错误、复查的结果应在检查记录中记录。最终检查应审核过程检查记录。最终检查不合格的单位成果退回处理，处理后再进行最终检查，直至检查合格为止。最终检查合格的单位成果，对于检查出的错误修改后经复查无误，方可提交验收。最终检查完成后，应编写检查报告，随成果一并提交验收。最终检查完成后，应书面申请验收。

表 5.1   样本量确定表

批量	样本量
≤20	3
21~40	5
41~60	7
61~80	9
81~100	10
101~120	11
121~140	12
141~160	13
161~180	14
181~200	15
≥201	分批次提交，批次数应最小，各批次的批量应均匀

注：当样本量等于或大于批量时，则全数检查。

2. 测绘成果验收工作实施

1）验收

单位成果最终检查全部合格后，才能验收。样本内的单位成果应逐一详查，样本外的单位成果根据需要进行概查。检查出的问题、错误、复查的结果应在检查记录中记录。验收应审核最终检查记录。验收不合格的批成果退回处理，并重新提交验收。重新验收时，应重新抽样。验收合格的批成果，应对检查出的错误进行修改，并通过复查核实。验收工作完成后，应编写检验报告。

2）验收工作程序

（1）组成批成果

批成果应由同一技术设计要求下生产的同一测区的、同一比例尺（或等级）单位成果汇集而成。生产量较大时，可根据生产时间的不同、作业方法不同或作业单位不同等条件分别组成批成果，实施分批检验。

（2）确定样本量

根据检验批的批量按照表 5.1 的规定确定样本量。

（3）抽取样本

样本应分布均匀，以"点"、"景"、"测段"、"幢"或"区域网"等为单位在检验批中随机抽取样本，一般采用简单随机抽样，也可根据生产方式或时间、等级等采用分层随机抽样。按样本量，从批成果中提取样本，并提取单位成果的全部有关资料。下列资料按

100%提取样本原件或复印件：项目设计书、专业设计书、生产过程中的补充规定、技术总结、检查报告及检查记录、仪器检定证书和检验资料复印件、其他需要提供的文档资料等。

（4）检验

根据测绘成果的内容与特性，分别采用详查和概查的方式检验。

详查应根据各单位成果的质量元素及相应的检查项，按项目技术要求逐一检验单位成果，并统计存在的各类错漏数量、错误率、中误差等。概查是指对影响成果质量的主要项目和带倾向性的问题进行一般性检查，并统计存在的各类错漏数量、错误率、中误差等。

（5）单位成果质量评定

单位成果质量评定通过单位成果质量分值评定质量等级，质量等级划分为优级品、良级品、合格品、不合格品四级。概查只评定合格品、不合格品两级。详查评定四级质量等级。其工作内容如下：

①根据质量检查的结果计算质量元素分值（当质量元素检查结果不满足规定的合格条件时，不计算分值，该质量元素为不合格）。

②根据质量元素分值，评定单位成果质量分值，见下面公式，附件质量可不参与式（5.3）的计算；根据式（5.3）的结果，评定单位成果质量等级，如表 5.2 所示。

$$S = \min(S_i)(i = 1, 2, \cdots, n) \tag{5.3}$$

式中，S 为单位成果质量得分值；S_i 为第 i 个质量元素的得分值；$\min$ 为最小值；n 为质量元素的总数；

若质量元素拥有权值，则采用加权平均法计算单位成果质量得分。S 值按式（5.4）计算：

$$S = \sum_{i=1}^{n}(S_i \times p_i) \tag{5.4}$$

式中，S、S_i 为单位成果质量、质量元素得分；p_i 为相应质量元素的权；n 为单位成果中包含的质量元素个数。

表 5.2 单位成果质量评定等级

质量得分	质量等级
90 分≤S≤100 分	优级品
75 分≤S<90 分	良级品
60 分≤S<75 分	合格品
质量元素检查结果不满足规定的合格条件	不合格品
位置精度检查中误差比例大于 5%	
质量元素出现不合格	

（6）批成果质量评定

批成果质量判定通过合格判定条件（表 5.3）确定批成果的质量等级，质量等级划分为合格批、不合格批两级。

　　　　　　　　　　　　　　　批成果质量评定

质量等级	判定条件	后续处理
合格批	样本中未发现不合格的单位成果或者发现的不合格成果的数量在规定的范围内，且概查时未发现不合格的单位成果	测绘单位对验收中发现的各类质量问题均应修改
不合格批	样本中发现不合格单位成果，或概查中发现不合格单位成果，或不能提交批成果的技术性文档（如设计书、技术总结、检查报告等）和资料性文档（如接合表、图幅清单等）	测绘单位对批成果逐一查改合格后，重新提交验收

（7）编制检验报告。

5.5.4　主要测绘成果的质量元素及检查验收方法

1. 质量评分方法

测绘成果质量的检查验收实行二级检查一级验收制，具体内容参考本章 5.3 节。对成果单位成果的质量评定须遵守数学精度评分方法、质量错漏扣分标准、质量子元素计算以及质量元素计算方法。

（1）数学精度评分方法

数学精度按表 5.4 的规定采用分段直线内插的方法计算质量分数；多项数学精度评分时，单项数学精度得分均大于 60 分时，取其算术平均值或加权平均。

表 5.4　　　　　　　　　　　　　　　**数学精度评分标准**

数学精度值	质量分数
$0 \leqslant M \leqslant 1/3 \times M_0$	$S = 100$ 分
$1/3 \times M_0 < M \leqslant 1/2 \times M_0$	90 分 $\leqslant S < 100$ 分
$1/2 \times M_0 < M \leqslant 3/4 \times M_0$	75 分 $\leqslant S < 90$ 分
$3/4 \times M_0 < M \leqslant M_0$	60 分 $\leqslant S < 75$ 分

表中，M_0 为允许中误差的绝对值，$M_0 = \pm\sqrt{m_1^2 + m_2^2}$，$m_1$ 为规范或相应技术文件要求的成果中误差，m_2 为检测中误差（高精度检测时取 $m_2 = 0$）；M 为成果中误差的绝对值；S 为质量分数（分数值根据数学精度的绝对值所在区间进行内插）。

（2）测绘成果质量错漏和扣分标准

成果质量错漏扣分标准按表 5.5 执行。大地测量、工程测量、摄影测量与遥感、地图编制、地籍测绘、地理信息系统等测绘成果具体的质量错漏扣分标准参考相关国家标准。

表 5.5　　　　　　　　　　　　　　　成果质量错漏扣分标准

差错类型	扣分值
A 类	42 分
B 类	12/t 分
C 类	4/t 分
D 类	1/t 分

注：一般情况下取 $t=1$。需要进行调整时，以困难类别为原则，按《测绘生产困难类别细则》进行调整（平均困难类别 $t=1$）。

（3）质量子元素评分方法

首先将质量子元素得分预置为 100 分，根据表 5.5 的要求对相应质量子元素中出现的错漏逐个扣分。S_2 的值按式（5.5）计算。

$$S_2 = 100 - \left(a_1 \times \frac{12}{t} + a_2 \times \frac{4}{t} + a_3 \times \frac{1}{t} \right) \qquad (5.5)$$

式中，S_2 为质量子元素得分；a_1、a_2、a_3 为质量子元素中相应的 B 类错漏、C 类错漏、D 类错漏个数；t 为扣分值调整系数。

（4）质量元素评分方法

采用加权平均法计算质量元素得分。S_1 的值按式（5.6）计算。

$$S_1 = \sum_{i=1}^{n} (S_{2i} \times p_i) \qquad (5.6)$$

式中，S_1、S_{2i} 为质量元素、相应质量子元素得分；p_i 为相应质量子元素的权；n 为质量元素中包含的质量子元素个数。

2. 大地测量成果的质量元素及检查项

大地测量成果主要包括 GPS 测量成果、三角测量成果、导线测量成果、水准测量成果、光电测距成果、天文测量成果、重力测量成果以及大地测量计算成果。

1）GPS 测量成果的质量元素和检查项

GPS 测量成果的质量元素包括数据质量、点位质量和资料质量。

（1）数据质量

①数学精度。主要检查点位中误差与规范及设计书的符合情况，边长相对中误差与规范及设计书的符合情况。

②观测质量。主要检查仪器检验项目的齐全性、检验方法的正确性；观测方法的正确性，观测条件的合理性；GPS 点水准联测的合理性和正确性；归心元素、天线高测定方法的正确性；卫星高度角、有效观测卫星总数、时段中任一卫星有效观测时间、观测时段数、时段长度、数据采样间隔、PDOP 值、钟漂、多路径效应等参数的规范性和正确性；观测手簿记录和注记的完整性和数字记录、画改的规范性；数据质量检验的符合性；规范和设计方案的执行情况；成果取舍和重测的正确性、合理性。

③计算质量。主要检查起算点选取的合理性和起始数据的正确性；起算点的兼容性及

分布的合理性；坐标改算方法的正确性；数据使用的正确性和合理性；各项外业验算项目的完整性、方法的正确性，各项指标的符合性。

（2）点位质量

①选点质量。主要检查点位布设及点位密度的合理性；点位观测条件的符合情况；点位选择的合理性；点之记内容的齐全、正确性。

②埋石质量。主要检查埋石坑位的规范性和尺寸的符合性；标石类型和标石埋设规格的规范性；标志类型、规格的正确性；标石质量，如坚固性、规格等；托管手续内容的齐全、正确性。

（3）资料质量

①整饰质量。主要检查点之记和托管手续、观测手簿、计算成果等资料的规整性；技术总结、检查报告格式的规范性；技术总结、检查报告整饰的规整性。

②资料完整性。主要检查技术总结编写的齐全和完整情况；检查报告编写的齐全和完整情况；检查上交资料的齐全和完整情况。

2）三角测量成果的质量元素和检查项

三角测量成果的质量元素包括数据质量、点位质量和资料质量。

（1）数据质量

①数学精度。主要检查最弱边相对中误差符合性；最弱点中误差符合性；测角中误差符合性。

②观测质量。主要检查仪器检验项目的齐全性、检验方法的正确性；各项观测误差的符合性；归心元素的测定方法、次数、时间及投影偏差情况，觇标高的测定方法及量取部位的正确性；水平角的观测方法、时间选择、光段分布，成果取舍和重测的合理性和正确性；天顶距（或垂直角）的观测方法、时间选择，成果取舍和重测的合理性和正确性；记簿计算正确性、注记的完整性和数字记录、画改的规范性。

③计算质量。主要检查外业验算项目的齐全性、验算方法的正确性；验算数据的正确性及验算结果的符合性；已知三角点选取的合理性和起始数据的正确性。

（2）点位质量

①选点质量。主要检查点位密度的合理性；点位选择的合理性；锁段图形权倒数值的符合性；展点图内容的完整性和正确性；点之记内容的完整性和正确性。

②埋石质量，主要检查觇标的结构及橹柱与视线关系的合理性；标石的类型、规格和预制的质量情况；标石的埋设和外部整饰情况；托管手续内容的齐全性和正确性。

（3）资料质量

①整饰质量。主要检查选点、埋石及验算资料整饰的齐全性和规整性；成果资料整饰的规整性；技术总结整饰的规整性；检查报告整饰的规整性。

②资料完整性。主要检查技术总结内容的齐全性和完整性；检查报告内容的齐全性和完整性；上交资料的齐全性和完整性。

3）导线测量成果的质量元素和检查项

导线测量成果的质量元素包括数据质量、点位质量和资料质量。

（1）数据质量

①数学精度。主要检查点位中误差符合性；边长相对精度符合性；方位角闭合差符合性；测角中误差符合性。

②观测质量。主要检查仪器检验项目的齐全性、检验方法的正确性；各项观测误差的符合性；归心元素的测定方法、次数、时间及投影偏差情况，觇标高的测定方法及量取部位的正确性；水平角和导线测距的观测方法、时间选择、光段分布，成果取舍和重测的合理性和正确性；天顶距（或垂直角）的观测方法、时间选择，成果取舍和重测的合理性和正确性；记簿计算正确性、注记的完整性和数字记录、画改的规范性。

③计算质量。主要检查外业验算项目的齐全性，外业验算方法的正确性；验算数据的正确性及验算结果的符合性；已知三角点选取的合理性和起始数据的正确性；上交资料的齐全性。

（2）点位质量

①选点质量。主要检查导线网网形结构的合理性；点位密度的合理性；点位选择的合理性；展点图内容的完整性和正确性；点之记内容的完整性和正确性；导线曲折度。

②埋石质量。主要检查觇标的结构及橹柱与视线关系的合理性；标石的类型、规格和预制的规整性；标石的埋设和外部整饰；托管手续内容的齐全性和正确性。

（3）资料质量

①整饰质量。主要检查选点、埋石及验算资料整饰的齐全性和规整性；成果资料整饰的规整性；技术总结整饰的规整性；检查报告整饰的规整性。

②资料完整性。主要检查技术总结内容的齐全性和完整性；检查报告内容的齐全性和完整性；上交资料的齐全性和完整性。

4）水准测量成果的质量元素和检查项

水准测量成果的质量元素包括数据质量、点位质量和资料质量。

（1）数据质量

①数学精度。主要检查每公里偶然中误差的符合性；每公里全中误差的符合性。

②观测质量。主要检查测段、区段、路线闭合差的符合性；仪器检验项目的齐全性、检验方法的正确性；测站观测误差的符合性；对已有水准点和水准路线联测和接测方法的正确性；观测和检测方法的正确性；观测条件选择的正确性、合理性；成果取舍和重测的正确性、合理性；记簿计算正确性、注记的完整性和数字记录、画改的规范性。

③计算质量。主要检查环闭合差的符合性；外业验算项目的齐全性，验算方法的正确性；已知水准点选取的合理性和起始数据的正确性。

（2）点位质量

①选点质量。主要检查水准路线布设及点位密度的合理性；路线图绘制的正确性；点位选择的合理性；点之记内容的齐全性、正确性。

②埋石质量。主要检查标石类型的正确性；标石埋设规格的规范性；托管手续内容的齐全性、正确性。

（3）资料质量

①整饰质量。主要检查观测、计算资料整饰的规整性；成果资料整饰的规整性；技术总结整饰的规整性；检查报告整饰的规整性。

②资料完整性。主要检查技术总结内容的齐全性和完整性；检查报告内容的齐全性和完整性；上交资料的齐全性和完整性。

5）光电测距成果的质量元素和检查项

光电测距成果的质量元素包括数据质量和资料质量。

（1）数据质量

①数学精度。主要检查边长精度超限。

②观测质量。主要检查仪器检验项目的齐全性、检验方法的正确性；记簿计算正确性、注记的完整性和数字记录、画改的规范性；归心元素测定方法的正确性以及测定时间和投影偏差情况；测距边两端点高差测定方法的正确性及精度情况；观测条件选择的正确性、光段分配的合理性，气象元素测定情况；成果取舍和重测的正确性、合理性；观测误差与限差的符合情况；外业验算的精度指标与限差的符合情况。

③计算质量。主要检查外业验算项目的齐全性；外业验算方法的正确性；验算结果的正确性；观测成果采用正确性。

（2）资料质量

①整饰质量。主要检查观测、计算资料整饰的规整性；成果资料整饰的规整性；技术总结整饰的规整性；检查报告整饰的规整性。

②资料全面性。主要检查技术总结内容的齐全性和完整性；检查报告内容的齐全性和完整性；上交资料的齐全性和完整性。

6）天文测量成果的质量元素和检查项

天文测量成果的质量元素包括数据质量、点位质量和资料质量。

（1）数据质量

①数学精度。主要检查经纬度中误差的符合性；方位角中误差的符合性；正、反方位角之差的符合性。

②观测质量。主要检查仪器检验项目的齐全性，检验方法的正确性；记簿计算正确性、注记的完整性和数字记录、画改的规范性；归心元素测定方法的正确性；经纬度、方位角观测方法的正确性；观测条件选择的正确性、合理性；成果取舍和重测的正确性、合理性；各项外业观测误差与限差的符合性；各项外业验算的精度指标与限差的符合性。

③计算质量。主要检查外业验算项目的齐全性；外业验算方法的正确性；验算结果的正确性；观测成果采用正确性。

（2）点位质量

①选点质量。主要检查点位选择的合理性。

②埋石质量。主要检查天文墩结构的规整性、稳定性；天文墩类型及质量符合性；天文墩埋设规格的正确性。

（3）资料质量

①整饰质量。主要检查观测、计算资料整饰的规整性；成果资料整饰的规整性；技术总结整饰的规整性；检查报告整饰的规整性。

②资料全面性。主要检查技术总结内容的齐全性和完整性；检查报告内容的齐全性和完整性；上交资料的齐全性和完整性。

7）重力测量成果的质量元素和检查项

重力测量成果的质量元素包括数据质量、点位质量和资料质量。

（1）数据质量

①数学精度。主要检查重力联测中误差符合性；重力点平面位置中误差符合性；重力点高程中误差符合性。

②观测质量。主要检查仪器检验项目的齐全性、检验方法的正确性；重力测线安排的合理性，联测方法的正确性；重力点平面坐标和高程测定方法的正确性；成果取舍和重测的正确性、合理性；记簿计算正确性、注记的完整性和数字记录、画改的规范性；外业观测误差与限差的符合性，外业验算的精度指标与限差的符合性。

③计算质量。主要检查外业验算项目的齐全性；外业验算方法的正确性；重力基线选取的合理性；起始数据的正确性。

（2）点位质量

①选点质量。主要检查重力点布设位密度的合理性；重力点位选择的合理性；点之记内容的齐全性、正确性。

②造埋质量。主要检查标石类型的规范性和标石质量情况；标石埋设规格的规范性；照片资料的齐全性；托管手续的完整性。

（3）资料质量

①整饰质量。主要检查观测、计算资料整饰的规整性；成果资料整饰的规整性；技术总结整饰的规整性；检查报告整饰的规整性。

②资料全面性。主要检查技术总结内容的全面性和完整性；检查报告内容的全面性和完整性；上交成果资料的齐全性。

8）大地测量计算成果的质量元素及检查项

大地测量计算成果的质量元素包括成果正确性和成果完整性。

（1）成果正确性

①数学模型。主要检查采用基准的正确性；平差方案及计算方法的正确性、完备性；平差图形选择的合理性；计算、改算、平差、统计软件功能的完备性。

②计算正确性。主要检查外业观测数据取舍的合理性、正确性；仪器常数及检定系数选用的正确性；相邻测区成果处理的合理性；计量单位、小数取舍的正确性；起算数据、仪器检验参数、气象参数选用的正确性；计算图、表编制的合理性；各项计算的正确性。

（2）成果完整性

①整饰质量。主要检查各种计算资料的规整性；成果资料的规整性；技术总结的规整性；检查报告的规整性。

②资料完整性。主要检查成果表编辑或抄录的正确性、全面性；技术总结或计算说明内容的全面性；精度统计资料的完整性；上交成果资料的齐全性。

3. 工程测量成果的质量元素及检查项

工程测量成果主要包括平面控制测量成果、高程控制测量成果、大比例尺地形图、线路测量成果、管线测量成果、变形测量成果、施工测量成果以及水下地形测量成果。

1）平面控制测量成果的质量元素和检查项

平面控制测量成果的质量元素包括数据质量、点位质量、资料质量。

（1）数据质量

①数学精度。主要检查点位中误差与规范及设计书的符合情况；边长相对中误差与规范及设计书的符合情况。

②观测质量。主要检查仪器检验项目的齐全性、检验方法的正确性；观测方法的正确性，观测条件的合理性；GPS 点水准联测的合理性和正确性；归心元素、天线高测定方法的正确性；卫星高度角、有效观测卫星总数、时段中任一卫星有效观测时间、观测时段数、时段长度、数据采样间隔、PDOP 值、钟漂、多路径影响等参数的规范性和正确性；观测手簿记录和注记的完整性和数字记录、画改的规范性；数据质量检验的符合性；水平角和导线测距的观测方法、成果取舍和重测的合理性和正确性；天顶距（或垂直角）的观测方法、时间选择、成果取舍和重测的合理性和正确性；规范和设计方案的执行情况；成果取舍和重测的正确性、合理性。

③计算质量。主要检查起算点选取的合理性和起始数据的正确性；起算点的兼容性及分布的合理性；坐标改算方法的正确性；数据使用的正确性和合理性；各项外业验算项目的完整性、方法正确性，各项指标符合性。

（2）点位质量

①选点质量。点位布设及点位密度的合理性；点位满足观测条件的符合情况；点位选择的合理性；点之记内容的齐全性、正确性。

②埋石质量。主要检查埋石坑位的规范性和尺寸的符合性；标石类型和标石埋设规格的规范性；标志类型、规格的正确性；托管手续内容的齐全性、正确性。

（3）资料质量

①整饰质量。主要检查点之记和托管手续、观测手簿、计算成果等资料的规整性；技术总结整饰的规整性；检查报告整饰的规整性。

②资料完整性。主要检查技术总结编写的齐全和完整情况；检查报告编写的齐全和完整情况；检查上交资料的齐全和完整情况。

2）高程控制测量成果的质量元素和检查项

高程控制测量成果的质量元素包括数据质量、点位质量以及资料质量。

（1）数据质量

①数学精度。主要检查每公里高差中数偶然中误差的符合性；每公里高差中数全中误差的符合性；相对于起算点的最弱点高程中误差的符合性。

②观测质量。主要检查仪器检验项目的齐全性、检验方法的正确性；测站观测误差的符合性；测段、区段、路线闭合差的符合性；对已有水准点和水准路线联测和接测方法的正确性；观测和检测方法的正确性；观测条件选择的正确性、合理性；成果取舍和重测的正确性、合理性；记簿计算正确性及注记的完整性和数字记录、画改的规范性。

③计算质量。主要检查外业验算项目的齐全性，验算方法的正确性；已知水准点选取的合理性和起始数据的正确性；环闭合差的符合性。

（2）点位质量

①选点质量。主要检查水准路线布设、点位选择及点位密度的合理性；水准路线图绘

制的正确性；点位选择的合理性；点之记内容的齐全性、正确性。

②埋石质量。主要检查标石类型的规范性和标石质量情况；标石埋设规格的规范性；托管手续内容齐全性。

（3）资料质量

①整饰质量。主要检查观测、计算资料整饰的规整性；各类报告、总结、附图、附表、簿册整饰的完整性；成果资料整饰的规整性；技术总结整饰的规整性；检查报告整饰的规整性。

②资料完整性。主要检查技术总结、检查报告编写内容的全面性及正确性；提供成果资料项目的齐全性。

3）大比例尺地形图的质量元素和检查项

大比例尺地形图的质量元素包括数学精度、数据及结构正确性、地理精度、整饰质量、附件质量。

（1）数据精度

①数学基础。主要检查坐标系统、高程系统的正确性；各类投影计算、使用参数的正确性；图根控制测量精度；图廓尺寸、对角线长度、格网尺寸的正确性；控制点间图上距离与坐标反算长度较差。

②平面精度。主要检查平面绝对位置中误差、平面相对位置中误差、接边精度。

③高程精度。主要检查高程注记点高程中误差、等高线高程中误差、接边精度。

（2）数据及结构正确性

主要检查：文件命名、数据组织正确性；数据格式的正确性；要素分层的正确性、完备性；属性代码的正确性；属性接边质量。

（3）地理精度

主要检查：地理要素的完整性与正确性；地理要素的协调性；注记和符号的正确性；综合取舍的合理性；地理要素接边质量。

（4）整饰质量

主要检查：符号、线画、色彩质量；注记质量；图面要素协调性；图面、图廓外整饰质量。

（5）附件质量

主要检查：元数据文件的正确性、完整性；检查报告、技术总结内容的全面性及正确性；成果资料的齐全性；各类报告、附图（结合图、网图）、附表、簿册整饰的规整性；资料装帧。

4）线路测量成果的质量元素和检查项

线路测量成果的质量元素包括数据质量、点位质量、资料质量。

（1）数据质量

①数学精度。主要检查平面控制测量、高程控制测量、地形图成果数学精度；点位或桩位测设成果数学精度；断面成果精度与限差的符合情况。

②观测质量。主要检查控制测量成果。

③计算质量。主要检查验算项目的齐全性和验算方法的正确性；平差计算及其他内业

计算的正确性。

（2）点位质量

①选点质量。主要检查控制点布设及点位密度的合理性；点位选择的合理性。

②造埋质量。主要检查标石类型的规范性和标石质量情况；标石埋设规格的规范性；点之记、托管手续内容的齐全性、正确性。

（3）资料质量

①整饰质量。主要检查观测、计算资料整饰的规整性；技术总结、检查报告整饰的规整性。

②资料完整性。主要检查技术总结、检查报告内容的全面性；提供项目成果资料的齐全性；各类报告、总结、图、表、簿册整饰的规整性。

5）管线测量成果的质量元素和检查项

管线测量成果的质量元素包括控制测量精度、管线图质量、资料质量。

（1）控制测量精度

主要检查平面控制测量、高程控制测量。

（2）管线图质量

①数学精度。主要检查明显管线点量测精度；管线点探测精度；管线开挖点精度；管线点平面、高程精度；管线点与地物相对位置精度。

②地理精度。主要检查管线数据各管线属性的齐全性、正确性、协调性；管线图注记和符号的正确性；管线调查和探测综合取舍的合理性。

③整饰质量。主要检查符号、线画质量；图廓外整饰质量；注记质量；接边质量。

（3）资料质量

①资料完整性。主要检查工程依据文件；工程凭证资料；探测原始资料；探测图表、成果表；技术报告书（总结）。

②整饰规整性。主要检查依据资料、记录图表归档的规整性；各类报告、总结、图、表、簿册整饰的规整性。

6）变形测量成果的质量元素和检查项

变形测量成果的质量元素包括数据质量、点位质量、资料质量。

（1）数据质量

①数学精度。主要检查基准网精度；水平位移、垂直位移测量精度。

②观测质量。主要检查仪器设备的符合性；规范和设计方案的执行情况；各项限差与规范或设计书的符合情况；观测方法的规范性，观测条件的合理性；成果取舍和重测的正确性、合理性；观测周期及中止观测时间确定的合理性；数据采集的完整性、连续性。

③计算分析。主要检查计算项目的齐全性和方法的正确性；平差结果及其他内业计算的正确性；成果资料的整理和整编；成果资料的分析。

（2）点位质量

①选点质量。主要检查基准点、观测点布设及点位密度、位置选择的合理性。

②造埋质量。主要检查标石类型、标志构造的规范性和质量情况；标石、标志埋设的规范性。

（3）资料质量

①整饰质量。主要检查观测、计算资料整饰的规整性；技术报告、检查报告整饰的规整性。

②资料完整性。主要检查技术报告、检查报告内容的全面性；提供成果资料项目的齐全性；技术问题处理的合理性。

7）施工测量成果的质量元素和检查项

施工测量成果的质量元素包括数据质量、点位质量、资料质量。

（1）数据质量

①数学精度。主要检查控制测量精度；点位或桩位测设成果数学精度。

②观测质量。主要检查仪器检验项目的齐全性、检验方法的正确性；技术设计和观测方案的执行情况；水平角、天顶距、距离观测方法的正确性，观测条件的合理性；成果取舍和重测的正确性、合理性；手工记簿计算的正确性、注记的完整性和数字记录、画改的规范性；电子记簿记录程序的正确性和输出格式的标准化程度；各项观测误差与限差的符合情况。

③计算质量。主要检查验算项目的齐全性和验算方法的正确性；平差计算及其他内业计算的正确性。

（2）点位质量

①选点质量。主要检查控制点布设及点位密度的合理性；点位选择的合理性。

②造埋质量。主要检查标石类型的规范性和标石质量情况；标石埋设规格的规范性；点之记内容的齐全性、正确性；托管手续内容的齐全性。

（3）资料质量

①整饰质量。主要检查观测、计算资料整饰的规整性；技术总结、检查报告整饰的规整性。

②资料完整性。主要检查技术总结、检查报告内容的全面性；提供成果资料项目的齐全性。

8）水下地形测量成果的质量元素和检查项

水下地形测量成果的质量元素包括数据质量、点位质量、资料质量。

（1）数据质量

①观测仪器。主要检查仪器选择的合理性；仪器检验项目的齐全性、检验方法的正确性。

②观测质量。主要检查技术设计和观测方案的执行情况；数据采集软件的可靠性；观测要素的齐全性；观测时间、观测条件的合理性；观测方法的正确性；观测成果的正确性、合理性；岸线修测、陆上和海上具有引航作用的重要地物测量、地理要素表示的齐全性与正确性；成果取舍和重测的正确性、合理性；重复观测成果的符合性。

③计算质量。主要检查计算软件的可靠性；内业计算验算情况；计算结果的正确性。

（2）点位质量

①观测点位。主要检查工作水准点埋设、验潮站设立、观测点布设的合理性、代表性；周边自然环境。

②观测密度。主要检查相关断面线布设及密度的合理性；观测频率、采样率的正确性。

（3）资料质量

①观测记录。主要检查各种观测记录和数据处理记录的完整性。

②附件及资料。主要检查技术总结内容的全面性和规格的正确性；提供成果资料项目的齐全性；成果图绘制的正确性。

4. 摄影测量与遥感成果的质量元素及检查项

摄影测量与遥感成果主要包括像片控制测量成果、像片调绘成果、空中三角测量成果及中小比例尺地形图。

1）相片控制测量成果的质量元素和检查项

相片控制测量成果的质量元素包括数据质量、布点质量、整饰质量和附件质量。

（1）数据质量

①数学精度。主要检查各项闭合差、中误差等精度指标的符合情况计算的正确性。

②观测质量。主要检查观测手簿的规整性和计算的正确性；计算手簿的规整性和计算的正确性。

（2）布点质量

主要检查控制点点位布设的正确、合理性；控制点点位选择的正确性、合理性。

（3）整饰质量

主要检查控制点判、刺的正确性；控制点整饰规范性；点位说明的准确性。

（4）附件质量

主要检查布点略图、成果表。

2）相片调绘成果的质量元素和检查项

相片调绘成果的质量元素包括地理精度、属性精度、整饰质量和附件质量。

（1）地理精度

主要检查地物、地貌调绘的全面性、正确性；地物、地貌综合取舍的合理性；植被、土质符号配置的准确性、合理性；地名注记内容的正确性、完整性。

（2）属性精度

主要检查各类地物、地貌性质说明以及说明文字、数字注记等内容的完整性、正确性。

（3）整饰质量

主要检查各类注记的规整性；各类线画的规整性；要素符号间关系表达的正确性、完整性；相片的整洁度。

（4）附件质量

主要检查：上交资料的齐全性；资料整饰的规整性。

3）空中三角测量成果的质量元素和检查项

空中三角测量成果的质量元素包括数据质量、布点质量和附件质量。

（1）数据质量

①数学基础。主要检查大地坐标系、大地高程基准、投影系等。

②平面位置精度。主要检查内业加密点的平面位置精度。

③高程精度。主要检查内业加密点的高程精度。

④接边精度。主要检查区域网间接边精度。

⑤计算质量。主要检查基本定向点权，内定向、相对定向精度，多余控制点不符值，公共点较差。

（2）布点质量

主要检查平面控制点和高程控制点是否超基线布控；定向点、检查点设置的合理性、正确性；加密点点位选择的正确性、合理性。

（3）附件质量

主要检查上交资料的齐全性；资料整饰的规整性和点位略图。

4）中小比例尺地形图质量元素和检查项

中小比例尺地形图质量元素包括数学精度、数据及结构正确性、地理精度、整饰质量及附件质量。

（1）数学精度

①数学基础。主要检查格网、图廓点、三北方向线。

②平面精度。主要检查平面绝对位置中误差；接边精度数学精度 0.25（单位）。

③高程精度。主要检查高程注记点高程中误差；等高线高程中误差；接边精度。

（2）数据及结构正确性

主要检查文件命名、数据组织的正确性；数据格式的正确性；要素分层的正确性、完备性；属性代码的正确性；属性接边正确性。

（3）地理精度

主要检查地理要素的完整性与正确性；地理要素的协调性；注记和符号的正确性；综合取舍的合理性；地理要素接边质量。

（4）整饰质量

主要检查符号、线画、色彩质量；注记质量；图面要素协调性；图面、图廓外整饰质量。

（5）附件质量

主要检查元数据文件的正确性、完整性；检查报告、技术总结内容的全面性及正确性；成果资料的齐全性；各类报告、附图（接合图、网图）、附表、簿册整饰的规整性。

5. 地图编制成果的质量元素及检查项

地图编制成果主要包括普通地图的编绘原图和印刷原图、专题地图的编绘原图和印刷原图、地图集、印刷成品以及导航电子地图。

1）普通地图的编绘原图、印刷原图的质量元素和检查项

普通地图的编绘原图、印刷原图的质量元素包括数学精度、数据完整性与正确性、地理精度、整饰质量和附件质量。

（1）数学精度

主要检查展点精度（包括图廓尺寸精度、方里网精度、经纬网精度等）；平面控制点、高程控制点位置精度；地图投影选择的合理性。

（2）数据完整性与正确性

主要检查文件命名、数据组织和数据格式的正确性、规范性；数据分层的正确性、完备性。

（3）地理精度

主要检查制图资料的现势性、完备性；制图综合的合理性；各要素的正确性；图内各种注记的正确性；地理要素的协调性。

（4）整饰质量

主要检查地图符号、色彩的正确性；注记的正规性、完整性；图廓外整饰要素的正确性。

（5）附件质量

主要检查图历簿填写的正确性、完整性；图幅的接边正确性；分色参考图（或彩色打印稿）的正确性、完整性。

2）专题地图的编绘原图、印刷原图的质量元素和检查项

专题地图的编绘原图、印刷原图的质量元素包括数据完整性与正确性、地图内容适用性、地图表示的科学性及地图精度、图面配置质量和附件质量。

（1）数据完整性与正确性

主要检查文件命名、数据组织和数据格式的正确性、规范性；数据分层的正确性、完备性。

（2）地图内容适用性

主要检查地理底图内容的合理性；专题内容的完备性、现势性、可靠性。

（3）地图表示的科学性

主要检查各种注记表达的合理性、易读性；分类、分级的科学性；色彩、符号与设计的符合性；表示方法选择的正确性。

（4）地图精度

主要检查图幅选择投影、比例尺的适宜性；制图网精度；地图内容的位置精度；专题内容的量测精度。

（5）图面配置质量

主要检查图面配置的合理性；图例的全面性、正确性；图廓外整饰正确性、规范性、艺术性。

（6）附件质量

主要检查设计书质量；分色样图的质量。

3）地图集的质量元素和检查项

地图集的质量元素包括整体质量和图集内图幅质量。

（1）质量元素整体质量

①图集内容思想性。主要检查思想正确性；图集宗旨、主题思想明确程度；要素表示正确性。

②图集内容全面性、完整性。主要检查图集内容的全面性、系统性；图集结构的完整性。

③图集内容统一、协调性。主要检查图集内容的统一、互补性；要素表达协调、可比性。

（2）质量元素图集内图幅质量

①数据完整性与正确性。主要检查文件命名、数据组织和数据格式的正确性、规范性；数据分层的正确性、完备性。

②地图内容适用性。主要检查地理底图内容的合理性；专题内容的完备性、现势性、可靠性。

③地图表示的科学性。主要检查各种注记表达的合理性、易读性；分类、分级的科学性；色彩、符号与设计的符合性；表示方法选择的正确性。

④地图精度。主要检查图幅选择投影、比例尺的适宜性；制图网精度；地图内容的位置精度；专题内容的量测精度。

⑤图面配置质量。主要检查图面配置的合理性；图例的全面性、正确性；图廓外整饰正确性、规范性、艺术性。

⑥附件质量。主要检查设计书质量和分色样图的质量。

4）印刷成品的质量元素和检查项

印刷成品的质量元素包括印刷质量、拼接质量和装订质量。

（1）印刷质量

主要检查套印精度、网线、线画粗细变形率，印刷质量和图形质量。

（2）拼接质量

主要检查拼贴质量和折叠质量。

（3）装订质量

平装主要检查折页、配页质量、订本质量、封面质量和裁切质量；精装主要检查折页、配页、锁线或无线胶粘质量，图芯脊背、环衬粘贴质量，封面质量，图壳粘贴质量，订本、裁切质量和版芯规格。

5）导航电子地图的质量元素和检查项

导航电子地图的质量元素包括位置精度、属性精度、逻辑一致性、完整性与正确性、图面质量和附件质量。

（1）位置精度

主要检查平面位置精度。

（2）属性精度

主要检查属性结构、属性值的正确性。

（3）逻辑一致性

主要检查道路网络连通性；拓扑关系的正确性；节点匹配的正确性；要素间关系的正确性和要素接边的一致性。

（4）完整性与正确性

主要检查安全处理符合性；地图内容的现势性；兴趣点完整性；数学基础、数据格式文件命名、数据组织和数据分层的正确性和要素的完备性。

（5）图面质量

主要检查各种注记表达的合理性、易读性；色彩、符号与设计的符合性；图形质量。

（6）附件质量

主要检查附件的正确性、全面性；成果资料的齐全性。

6. 地籍测绘成果的质量元素及检查项

地籍测绘成果主要包括地籍控制测量、地籍细部测量、地籍图和宗地图。

1）地籍控制测量成果的质量元素和检查项

地籍控制测量的质量元素包括数据质量、点位质量和资料质量。

（1）数据质量

①起算数据。主要检查起算点坐标的正确性和相关控制资料可靠性。

②数学精度。主要检查基本控制点精度符合性。

③观测质量。主要检查仪器检验项目的齐全性，检验方法的正确性；观测方法的正确性；各种记录的规整性；成果取舍和重测的正确性、合理性；各项观测误差符合性。

④计算质量。主要检查平差计算的正确性。

（2）点位质量

①选点质量。主要检查控制网布设合理性；点位选择的合理性和点之记内容的齐全性、清晰性。

②埋设质量。主要检查标石类型的正确性；标志设置的规范性和标石埋设的规整性。

（3）资料质量

①整饰质量。主要检查观测和计算资料整饰的规整性；成果资料整饰的规整性；技术总结和检查报告的规整性。

②资料完整性。主要检查成果资料的完整性；技术总结内容和检查报告内容的完整性。

2）地籍细部测量成果的质量元素和检查项

地籍细部测量成果的质量元素包括界址点测量、地物点测量和资料质量。

（1）界址点测量

①观测质量。主要检查测量方法的正确性；观测手簿记录、属性记录和草图绘制的正确性、完整性；界址点测量方法的正确性；各项观测误差与限差符合的正确性。

②数学精度。主要检查界址点相对位置精度；界址点绝对位置精度；宗地面积量算精度。

（2）地物点测量

①观测质量。主要检查测量方法的正确性；观测手簿记录、属性记录和草图绘制的正确性、完整性；地物、地类测量精度；各项观测误差与限差的符合情况。

②数学精度。主要检查地物点相对位置精度和地物点绝对位置精度。

（3）资料质量

①整饰质量。主要检查观测和计算资料整饰的规整性；成果资料整饰的规整性和技术总结、检查报告的规整性。

②资料完整性。主要检查成果资料的完整性；技术总结、检查报告内容的完整性。

3）地籍图的质量元素和检查项

地籍图的质量元素包括数学精度、要素质量和资料质量。

（1）数学精度

①数学基础。主要检查图廓边长与理论值之差；公里网点与理论值之差；展点精度；两对角线较差；图廓对角线与理论之差。

②平面位置。主要检查界址点、线平面位置精度；地物点平面位置精度；地类界的平面位置精度。

（2）要素质量

①地籍要素。主要检查地籍要素表示的正确性。

②其他要素。主要检查地物要素的正确性；综合取舍的合理性；各要素协调性；图幅接边的正确性。

（3）资料质量

①整饰质量。主要检查注记和符号的正确性；整饰的规整性、正确性。

②资料完整性。主要检查结合图、编图设计和总结正确性、全面性。

4）宗地图的质量元素和检查项

宗地图的质量元素包括数学精度、要素质量和资料质量。

（1）数学精度

①界址点精度。主要检查界址点平面位置精度和界址边长精度。

②面积精度。主要检查宗地面积正确性。

（2）要素质量

①地籍要素。主要检查宗地号、宗地名称、界址点符号及编号、界址线、相邻。

②其他要素。主要检查地物、地类号等表示的正确性。

（3）资料质量

①整饰质量。主要检查注记和符号的正确性；注记和符号的规范性。

②资料完整性。主要检查设计和总结全面性。

7. 测绘航空摄影成果的质量元素及检查项

测绘航空摄影成果主要包括航空摄影成果、航空摄影扫描数据和卫星遥感影像。

1）航空摄影成果的质量元素和检查项

航空摄影成果的质量元素包括飞行质量、影像质量、数据质量和附件质量。

（1）飞行质量

主要检查航摄设计；相片重叠度（航向和旁向）；最大和最小航高之差；旋偏角；相片倾斜角；航迹；航线弯曲度；边界覆盖保证；像点最大位移值。

（2）影像质量

主要检查最大密度 D_{max}；最小密度 D_{min}；灰雾密度 D_0；反差（ΔD）；冲洗质量；影像色调；影像清晰度和框标影像。

（3）数据质量

主要检查数据的完整性和正确性。

（4）附件质量

主要检查摄区完成情况图、摄区分区图、分区航线结合图、摄区分区航线及像片结合图航摄鉴定表的完整性、正确性；航摄仪技术参数检定报告的正确性；航摄仪压平检测报告的正确性；各类注记、图表填写的完整性、正确性；航摄胶片感光特性测定及航摄底片冲洗记录的正确性和完整性；成果包装。

2）航空摄影扫描数据的质量元素和检查项

航空摄影扫描数据质量元素包括影像质量、数据正确性和完整性以及附件质量。

（1）影像质量

主要检查影像分辨率的正确性；影像色调是否均匀、反差是否适中；影像清晰度；影像外观质量（噪声、云块、划痕、斑点、污迹等）；框标影像质量。

（2）数据正确性和完整性

主要检查原始数据的正确性；文件命名、数据组织和数据格式的正确性、规范性；存储数据的介质和规格的正确性；数据内容的完整性。

（3）附件质量

主要检查：元数据文件正确性、完整性；上交资料齐全性。

3）卫星遥感影像的质量元素和检查项

卫星遥感影像质量元素包括数据质量、影像质量和附件质量。

（1）数据质量

主要检查数据格式的正确性，影像获取时的"侧倾角"等主要技术指标。

（2）影像质量

主要检查影像反差；影像清晰度；影像色调。

（3）附件质量

主要检查影像参数文件内容的完整性。

8. 地理信息系统的质量元素及检查项

地理信息系统的质量元素包括资料质量、运行环境、数据（库）质量、系统结构与功能以及系统管理与维护。

1）资料质量

主要检查内容包括：技术方案完整性；数据处理与质量检查资料齐全性；数据字典规范性和齐全性；评审报告、检查验收报告、技术总结等资料的齐全性。

2）运行环境

主要检查内容包括：硬件平台符合性；软件平台（操作系统、数据库软件平台、GIS软件平台、中间件、应用软件等）的符合性；网络环境的符合性。

3）数据（库）质量

主要检查内容包括：数据组织正确性；数据库结构正确性；空间参考系正确性；数据质量；各类基础地理数据一致性。

4）系统结构与功能

主要检查内容包括：系统结构的正确性；数据库管理方式的符合性；系统功能符合性；服务器、客户端功能划分正确性；系统效率符合性和系统稳定性。

5）系统管理与维护

主要检查内容包括：安全保密管理情况；权限管理情况；数据备份情况和系统维护

情况。

9. 数字线画地形图成果的质量元素

数字线画图的质量元素主要有空间参考系、位置精度、属性精度、完整性、逻辑一致性、时间准确度、元数据质量、表征质量和附件质量。

其中，针对建库数据，质量元素空间参考系包括大地基准、高程基准和地图投影等子元素；质量元素位置精度包括平面精度、高程精度和地图投影；质量元素属性精度包括属性项完整性、分类正确性和属性正确性；质量元素完整性包括数据层的完整性、数据层内部文件的完整性和要素完整性；质量元素逻辑一致性包括概念一致性、格式一致性和拓扑一致性；质量元素时间准确度主要包括数据更新和数据采集；质量元素元数据质量包括元数据完整性和元数据准确性；质量元素表征质量包括几何表达和地理表达；质量元素附件质量包括图历簿质量和附属文档质量。

针对制图数据，质量元素空间参考系包括大地基准、高程基准和地图投影等子元素；质量元素位置精度包括平面精度、高程精度和地图投影；质量元素属性精度包括分类正确性和属性正确性；质量元素完整性主要指要素完整性；质量元素逻辑一致性包括概念一致性、格式一致性和拓扑一致性；质量元素时间准确度主要包括数据更新和数据采集；质量元素元数据质量包括元数据完整性和元数据准确性；质量元素表征质量包括几何表达、符号正确性、地理表达、注记正确性和图廓整饰准确性；质量元素附件质量包括图历簿质量和附属文档质量。

10. 数字高程模型成果的质量元素

数字高程模型的质量元素主要有空间参考系、位置精度、逻辑一致性、时间准确度、栅格质量、元数据质量和附件质量。其中，质量元素空间参考系包括大地基准、高程基准和地图投影等子元素；质量元素位置精度包括平面精度和高程精度；质量元素逻辑一致性主要指格式一致性；质量元素时间准确度主要包括数据更新和数据采集；质量元素栅格质量主要指格网参数；质量元素元数据质量包括元数据的完整性和元数据准确性；质量元素附件质量包括图历簿质量和附属文档质量。

11. 数字正射影像图成果的质量元素

数字正射影像图的质量元素主要有空间参考系、位置精度、逻辑一致性、时间准确度、影像质量、元数据质量、表征质量和附件质量。其中，质量元素空间参考系包括大地基准、高程基准和地图投影等子元素；质量元素位置精度主要指平面精度；质量元素逻辑一致性主要指格式一致性；质量元素时间准确度包括数据更新和数据采集；质量元素影像质量包括影像分辨率和影像特性；质量元素元数据质量包括元数据完整性和元数据准确性；质量元素表征质量主要指图廓整饰准确性；质量元素附件质量包括图历簿质量和附属文档质量。

12. 数字栅格地图成果的质量元素

数字栅格地图的质量元素主要有空间参考系、逻辑一致性、栅格质量、元数据质量和附件质量。其中，质量元素空间参考系主要指地图投影；质量元素逻辑一致性主要指格式一致性；质量元素栅格质量主要指影像分辨率和影像特性；质量元素元数据质量包括元数据完整性和元数据准确性；质量元素附件质量包括图历簿质量和附属文档质量的等质量子元素。

13. 数字测绘成果的质量检查验收方法

数字测绘成果的质量检查验收方法主要是对数字线画地形图、数字高程模型、数字正射影像图和数字栅格地图等成果进行质检的方法。其他专业的测绘成果质量的检查、验收可参照使用。质量检查的主要检查方法有：

1）参考数据比对

与高精度数据、专题数据、生产中使用的原始数据、可收集到的国家各级部门公布、发布、出版的资料数据等各类参考数据对比，确定被检数据是否错漏或者获取被检数据与参考数据的差值。在对比中应该考虑参考数据与被检数据由于生产（或发布）时间的差异造成的偏差、综合取舍的差异造成的偏差。

该方法主要适用于室内方式检查矢量数据，如检查各类错漏、计算各类中误差等，也可用于实测方式检查影像数据、栅格数据，如计算各类中误差等。

2）野外实测

与野外测量、调绘的成果对比，确定被检数据是否错漏或者获取被检数据与野外实测数据的差值。在比对中应考虑野外数据与被检数据的时间差异。

该方法主要适用于实测方式检查矢量数据，如检查各类错漏、计算各类中误差等，也可用于实测方式检查影像数据、栅格数据，如计算各类中误差等。

3）内部检查

检查被检数据的内在特性。该方法可用于室内方式检查矢量数据、影像数据、栅格数据。如逻辑一致性中的绝大多数检查项、接边检查、栅格数据的数据范围、影像数据的色调均匀、内业加密保密点检查中误差等。

质量检查可使用以下方式：

（1）计算机自动检查

通过软件自动分析和判断结果。如可计算值（属性）的检查、逻辑一致性的检查、值域的检查、各类统计计算等。

（2）计算机辅助检查

通过人机交互检查，筛选并人工分析、判断结果。如检查有向点的方向等。

（3）人工检查

不能通过软件检查，只能人工检查。如矢量要素的遗漏等。

在质量检查工作中，应该优先使用软件自动检查、人机交互检查。

5.5.5 测绘成果质量检验报告编写

1. 质量检验报告的概念

质量检验报告是测绘项目检验机构对所检验测绘成果进行质量检查验收后撰写的报告文档，由测绘成果检查工作概况、受检成果概况、检验依据、抽样情况、检验的内容和方法、主要质量问题及处理、质量统计及质量综述、验收结论、附件（附图、附表）等部分构成。

2. 质量检验报告的主要内容

（1）检查工作概况

应包括检验的基本情况，包括检验时间、检验地点、检验方式、检验人员、检验的软硬件设备等。

（2）受检成果概况

简述成果生产基本情况，包括来源、测区位置、生产单位、单位资质等级、生产日期、生产方式、成果形式、批量等。

（3）检验依据

列出全部检验依据。

（4）抽样情况

包括抽样依据、抽样方法、样本数量等。若为计数抽样，应列出抽样方案。

（5）检验内容及方法

阐述成果的各个检验参数及检验方法。

（6）主要质量问题及处理

按检验参数，分别叙述成果中存在的主要质量问题，并举例（图幅号、点号等）说明；质量问题的处理结果。

（7）质量统计及质量综述

①按检验参数分别对成果质量进行综合叙述（不含检验结论）。

②样本质量统计：检查项及差错数量和错误率、样本得分、样本质量评定；

③其他意见或建议。

（8）验收结论

单位成果质量等级评定和批成果质量评定。

（9）附件

准备正确、齐全的附图、附表等附件，确保质量检验报告的完备。

3. 质量检验报告的基本要求

质量检验报告的内容，格式按 GB/T 18316—2008 的规定执行。

质量检验报告的内容应全面、真实、文字表述要准确、清晰。

质量检验报告是测绘项目成果的重要技术档案之一，其正式文本和电子文档应按照测绘成果技术档案的管理规定长期保存。

◎ 习题和思考题

1. 简述质量控制的概念，简述质量控制的基本原则。

2. 简述编制测绘工程技术设计的基本原则。

3. 简述测绘工程技术设计阶段监理的内容。

4. 监理工作中应该注意的形象问题有哪些？

5. 实施阶段质量控制的一般原则有哪些？

6. 简述实施阶段质量控制的依据和内容。

7. 二级检查一级验收制的内容和要求有哪些？

第6章　测绘工程合同管理

【教学目标】

学习本章，要了解测绘工程项目承包发包的有关规定；掌握测绘工程项目招标、投标评标和中标的一般规定；熟悉测绘委托监理合同的基本条款、履行和实施阶段一般内容；了解签订委托监理合同应注意的问题。

6.1　承包发包与招标投标

测绘项目的承包发包与招标投标是测绘市场上司空见惯的活动，测绘单位通过参与这些活动承揽测绘项目，向社会提供服务，同时自身获得收益。

对于测绘项目承包发包与招标投标，《中华人民共和国招标投标法》(以下简称《招标投标法》) 对招投标活动进行了规范，《测绘法》也作出了相应的规定。

6.1.1　概念

1. 测绘项目发包

发包是指将工程项目、加工生产项目等生产经营项目交给承担单位或者个人来完成。一般来说，发包的方式包括招标发包和直接发包两种方式。测绘项目的发包方式也是按照这两种方式进行。就当前情况来说，较大规模的工程测绘项目、地籍测绘项目、房产测绘项目等一般采取招标发包的方式；小规模的工程测绘项目、地籍测绘项目、房产测绘项目采取直接发包的方式。由于基础测绘成果往往属于保密范畴，基础测绘项目尚不宜采用招标的方式确定承担单位，目前仍以直接发包为主。

2. 测绘项目承包

承包是指接受工程、加工、订货或其他生产经营项目并且负责完成。在测绘项目的承包中，承担测绘项目的单位首先必须具备相应的测绘资质；其次要有完成所承担测绘项目的能力，不能将测绘项目转包他人；三是应当对测绘成果质量负责。

3. 招标

招标是发包的一种方式，招标发包是业主对自愿参加某一特定工程项目的承包单位进行审查、评比和选定的过程。实行招标的最显著特征是将竞争机制引入交易过程，与直接发包相比，其优越性在于：一是招标方通过对自愿参加承包的单位的条件进行综合比较，从中选择报价低、技术力量强、质量保证体系可靠、具有良好信誉的承包者，与其签订合同，有利于节约和合理使用资金，保证发包项目质量；二是招标活动要求依照法定程序公开进行，有利于防止行贿受贿等腐败和不正当竞争行为；三是有利于创造公平竞争的市场环境，促进公平竞争。

招标分为公开招标、邀请招标、议标三种方式。公开招标也称为无限竞争性招标，是招标方按照法定程序，在公开的媒体上发布招标公告，所有符合条件自愿承包的单位都可以平等参加投标竞争，从中选择承包者的方式。邀请招标也称有限竞争性选择招标，是招标方选择若干自愿承包的单位，向其发出邀请，由被邀请的单位竞争，从中选择承包者的方式。议标也称非竞争性招标或指定性招标，是发包者邀请两家或者两家以上愿意承包的单位直接协商确定承包者。

4. 投标

投标是有意承包项目的单位响应招标，向招标方书面提出自己提供的项目报价及其他响应招标要求的条件，参与项目竞争。对于实行招标的项目来说，投标者往往较多，招标方在公平、公正、公开、平等竞争的原则下，择优选择承包单位。

从理论上讲，发包方通过招标发包测绘项目，不仅对于发包方合理使用资金，保证项目质量具有重要意义，而且测绘单位通过投标竞争承揽测绘项目，对于保护公平竞争，维护测绘市场秩序，提高测绘成果质量，促进测绘事业发展也具有重要意义。但是，如果招标投标活动不规范，也会造成恶性竞争、市场混乱、测绘成果质量低劣等不良后果。例如：招标方任意压低项目价格，迫使测绘单位以低于成本的价格承包；测绘单位为了承揽项目，任意压低报价，以低于成本的价格投标；投标方与招标方相互勾结，采取不正当的手段承揽测绘项目等，其结果以牺牲测绘成果质量，危害公共安全和公共利益，破坏测绘市场秩序为代价。因此，政府测绘行政主管部门对测绘项目招标投标活动进行监督是十分必要的。

6.1.2 《测绘法》对测绘项目发包承包的有关规定

《测绘法》对测绘项目发包承包作出的规定，主要包括以下内容。

1. 测绘项目的发包单位不得向不具有相应测绘资质等级的单位发包

这项法律规定的特点是：

①对于测绘项目发包单位来说，必须查验承包单位的测绘资质，不得把测绘项目发包给没有测绘资质或者测绘资质等级不符合要求的测绘单位。实践表明，无证测绘或者超越资质等级测绘，不少测绘项目发包方是明知的，因"关系"工程违规发包。这种行为的结果，往往由于承揽方缺乏相应的资质条件而致使测绘成果质量低劣，甚至造成重大财产损失和重大伤亡事故，必须明令禁止。如某县矿山测量中，矿主为省钱雇佣一些冒牌的测量人员用简陋的仪器进行矿井定向，导致矿井塌陷，造成人员伤亡。

②对于承包单位来说，未取得相应的测绘资质，不得承包测绘项目，也不得以其他单位的名义承包测绘项目。

2. 测绘项目的发包单位不得迫使测绘单位以低于测绘成本承包

所谓"迫使"，是指测绘项目发包方不正确地利用自己所处的项目发包优势地位，以将要发生的损害或者以直接实施损害相威胁，使对方测绘单位产生恐惧而与之订立合同。因迫使而订立合同要具有如下构成要件：

①迫使人具有迫使的故意。即迫使人明知自己的行为将会对受迫使方从心理上造成恐

惧而故意为之的心理状态，并且迫使方希望通过迫使行为使受迫使方作出的意思表示与迫使方的意愿一致。

②迫使方必须实施了迫使行为。

③迫使行为必须是非法的。迫使人的迫使行为是给对方施加一种强制和威胁，但这种威胁必须是没有法律依据的。

④必须要有受迫使方因迫使行为而违背自己的真实意愿与迫使方订立合同。如果受迫使方虽受到了对方的迫使行为但不为之所动，没有与对方订立合同或者订立合同不是由于对方的迫使，则不构成迫使。

当前我国的经营性测绘活动被迫压价竞争现象比较普遍，测绘收费平均压到了国家指导价的50%，有的只达到了30%。有的测绘项目发包方因经费紧张，选择测绘单位时哪家收费最低选哪家，处于弱势地位的测绘单位迫于不正当的竞争压力，不惜以远低于自己生产成本的价格承揽测绘业务，由于入不敷出，往往拖延工期，甚至偷工减料，造成测绘成果质量低劣，对后续的各项工程建设造成重大质量隐患。因此，迫使测绘单位以低于测绘成本承包的行为必须禁止。

3. 测绘单位不得将承包的测绘项目转包

所谓转包是指承包方将所承揽的测绘项目全部转给他人完成，或者将测绘项目的主体工作或大部分工作转包给他人完成。测绘合同的签订是测绘项目发包单位对承包单位能力的信任，承包单位应当以自己的设备、技术和劳力完成承揽的主要工作。这里的主要工作一般是指对测绘成果的质量起决定性作用的工作，也可以说是技术要求高的那部分工作。但是，目前有些单位和个人不顾发包单位的权益，将测绘项目层层转包，从中牟取暴利，使测绘成果质量难以得到保障；有些单位和个人与测绘项目发包方搞私下交易，暗中回扣，严重扰乱测绘市场秩序，败坏社会风气。

《招标投标法》第四十八条规定：中标人应当按照合同的约定履行义务，完成中标项目。中标人不得向他人转让中标项目，也不得将中标项目肢解后分别向他人转让。因此，测绘单位不得将承包的测绘项目转包。

4. 法律责任

①测绘项目的发包单位将测绘项目发包给不具有相应资质等级的测绘单位或者迫使测绘单位以低于测绘成本承包的，责令改正，可以处测绘约定报酬2倍以下的罚款。发包单位的工作人员利用职务上的便利，索取他人财物或者非法收受他人财物，为他人谋取利益，构成犯罪的，依法追究刑事责任；尚不够刑事处罚的，依法给予行政处分。

②测绘单位将测绘项目转包的，责令改正，没收违法所得，处测绘约定报酬1倍以上2倍以下的罚款，并可以责令停业整顿或者降低资质等级；情节严重的，吊销测绘资质证书。

6.1.3 招标投标管理

《招标投标法》是从事测绘项目招标投标必须遵守的，可以结合测绘项目的特点有重点地去学习和理解。

1. 招标

招标是整个招标投标过程的第一个环节，也是对投标、评标、定标有直接影响的环节，所以在招标投标法中对这个环节确立了一系列的明确的规范。要求在招标中有严格的程序、较高的透明度、严谨的行为规则，以求有效地调整在招标中形成的社会经济关系。在这一部分涉及以下几个重要问题：

①招标人。招标人应当具备的基本条件有三项：一是要有可以依法进行招标的项目，比如：有些涉及国家秘密的项目不适宜招标；二是具有合格的招标项目，比如，具有与项目相适应的资金或者可靠的资金来源；三是招标人为法人或者其他组织，应是依法进入市场进行活动的实体，它们能独立地承担责任、享有权利。

②招标方式。在《招标投标法》中规定了两种招标方式，即公开招标和邀请招标。公开招标是公开发布招标信息，公开程度高，参加竞争的投标人多，竞争比较充分，招标人的选择余地大。邀请招标是在有限的范围内发布信息，进行竞争，虽然可以选择，但选择余地不大。因此，在招标投标法中鼓励采用公开招标方式，但也考虑在某些特定的情况下可以采用邀请招标方式。

③招标代理。在《招标投标法》中规定，招标人可以自行招标，也可以委托招标代理机构办理招标事项。在法律中明确，只有招标人具有编制招标文件和组织评标能力的，才可以自行办理招标事宜。对于代理招标，《招标投标法》一是规定招标代理机构必须依法设立，二是其资格要由法定的部门认定，三是招标人有权自行选择招标代理机构，四是任何单位和个人不得以任何方式为招标人指定招标代理机构，五是招标代理机构与行政机关和其他国家机关不得存在隶属关系或者其他利益关系，六是招标代理机构应当在招标人委托的范围内办理招标事宜。这些规定的用意在于，保证代理招标的质量，形成规范的代理关系，维护招标人的自主权。

④招标公告、投标邀请书。公开招标的显著特点是要发布招标公告，只有这样才能邀请不特定的法人或者其他组织进行投标，参加竞争。邀请招标的做法是由招标人向3个以上具备承担招标项目的能力、资信良好的特定的法人或者其他组织发出投标邀请书，它的基本内容与招标公告是一致的，所以特别规定了向至少3个潜在投标人发出投标邀请书，目的是保持邀请招标有一定的竞争性，防止以邀请招标为名，搞假招标，形式招标，而不起招标的作用。

⑤招标文件。这是招标投标过程中最具重要意义的文件，它由招标人编制，所根据的是招标项目的特点和需要。招标文件的内容由《招标投标法》作出规定，应当包括招标项目的技术要求、对投标人资格审查的标准、投标报价要求和评标标准等所有实质性要求和条件以及拟签订合同的主要条款。

2. 投标

这一部分在《招标投标法》中主要是对投标人和投标活动作出规定，确立有关的行为规则，主要有下列几项：

①投标人。投标人有三个条件，一是响应招标，二是参加投标竞争的行列，三是具有法人资格或者是依法设立的其他组织。

②投标文件。具备承担招标项目的能力的投标人，按照招标文件的要求编制的文件，

对招标文件提出的实质性要求和条件作出响应。招标投标法还对投标文件的送达、签收、保存的程序作出规定，有明确的规则。对于投标文件的补充、修改、撤回也有具体规定，明确了投标人的权利义务，这些都是适应公平竞争需要而确立的共同规则。

③投标联合体。《招标投标法》对投标人组成联合体共同投标是允许的，这也是符合实际情况的，特别是大型的、复杂的招标项目更有可能采用这种形式，但要对其加以规范，防止和排除在现实中已经出现的以组织联合体为名，低资质的充当高资质的、不合格的混同合格的、责任不明、关系不清等弊端。因此在招标投标法中有明确的规则。

④投标中的禁止事项。对于投标人的行为，招标投标法还对禁止的事项作出了规定，以维护招标投标的正常秩序，保护合法的竞争。一是禁止串通投标，二是禁止投标人以向招标人或者评标委员会成员行贿的手段谋取中标，三是投标人不得以低于成本的报价竞标，四是投标人不得以他人名义投标或者以其他方式弄虚作假，骗取中标。

3. 评标和中标

评标和中标是招标投标整个过程中两个有决定性影响的环节，在招标投标法中对这两个环节作出了一系列的规定，确定了有关的行为规则。

①组织评标委员会。评标是对投标文件进行审查、评议、比较，其根据是法定的原则和招标文件的规定及要求，这是确定中标人的必经程序，也是保证招标获得有效成果的关键环节。评标应当有专家和有关人员参加，由招标人依法组建的评标委员会负责。而不能只由招标人独自进行，以求有足够的知识、经验进行判断，力求客观公正。招标投标法对评标委员会的组成规则也作出了规定。

②评标规则。评标必须按法定的规则进行，这是公正评标的必要保证，招标投标法对此作出了规定。

③中标。在招标投标中选定最优的投标人，从投标人来说，就是投标成功，争取到了招标项目的合同。招标投标法对确定中标人的程序、标准和中标人应当切实履行义务等方面作出了规定，这既是保证竞争的公平、公正，也是为了维护竞争的成果。

4. 法律责任

掌握运用招标投标法，首先应当了解其中的各项法律规范，知道什么是可以做的，什么是不允许做的，法律鼓励什么、保护什么、禁止什么、排除什么，在这个基础上则应进一步了解，如果违反了法律规定将产生什么样的后果，比如承担何种责任，将受到何种处罚。这样，就应当自觉地去做那些法律上允许做、鼓励做的事，按照法律规定处置各项事务，约束自己不要去触犯法律。所以也应当注意了解法律责任的内容。

6.2　合同的概述

《合同法》第二条规定：合同是平等主体的自然人、法人、其他组织之间设立、变更、终止民事权利义务关系的协议。

6.2.1　合同的基本原则

根据《合同法》规定，订立合同应遵循以下基本原则。

1. 当事人法律地位平等

根据《合同法》规定，合同当事人的法律地位平等，一方不得将自己的意志强加给另一方。也就是说，合同当事人，在权利义务对等的基础上，经充分协商达成一致，以实现互利互惠的经济利益目的。

2. 自愿的原则

根据《合同法》规定，当事人依法享有自愿订立合同的权利，任何单位和个人不得非法干预。也就是说，合同当事人通过协商，自愿决定和调整相互权利义务关系。自愿原则贯穿合同活动的全过程，包括：订不订立合同自愿，与谁订合同自愿，合同内容由当事人在不违法的情况下自愿约定，双方也可以协议解除合同，在发生争议时当事人可以自愿选择解决争议的方式。

当然，自愿也不是绝对的，不是想怎样就怎样，当事人订立合同、履行合同，应当遵守法律、行政法规，尊重社会公德，不得扰乱社会经济秩序，损害社会公共利益。

3. 公平的原则

根据《合同法》规定，当事人应当遵循公平原则确定各方的权利和义务。公平原则要求合同双方当事人之间的权利义务要公平合理，要大体上平衡，强调一方给付与对方给付之间的等值性，合同上的负担和风险的合理分配。具体包括：第一，在订立合同时，要根据公平原则确定双方的权利和义务，不得滥用权力，不得欺诈，不得假借订立合同恶意进行磋商；第二，根据公平原则确定风险的合理分配；第三，根据公平原则确定违约责任。

4. 诚实信用的原则

根据《合同法》规定，当事人行使权利、履行义务应当遵循诚实信用原则。诚实信用原则要求当事人在订立、履行合同，以及合同终止后的全过程中，都要诚实，讲信用，相互协作。诚实信用原则具体包括：第一，在订立合同时，不得有欺诈或其他违背诚实信用的行为；第二，在履行合同义务时，当事人应当遵循诚实信用的原则，根据合同的性质、目的和交易习惯履行及时通知、协助、提供必要的条件，防止损失扩大，履行保密等义务；第三，合同终止后，当事人也应当遵循诚实信用的原则，根据交易习惯履行通知、协助、保密等义务，称为后契约义务。

5. 遵守法律和不得损害社会公共利益的原则

根据《合同法》规定，当事人订立、履行合同，应当遵守法律、行政法规，尊重社会公德，不得扰乱社会经济秩序，损害社会公共利益。合同不仅涉及当事人之间的问题，有时可能涉及社会公共利益和社会公德，涉及维护经济秩序，合同当事人的意思应当在法律允许的范围内表示，不是想怎么样就怎么样。必须遵守法律以保证交易在遵守公共秩序和善良风俗的前提下进行，使市场经济有一个健康、正常的道德秩序和法律秩序。

6. 合同效力

根据《合同法》规定，依法成立的合同，对当事人具有法律约束力。当事人应当按照约定履行自己的义务，不得擅自变更或者解除合同。依法成立的合同，受法律保护。所谓法律约束力，就是说，当事人应当按照合同的约定履行自己的义务，非依法律规定或者取得对方同意，不得擅自变更或者解除合同。如果不履行合同义务或者履行合同义务不符合约定，就要承担违约责任。

依法成立的合同受法律保护。所谓受法律保护，就是说，如果一方当事人未取得对方当事人同意，擅自变更或者解除合同，不履行合同义务或者履行合同义务不符合约定，从而使对方当事人的权益受到损害，受损害方向人民法院起诉要求维护自己的权益时，法院就要依法维护，对于擅自变更或者解除合同的一方当事人强制其履行合同义务并承担违约责任。

6.2.2　合同的订立

1. 合同当事人的主体资格

《中华人民共和国合同法》(以下简称《合同法》) 第九条规定："当事人订立合同，应当具有相应的民事权利能力和民事行为能力。当事人依法可以委托代理人订立合同。"

①合同当事人的民事权利能力和民事行为能力。《合同法》的上述条款明确规定，作为合同当事人的自然人、法人和其他组织应当具有相应的主体资格——民事权利能力和民事行为能力。

②合同当事人——自然人、法人、其他组织。

③委托代理人订立合同。

法律规定，当事人在订立合同时，由于主观或客观的原因，不能由法人的法定代表人、其他组织的负责人亲自签订时，可以依法委托代理人订立合同。代理人代理授权人、委托人签订合同时，应向第三人出示授权人签发的授权委托书，并在授权委托书写明的授权范围内订立合同。

2. 合同的形式和内容

（1）合同的形式

合同的形式，是指合同当事人双方对合同的内容、条款经过协商，做出共同的意思表示的具体方式。

《合同法》第十条规定："当事人订立合同，有书面形式、口头形式和其他形式。法律、行政法规规定采用书面形式的，应当采用书面形式。当事人约定采用书面形式的，应当采用书面形式。"

《合同法》第三十六条规定："法律、行政法规规定或者当事人约定采用书面形式订立合同，当事人未采用书面形式但一方已经履行主要义务，对方接受的，该合同成立。"

《合同法》第十一条规定："书面形式是指合同书、信件和数据电文（包括电报、电传、传真、电子数据交换和电子邮件）等可以有形地表现所载内容的形式。"

（2）合同的内容

关于合同一般条款的法理解释如下。

①当事人的名称或者姓名、住所。当事人的名称或者姓名，是指法人和其他组织的名称；住所是指它们的主要办事机构所在地。

②标的。标的是指合同当事人双方权利和义务共同指向的事物，即合同法律关系的客体。标的可以是货物、劳务、工程项目或者货币等。依据合同种类的不同，合同的标的也各有不同。例如，买卖合同的标的是货物；建筑工程合同的标的是建设工程项目；货物运

输合同的标的是运输劳务；借款合同的标的是货币；委托合同的标的是委托人委托受托人处理委托事务等。

标的是合同的核心，它是合同当事人权利和义务的焦点。尽管当事人双方签订合同的主观意向各有不同，但最后必须集中在一个标的上。因此，当事人双方签订合同时，首先要明确合同的标的，没有标的或者标的不明确，必然会导致合同无法履行，甚至产生纠纷。例如，某养鱼专业户采购"种鱼"时，在合同标的条款栏中，把"亲鱼"误写成"青鱼"而引起诉讼。

③数量。数量是计算标的的尺度。它把标的定量化，以便确立合同当事人之间的权利和义务的量化指标，从而计算价款或报酬。国家颁布了《关于在我国统一实行法定计量单位的命令》。根据该命令的规定，签订合同时，必须使用国家法定计量单位，做到计量标准化、规范化。如果计量单位不统一，一方面会降低工作效率；另一方面也会因发生误解而引起纠纷。

④质量。质量是标的物的内在特殊物质属性和一定的社会属性，是标的物物质性差异的具体特征。它是标的物价值和使用价值的集中表现，并决定着标的物的经济效益和社会效益，还直接关系到生产的安全和人身的健康等。因此，当事人签订合同时，必须对标的物的质量做出明确的规定。标的物的质量，有国家标准的按国家标准签订；没有国家标准而有行业标准的，按行业标准签订，或者有地方标准的按地方标准签订；如果标的物是没有上述标准的新产品，可按企业新产品鉴定的标准（如产品说明书、合格证载明的），写明相应的质量标准。

⑤价款或者报酬。价款通常是指当事人一方为取得对方出让的标的物，而支付给对方一定数额的货币；报酬，通常是指当事人一方为对方提供劳务、服务等，从而向对方收取一定数额的货币报酬。在建立社会主义市场经济过程中，当事人签订合同时，应接受有关部门的监督，不得违反有关规定，扰乱社会经济秩序。

⑥履行期限、地点和方式。履行期限是指当事人交付标的和支付价款或报酬的日期，也就是依据合同的约定，权利人要求义务人履行的请求权发生的时间。合同的履行期限，是一项重要条款，当事人必须写明具体的履行起止日期，避免因履行期限不明确而产生纠纷。倘若合同当事人在合同中没有约定履行期限，只能按照有关规定处理。

履行地点是指当事人交付标的和支付价款或报酬的地点。它包括标的的交付、提取地点；服务、劳务或工程项目建设的地点；价款或报酬结算的地点等。合同履行地点也是一项重要条款，它不仅关系到当事人实现权利和承担义务的发生地，还关系到人民法院受理合同纠纷案件的管辖地问题。因此，合同当事人双方签订合同时，必须将履行地点写明，并且要写得具体、准确，以免发生差错而引起纠纷。

履行方式是指合同当事人双方约定以哪种方式转移标的物和结算价款。履行方式应视所签订合同的类别而定。例如，买卖货物、提供服务、完成工作合同，其履行方式均有所不同，此外在某些合同中还应当写明包装、结算等方式，以利于合同的完善履行。

⑦违约责任。违约责任是指合同当事人约定一方或双方不履行或不完全履行合同义务时，必须承担的法律责任。违约责任包括支付违约金、偿付赔偿金以及发生意外事故的处理等其他责任。法律有规定责任范围的按规定处理；法律没有规定责任范围的，由当事人

双方协商议定办理。

⑧解决争议的方法。解决争议的方法是指合同当事人选择解决合同纠纷的方式、地点等。根据我国法律的有关规定，当事人解决合同争议时，实行"或仲裁或审判"，即当事人可以在合同中约定选择仲裁机构或人民法院解决争议；当事人可以就仲裁机构或诉讼的管辖机关的地点进行议定选择。当事人如果在合同中既没有约定仲裁条款，事后又没有达成新的仲裁协议，那么当事人只能通过诉讼的途径解决合同纠纷，因为起诉权是当事人的法定权。

6.2.3　合同示范文本与格式条款合同

1. 合同示范文本

《合同法》第十二条第二款规定："当事人可以参照各类合同的示范文本订立合同。"合同示范文本是指由一定机关事先拟定的对当事人订立相关合同起示范作用的合同文本。此类合同文本中的合同条款有些内容是拟定好的，有些内容是没有拟定需要当事人双方协商一致填写的。合同的示范文本只供当事人订立合同时参考使用，因此合同示范文本与格式条款合同不同。

2. 格式条款合同

格式条款合同是指合同当事人一方（如某些垄断性企业）为了重复使用而事先拟定出一定格式的文本。文本中的合同条款在未与另一方协商一致的前提下已经确定且不可更改。

《合同法》为了维护公平原则，确保格式条款合同文本中相对人的合法权益，在第三十九条、第四十条和第四十一条对格式条款合同作了专门的限制性规定。

第一，采用格式条款订立合同的，提供格式条款的一方应当遵循公平原则确定当事人之间的权利和义务，并采取合理的方式提请对方注意免除或者限制其责任的条款，按照对方的要求，对该条款予以说明。

第二，格式条款合同中具有《合同法》第五十条和第五十三条规定情形的，或者提供格式条款一方免除其责任、加重对方责任、排除对方主要权利的，该条款无效。

第三，对格式条款的理解发生争议的，应当按照通常理解予以解释。对格式条款有两种以上解释的，应当做出不利于提供格式条款一方的解释。格式条款和非格式条款不一致的，应当采用非格式条款。

6.2.4　合同的效力

1. 合同无效

（1）合同无效的概念

合同无效，是指虽经合同当事人协商订立，但引起不具备或违反了法定条件，国家法律规定不承认其效力的合同。

（2）《合同法》关于无效合同的法律规定

《合同法》第五十二条规定："有下列情形之一的，合同无效。

①一方以欺诈、胁迫的手段订立合同，损害国家利益；

②恶意串通，损害国家、集体或者第三人利益；

③以合法形式掩盖非法目的；

④损害社会公共利益；

⑤违反法律、行政法规的强制性规定。"

2. 当事人请求人民法院或仲裁机构变更或撤销的合同

（1）当事人依法请求变更或撤销的合同的概念

当事人依法请求变更或撤销的合同，是指合同当事人订立的合同欠缺生效条件时，一方当事人可以依照自己的意思，请求人民法院或仲裁机构作出裁定，从而使合同的内容变更或者使合同的效力归于消灭。

（2）可变更或可撤销的合同的法律规定

《合同法》第五十四条规定："下列合同，当事人一方有权请求人民法院或者仲裁机构变更或者撤销：①因重大误解订立的；②在订立合同时显失公平的。

一方以欺诈、胁迫的手段或者乘人之危，使对方在违背真实意思的情况下订立的合同，受损害方有权请求人民法院或者仲裁机构变更或者撤销。当事人请求变更的，人民法院或者仲裁机构不得撤销。"

3. 无效的合同或被撤销的合同的法律效力

无效的合同或被撤销的合同的法律效力问题是《合同法》中第三章合同的效力的重要内容，当事人订立的合同被确认无效或者被撤销后，并不表明当事人的权利和义务的全部结束。

（1）合同自始无效和部分无效

《合同法》第五十六条规定："无效的合同或者被撤销的合同自始没有法律约束力。合同部分无效，不影响其他部分效力的，其他部分仍然有效。"

①自始无效，是指合同一旦被确认为无效或者被撤销，即将产生溯及力，使合同从订立时起即不具有法律约束力。

②合同部分无效，是指合同的部分内容无效，即无效或者被撤销而宣告无效的只涉及合同的部分内容，合同的其他部分仍然有效。

（2）合同无效、被撤销或者终止时，有关解决争议的条款的效力

《合同法》第五十七条规定："合同无效、被撤销或者终止时，不影响合同中独立存在的有关解决争议方法的条款的效力。"依照此项法条的规定，合同中关于解决争议的方法条款的效力具有相对的独立性，因此不受合同无效、变更或者终止的影响。也即合同无效、合同变更或者合同终止并不必然导致合同中解决争议方法的条款无效、变更、终止。

6.2.5 合同的履行

依照《合同法》的规定，合同当事人履行合同时，应遵循以下原则。

1. 全面、适当履行的原则

全面、适当履行，是指合同当事人双方应当按照合同约定全面履行自己的义务，包括履行义务的主体、标的、数量、质量、价款或者报酬以及履行的方式、地点、期限等，都应当按照合同的约定全面履行。

2. 遵循诚实信用的原则

诚实信用原则，是我国《民法通则》的基本原则，也是《合同法》的一项十分重要的原则，它贯穿于合同的订立、履行、变更、终止等全过程。因此，当事人在订立合同时，要讲诚信、要守信用、要善意，当事人双方要互相协作，合同才能圆满地履行。

3. 公平合理，促进合同履行的原则

合同当事人双方自订立合同起，直到合同的履行、变更、转让以及发生争议时对纠纷的解决，都应当依据公平合理的原则，按照《合同法》的规定，根据合同的性质、目的和交易习惯，善意地履行通知、协助、保密等附随义务。

4. 当事人一方不得擅自变更合同的原则

合同依法成立，即具有法律约束力，因此合同当事人任何一方均不得擅自变更合同。《合同法》在若干条款中根据不同的情况对合同的变更，分别作了专门的规定。这些规定更加完善了我国的合同法律制度，并有利于促进我国社会主义市场经济的发展和保护合同当事人的合法权益。

6.2.6 违约责任

1. 当事人违约及违约责任的形式

（1）违约责任的法律规定

《合同法》第一百零七条规定："当事人一方不履行合同义务或者履行合同义务不符合约定的，应当承担继续履行、采取补救措施或者赔偿损失等违约责任。"

依照《合同法》的上述规定，当事人不履行合同义务或履行合同义务不符合约定时，就要承担违约责任。此项规定确立了对违约责任实行"严格责任原则"，只有不可抗力的原因方可免责。至于缔约过失、无效合同或可撤销合同，则采取过错责任，《合同法》分则中特别规定了过错责任的，实行过错责任原则。

（2）当事人承担违约责任的形式

①继续履行合同，是指违反合同的当事人不论是否已经承担赔偿金或者违约金责任，都必须根据对方的要求，在自己能够履行的条件下，对原合同未履行的部分继续履行。

②采取补救措施，是指在违反合同的事实发生后，为防止损失发生或者扩大，而由违反合同行为人采取修理、重作、更换等措施。

③赔偿损失，是指当事人一方违反合同造成对方损失时，应以其相应价值的财产予以补偿。赔偿损失应以实际损失为依据。

2. 当事人未支付价款或者报酬的违约责任

《合同法》第一百零九条规定："当事人一方未支付价款或者报酬的，对方可以要求其支付价款或者报酬。"

当事人承担违约责任的具体形式如下：支付价款或报酬是以给付货币形式履行的债务，民法上称为金钱债务。对于金钱债务的违约责任，一是债权人有权请求债务人履行债务，即继续履行；二是债权人可以要求债务人支付违约金或逾期利息。例如，工程承包合同中，拖欠工程支付和结算的违约责任。

3. 当事人违反质量约定的违约责任

《合同法》第一百一十一条规定："质量不符合约定的，应当按照当事人的约定承担违约责任。对违约责任没有约定的或者约定不明确，依照本法第六十一条规定仍不能确定的，受损害方根据标的性质以及损失的大小，可以合理选择要求对方承担修理、更换、重作、退货、减少价格或者报酬等违约责任。"

4. 当事人一方违约给对方造成其他损失的法律责任

《合同法》第一百一十二条规定："当事人一方不履行合同义务或者履行合同义务不符合约定的，在履行义务或者采取补救措施后，对方还有其他损失的，应当赔偿损失。"

上述法条规定，债务人不履行或不适当履行合同，在继续履行或者采取补救措施后，仍给债权人造成损失时，债务人应承担赔偿责任。

5. 当事人违约承担责任的赔偿额

《合同法》第一百一十三条规定："当事人一方不履行合同义务或者履行合同义务不符合约定，给对方造成损失的，损失赔偿额应当相当于因违约所造成的损失，包括合同履行后可以获得的利益，但不得超过违反合同一方订立合同时预见到或者应当预见到的因违反合同可能造成的损失。"

6. 违约金及赔偿金

《合同法》第一百一十四条规定："当事人可以约定一方违约时应当根据违约情况向对方支付一定数额的违约金，也可以约定因违约产生的损失赔偿额的计算方法。

约定的违约金低于造成的损失的，当事人可以请求人民法院或者仲裁机构予以增加；约定的违约金过分高于造成的损失的，当事人可以请求人民法院或者仲裁机构予以适当减少。"

6.2.7　解决合同争议的方式

合同当事人之间发生争议，有时是难免的。如果争议发生了，当事人之间首先应当依据公平合理和诚实信用的原则，本着互谅互让的精神，进行自愿协商解决争议，或者通过调解解决纠纷。如果当事人不愿和解、调解或者和解、调解不成的，可以依据"或裁或审制"的规定，请求仲裁机构仲裁，或者向人民法院起诉，以求裁判彼此之间的纠纷。

《合同法》第一百二十八条规定："当事人可以通过和解或者调解解决合同争议。当事人不愿和解、调解或者和解、调解不成的，可以根据仲裁协议向仲裁机构申请仲裁。涉外合同的当事人可以根据仲裁协议向中国仲裁机构或者其他仲裁机构申请仲裁。当事人没有订立仲裁协议或者仲裁协议无效的，可以向人民法院起诉。当事人应当履行发生法律效力的裁决、仲裁裁决、调解书；拒不履行的，对方可以请求人民法院执行。"

6.3　测绘项目合同管理

6.3.1　测绘合同内容

按照《合同法》规定，合同是平等主体的自然人、法人、其他组织之间设立、变更、终止民事权利义务关系的协议，所以测绘合同的制定应在平等协商的基础上来对合同的各项条款进行规约，应当遵循公平原则来确定各方的权利和义务，并且必须遵守国家的相关法律和法规。

按照《合同法》规定，合同的内容由当事人约定，一般应包括以下条款：当事人的名称或者姓名和住所、标的、数量、质量、价款或者报酬、履行期限、地点和方式、违约责任、解决争议的方法。当事人可以参照各类合同的示范文本（如前面提及的国家测绘局发布的《测绘合同示范文本》等）订立合同，也可以在遵守合同法的基础上由双方协商去制定相应的合同。测绘项目的完成一般需要项目委托方和项目承揽方共同协作来完成，在项目实施过程中存在多种不确定因素，所以测绘合同的订立又和一般的技术服务合同有所区别，特别是在有关合同标的（包括测绘范围、数量、质量等方面）的约定上，以及报酬和履约期限等约定上，一定要根据具体的项目及相关条件（技术及其他约束条件）来进行约定，以保证合同能够被正常执行，同时，也有利于保证合同双方的权益。

鉴于测绘项目种类繁多，其规模、工期及质量要求存在较大差异，所以合同的订立也存在一定的差异，合同内容自然也不尽相同。为不失一般性，这里将仅对测绘合同中较为重要的内容（或合同条款）进行较详细的描述。

1. 测绘范围

测绘项目有别于其他工程项目，它是针对特定的地理位置和空间范围展开的工作，所以在测绘合同中，首先必须明确该测绘项目所涉及的工作地点、具体的地理位置、测区边界和所覆盖的测区面积等内容。这同时也是合同标的的重要内容之一，测绘范围、测绘内容和测绘技术依据及质量标准构成了对测绘合同标的的完整描述。对于测绘范围，尤其是测区边界，必须有明确的、较为精细的界定，因为它是项目完工和项目验收的一个重要参考依据。测区边界可以用自然地物或人工地物的边界线来描述，如测区范围东边至××河，西至××公路，北至××山脚，南至××单位围墙；也可以由委托方在小比例尺地图上以标定测区范围的概略地理坐标来确定，如测区范围地理位置为东经 105°45′～105°～56′，北纬 32°22′～32°30′。

2. 测绘内容

合同中的测绘内容是直接规约受托方所必须完成的实际测绘任务，它不仅包括所需开展的测绘任务种类，还必须包括具体应完成任务的数量（或大致数量），即明确界定本项目所涉及的具体测绘任务，以及必须完成的工作量，测绘内容也是合同标的的重要内容之一。测绘内容必须用准确简洁的语言加以描述，明确地逐一罗列出所需完成的任务及需提交的测绘成果，这些内容也是项目验收及成果移交的重要依据。例如，某测绘合同为某市委托某测绘单位完成该市的控制测量任务，其测绘内容包括：①城市四等 GPS 测量约 60 点；②三等水准测量约 80km；③一级导线测量约 80km；④四等水准测量约 120km；⑤5″级交会测量 1～2 点；⑥城市四等 GPS 网点和三等水准网点属××市城市平面、高程基础（首级）控制网，控制面积约 120km；⑦一级导线网点和四等水准网属××市城市平面、高程加密控制网，控制面积约 30km。

3. 技术依据和质量标准

与一般的技术服务合同不同，测绘项目的实施过程和所提交的测绘成果必须按照国家的相关技术规范（或规程）来执行，需依据这些规范及规程来完成测绘生产的过程控制及质量保证。所以，测绘合同中需对所采用的技术依据及测绘成果质量检查及验收标准有明确的约定，这是项目技术设计、项目实施及项目验收等的主要参照标准。一般情况下，技术依据及质量标准的确定需在合同签订前由当事人双方协商认定；对于未作约定的情形，应注明按照本行业相关规范及技术规程执行，以避免出现合同漏洞导致不必要的争议。

另一个极为重要的内容是约定测绘工作开展及测绘成果的数据基准，包括平面控制基准和高程控制基准。例如，某测绘合同中该部分文本为：经双方协商约定执行的技术依据及标准为：①《城市测量规范》CJJ 8—99；②《全球定位系统城市测量技术规程》CJJ 73—97；③对于本合同未提及情形，以相应的测绘行业规范、规程为准；④平面控制测量采用 1954 北京坐标系，并需计算出 1980 西安坐标系坐标成果，以满足甲方今后多方面工作的需要；⑤测区 y 坐标投影，需满足长度变形值不大于 2.5cm/km；⑥高程控制采用 1956 黄海高程系，并需计算出 1985 国家高程基准高程。

4. 工程费用及其支付方式

合同中工程费用的计算，首先应注明所采用的国家正式颁布的收费依据或收费标准，然后需全部罗列出本项目涉及的各项收费分类细项，然后根据各细项的收费单价及其估算的工程量得出该细项的工程费用。除直接的工程费用外可能还包括其他费用，都需在费用预算列表中逐一罗列，整个项目的工程总价为各细项费用的总和。

费用的支付方式由甲乙以双方参照行业惯例协商确定，一般按照工程进度（或合同执行情况）分阶段支付，包括首付款、项目进行中的阶段性付款及尾款几个部分。视项目规模大小不同，阶段性付款可以为一次或多次。阶段性付款的阶段划分一般由甲乙双方约定，可以按阶段性标志性成果来划分，也可以按照完成工程进度的百分比来划分，具体支付方式及支付额度需由双方协商解决。如《测绘合同示范文本》对工程费用的支付方式描述如下。

①自合同签订之日起××日内甲方向乙方支付定金人民币××元，并预付工程预算总价款的××%，人民币×××元。

②当乙方完成预算工程总量的××%时，甲方向乙方支付预算工程价款的××%，人民币×××元。

③当乙方完成预算工程总量的××%时，甲方向乙方支付预算工程价款的××%，人民币×××元。

④乙方自工程完工之日起××日内，根据实际工作量编制工程结算书，经甲、乙双方共同审定后，作为工程价款结算依据。自测绘成果验收合格之日起××日内，甲方应根据工程结算结果向乙方全部结清工程价款。

5. 项目实施进度安排

项目进度安排也是合同中的一项重要内容，对项目承接方（测绘单位）实际测绘生产有指导作用，是委托方及监理方监督和评价承接方是否按计划执行项目，及是否达到约定的阶段性目标的重要依据，也是阶段性工程费用结算的重要依据。进度安排应尽可能详细，一般应将拟定完成的工程内容罗列出来，标明每项工作计划完成的具体时间，以及预期的阶段性成果。对工程内容出现时间重叠和交错的情形，应按照完成的工程量进行阶段性分割。概括来说，进度计划必须明确，既要有时间分割标志，也应注明预期所获得的阶段性标志成果，使项目关联的各方都能准确理解及把握，避免产生歧义与分歧。

6. 甲乙双方的义务

测绘项目的完成需要双方共同协作及努力，双方应尽的义务也必须在合同中予以明确陈述。

甲方应尽义务主要包括：

①向乙方提交该测绘项目相关的资料。

②完成对乙方提交的技术设计书的审定工作。

③保证乙方的测绘队伍顺利进入现场工作，并对乙方进场人员的工作、生活提供必要的条件，保证工程款按时到位。

④允许乙方内部使用执行本合同所生产的测绘成果等。

乙方的义务主要包括：

①根据甲方的有关资料和本合同的技术要求完成技术设计书的编制，并交甲方审定。

②组织测绘队伍进场作业。

③根据技术设计书要求确保测绘项目如期完成。

④允许甲方内部使用乙方为执行本合同所提供的属乙方所有的测绘成果。

⑤未经甲方允许，乙方不得将本合同标的全部或部分转包给第三方。

在合同中一般还需对各方拟尽义务的部分条款进行时间约束，以保证限期完成或达到要求，从而保障项目的顺利开展。

7. 提交成果及验收方式

合同中必须对项目完成后拟提交的测绘成果进行详细说明，并逐一罗列出成果名称、种类、技术规格、数量及其他需要说明的内容。成果的验收方式须由双方协商确定，一般情况下，应根据提交成果的不同类别进行分类验收，在存在监理方的情况下，必须由委托方、项目承接方和项目监理方三方共同来完成成果的质量检查及成果验收工作。

8. 其他内容

除了上述内容外，合同中还需包括下列内容。

①对违约责任的明确规定。

②对不可抗拒因素的处理方式。

③争议的解决方式及办法。

④测绘成果的版权归属和保密约定。

⑤合同未约定事宜的处理方式及解决办法等。

6.3.2 合同的订立、履行、变更、违约责任

1. 合同的订立

（1）合同订立的概念

合同的订立是指两方以上当事人通过协商而于互相之间建立合同关系的行为。

（2）合同订立的内容

合同的订立又称缔约，是当事人为设立、变更、终止财产权利义务关系而进行协商、达成协议的过程。

测绘合同订立的内容包含项目的规模、工期及质量要求、付款方式、提交的成果、违约责任等详尽内容。

（3）合同订立的过程

①测绘合同的双方（项目委托方与项目承揽方）或多方当事人必须亲临订立现场。

②测绘合同的订立双方相互接触，互为意思表示，直到达成协议。

③双方当事人之间须以缔约为目的。

（4）合同订立的结果

合同订立过程结束会有两种后果：

①双方当事人之间达成合意，即合同成立。

②双方当事人之间不能达成合意，即合同不成立。

2. 合同的履行

（1）合同履行的概念

合同的履行，指的是合同规定义务的执行。任何合同规定义务的执行，都是合同的履行行为；相应地，凡是不执行合同规定义务的行为，都是合同的不履行。因此，合同的履行，表现为当事人执行合同义务的行为。当合同义务执行完毕时，合同也就履行完毕。

（2）合同履行的内容

①合同履行是当事人的履约行为。测绘合同双方应严格按照合同约定履行各自的义务，保证合同的严肃性。

②履行合同的标准。履行合同，就其本质而言，是指合同的全部履行。只有当事人双方按照测绘合同的约定或者法律的规定，全面、正确地完成各自承担的义务，才能使测绘合同债权得以实现，也才使合同法律关系归于消灭。

测绘合同履行主要包括三个方面的内容：项目承揽方按要求完成测绘工作，测绘项目委托单位按时交付项目酬金，合同约定的附加工作和额外测绘工作及其酬金给付。

3. 合同的变更

（1）合同变更的概念

有效成立的测绘合同在尚未履行完毕之前，双方当事人协商一致而使测绘合同内容发生改变，双方签订变更后的测绘合同。测绘合同内容变更包括测绘的范围、测绘的内容、测绘的工程费用、项目的进度、提交的成果等。

（2）测绘合同变更的条件

①原测绘合同关系的有效存在。测绘合同变更是在原测绘合同的基础上，通过当事人双方的协商或者法律的规定改变原测绘合同关系的内容。

②当事人双方协商一致，不损害国家及社会公共利益。在协商变更合同的情况下，变更合同的协议必须符合相关法律的有效要件，任何一方不得采取欺诈、胁迫的方式来欺骗或强制他方当事人变更合同。

③合同非要素内容发生变更。合同变更仅指合同的内容发生变化，不包括合同主体的变更，因而合同内容发生变化是合同变更不可或缺的条件。当然，合同变更必须是非实质

性内容的变更，变更后的合同关系与原合同关系应当保持同一性。

④须遵循法定形式。合同变更必须遵守法定的方式，我国《合同法》第 77 条第二款规定：法律、行政法规规定变更合同应当办理批准、登记等手续的，依照其规定。

（3）合同变更的效力

①就合同变更的部分发生债权债务关系消灭的后果。合同变更的实质在于使变更后的合同代替原合同。因此，合同变更后，当事人应按变更后的合同内容履行。

②仅对合同未履行部分发生法律效力，即合同变更没有溯及力。合同变更原则上向将来发生效力，未变更的权利义务继续有效，已经履行的债务不因合同的变更而失去合法性。

③不影响当事人请求赔偿的权利。合同的变更不影响当事人要求赔偿的权利。原则上，提出变更的一方当事人对对方当事人因合同变更所受损失应负赔偿责任。

4. 合同的违约与责任

（1）合同违约

合同违约是指违反合同债务的行为，也称为合同债务不履行。合同债务，既包括当事人在合同中约定的义务，又包括法律直接规定的义务，还包括根据法律原则和精神的要求，当事人所必须遵守的义务。仅指违反合同债务这一客观事实，不包括当事人及有关第三人的主观过错。

在测绘合同履行过程中，双方都可能不同程度地出现违约行为，多数比较轻微的违约行为对方可以谅解，严重违约主要有以下三种表现：

①项目委托方不按合同约定及时支付工程款。

②增加额外工作量或变更技术设计的主要条款造成工作量增加而不增加费用。

③不能在合同约定时间提交成果或提交的成果质量不符合要求。

（2）合同违约责任

除了合同违约免责条件与条款之外的违约行为，可按合同约定进行正常的索赔。

目前的测绘市场中合同违约的解决方式也存在一些不正常的现象，如不通过合同约定进行正常索赔，而是游离于合同之外进行利益较量，致使工程质量和进度难以保证。

6.3.3 成本预算

测绘单位取得与甲方签订的测绘合同后，财务部门根据合同规定的指标、项目施工技术设计书、测绘生产定额、测绘单位的承包经济责任制及有关的财务会计资料等编制测绘项目成本预算。测绘项目成本预算一般分为两种情况：如果项目是生产承包制，其成本预算由生产成本预算和应承担的期间费用预算组成；如果项目是生产经营承包制，其成本预算由生产成本预算、应承担承包部门费用预算和应承担的期间费用预算组成。

1. 成本预算的依据

根据测绘单位的具体情况，其成本管理可分为三个层次：为适应测绘项目生产承包制的要求，第一层次管理的成本就是测绘项目的直接生产费用，它包括直接工资、直接材料、折旧费及生产人员的交通差旅费等，这一层次的项目成本合计数应等于该项目生产承包的结算金额。为适应测绘项目生产经营承包制的要求，第二层次管理的成本不仅包括测绘项目的直接生产费用，还包括可直接记入项目的相关费用和按规定的标准分配记入项目的承包部门费用。可直接记入项目的相关费用包括项目联系、结算、收款等销售费用、项目检查验收费用、按工资基数计提的福利费、工会经费、职工教育经费、住房公积金、养老保险金等。分配记入项目的承包部门费用包括承包部门开支的各项费用及根据承包责任制应上交的各项费用。为了正确反映测绘项目的投入产出效果，及全面有效地控制测绘项目成本，第三层次管理的成本包括测绘项目应承担的完全成本，它要求采用完全成本法进行管理。鉴于会计制度规定采用制造成本法进行成本核算，可在会计核算的成本报表中加入两栏，直接记入项目的期间费用和分配记入项目的期间费用，全面反映和控制测绘项目成本。

2. 成本预算的内容

如前所述，成本预算除了直接的项目实施工程费用外，还包括多项其他的内容（如员工他项费用及机构运作成本等）。成本预算方式也包括多种形式，其具体采用的方式依赖于所在单位的机构组织模式、分配机制和相关的会计制度等。总的来说，成本预算的主要内容包括以下几个部分。

（1）生产成本

生产成本即直接用于完成特定项目所需的直接费用，主要包括直接人工费、直接材料费、交通差旅费、折旧费等，实行项目承包（或费用包干）的情形则只需计算直接承包费用和折旧费等内容。

（2）经营成本

除去直接的生产成本外，成本预算还应包含维持测绘单位正常运作的各种费用分配，主要包括两大类：①员工福利及他项费用，包括按工资基数计提的福利费、职工教育经费、住房公积金、养老保险金、失业保险等分配记入项目的部分；②机构运营费用，包括业务往来费用、办公费用、仪器购置、维护及更新费用、工会经费、社团活动费用、质量及安全控制成本、基础设施建设等反映测绘单位正常运作的费用分配记入项目的部分。

3. 成本预算的注意事项

成本预算具体操作需视情况而定。如前所述，它和单位的组织形式、用工方式和会计制度都有直接关系。当然，严格的、合理的项目成本预算有利于调动测绘人员的积极性，同时能最大限度地降低成本，创造相应效益。

6.4 测绘监理合同管理

6.4.1 监理合同概述

引进监理机制后，业主为实现测绘项目目标，委托监理单位对测绘工程项目进行监督与管理，为达到此目的二者之间所签订的合同称为监理合同。

1. 有关监理合同的法律规定

合同法规定："建设工程实行监理的，发包人应当与监理人采用书面形式订立委托监理合同。发包人与监理人的权利和义务以及法律责任，应当依照本法委托合同以及其他有关法律、行政法规的规定。"

招标投标法规定："招标人和中标人应当自中标通知书发出之日起三十日内，按照招标文件和中标人的投标文件订立书面合同。招标人和中标人不得再行订立背离合同实质性内容的其他协议。"

工程建设监理规定："监理单位承担监理业务，应当与项目法人签订书面工程建设监理合同。"

2. 监理合同具有如下特征

①测绘工程监理合同属于委托合同范畴，具有委托合同的普遍性特征。

②监理合同的标的是测绘技术服务，监理单位和监理人员凭借自己的知识、经验和技能等综合能力在业主授权范围内对测绘工程项目进行监督管理，以实现测绘生产合同中制定的目标，属于典型的高智能技术服务。

③监理合同是一种有偿合同。虽然合同法中对委托合同是否有偿没有规定，但引进监理机制的测绘项目一般规模较大，监理业务较为复杂，都是有偿服务。

3. 合同起草的原则

①签约双方应重视合同签订工作。合同是对双方都有约束力的法律文书，是规定双方权利义务及有关问题处理方式的正式合约，是维护双方合法权益的基本文件，应给予应有的重视。

②在合同谈判和签订中要坚持法律主体地位平等的原则。合同法规定，合同当事人的法律地位平等，一方不得将自己的意志强加给另一方。因此，业主和监理单位要就监理合同的主要条款进行对等谈判。业主不应利用手中测绘项目的委托权，以不平等的态度对待监理方，而应立足于充分发挥监理的功能，以其为项目带来较大的综合效益的监理初衷来谈判。监理单位应利用法律赋予的平等权利进行对等谈判，对重大问题不能迁就或无原则让步。

③权利义务规定全面。签约双方的权利义务非常重要，在国家还没有出台测绘工程监理标准合同文本的情况下，应该参考委托合同类示范文本进行起草，如国家测绘局与国家工商行政管理局制定的测绘合同示范文本和建设部制定的建设工程委托监理合同示范文本。双方应根据工程项目实际情况及委托服务的内容起草。《北京市建设工程监理招标文件范本》对于建设工程监理合同双方的权利义务规定较为具体，现节选附于本节之后，可供参考。

④体现监理合同的特征。监理合同的形式与生产合同形式上相似，但内涵有相当大的区别。要体现出监理工作成果的特殊性，体现监理服务优劣的评价措施，奖惩条款的针对性和可行性。内容要具体，责任要明确。

6.4.2 测绘委托监理合同的管理

合同管理作为监理工作的内容之一：一方面是对测绘生产合同的管理，维护业主和测绘生产单位的合法权益，保证工程建设的顺利进行，进而完成监理任务，达到监理目标；另一方面，是对委托监理合同的管理，维护自身的合法权益。

测绘生产合同则是业主与测绘生产单位为完成一项测绘生产任务而订立的协议，它规定了业主与生产单位之间的经济关系、义务和权利，规定了项目的总体目标，即完成的内容、质量、工期和所需的费用以及解决合同争执的方法和途径。然而，测绘生产合同所规定的总体目标并不等于监理的工作目标。监理的合同管理人员必须在综合分析这两份合同的基础上确定监理的工作目标，编制监理实施细则，当测绘生产合同发生变更或在监理委托合同发生变更的情况下，监理的合同管理人员都必须采取相应的管理措施，调整监理管理目标等。

1. 委托监理合同基本条款

监理委托合同的条款形式和内容表达方式多样，但基本内涵并不存在本质性区别。完善的监理合同一般都包括以下内容。

①签约双方的确认：主要指测绘工程监理中标人与招标人的法人单位、法人代表姓名和联络方式等；为了合同表述方便，一般规定招标人为"甲方"，中标人为"乙方"。

②合同的一般说明：委托监理项目概况的一般性说明，包括项目性质、投资来源、工程地点、工期要求及测绘生产单位等情况，便于规定监理服务的范围。

③监理提供服务的基本内容：监理合同应以专门的条款对监理单位提供服务的内容进行详细说明，要体现出委托监理合同的特定服务程度。如监理的范围和内容、监理方式及成果检查比例、提交的监理成果种类等。

④监理费用的计取及支付方式：测绘工程监理各项目的单价和总价；开工费的支付、阶段性支付款和工程余款的支付比例和方式。

⑤签约双方的权利义务：该部分内容较多，且多是实质性内容，应视项目具体情况制定。该部分内容前面已经提及并附加了参考示例。

⑥其他条款：主要包括预防性条款，如业主违约、拖欠受罚的规定、监理人违约的罚款等；保证性条款：履约保函、保险、工程误期与罚款、质量保证性条款等；法律性条款：法律依据、税收规定、不可抗拒因素规定、工程合同生效和终止的规定等；保密性条款：按照国家有关法律法规保障测绘成果保密安全。双方约定的其他事项。

⑦签字：签约双方盖章，法定代表人或其委托人签字。

2. 签订委托监理合同应注意的问题

(1) 必须坚持法定程序

委托监理合同的签订，意味着委托代理关系的形成，委托与被委托的关系也将受到合同的约束。在合同开始执行时，业主应将监理的权利以书面的形式通知监理单位，监理单位也将派往该项目的总监理工程师及其助手的情况告知测绘生产单位。委托监理合同签订以后，业主授予监理工程师的权限应体现在业主与测绘生产单位签订的生产合同上，为监理工程师的工作创造条件。

(2) 不可忽视的替代性文件

有时候，业主或监理单位认为没有必要正式签订一份委托监理合同，双方达成一份口头协议就可以了，以代替繁杂的合同商签工作，讲究的是相互信任。但在这种情况下，监理单位也应该拟写一封简要信件来确认与业主达成的口头协议。这种把口头协议形成文字以保证其有效的信件，包括业主提出的要求和承诺，也是监理单位承担责任、履行义务的书面证据。所以，它是一个不可忽视的替代性文件。

（3）合同的修改和变更

在项目实施过程中难免出现需要修改或变更合同条款的情况，如改变工作服务范围、工作深度、工作进程、费用支付等。特别是当前出现需要改变服务范围和费用问题时，监理单位应该坚持修改合同，口头协议或临时性交换函件都是不可取的。一般情况下，如果变动较大，应该重新制定一个新的合同来取代原有合同，这对于双方来说都是好办法。

（4）其他问题

监理委托合同是双方承担义务和责任的协议，也是双方合作和相互理解的基础，一旦出现争议，这些文件，也是保护双方权利的法律基础。因此签订的合同应做到文字简洁、清晰、严密，以保证意思表达准确。

3. 委托监理合同的履行

测绘工程监理合同签订双方应严格按照合同约定履行各自义务，保证合同的严肃性。监理合同履行主要包括三个方面内容：监理单位按要求完成监理工作，测绘项目业主单位按时支付监理酬金，合同约定的附加工作和额外监理工作及其酬金给付。

①监理单位按要求完成监理工作：按照合同约定，监理单位对测绘生产项目进行质量控制、进度控制及其他管理协调。按照监理方案及监理实施细则的规定，投入相应的监理人员、利用自身的专业技能，采用应有的监理方法和检查手段，保证测绘生产处于正常状态，测绘成果符合质量要求，进度满足合同约定。处理生产中发现的问题及时得当，保证监理资料全面真实。

②业主方及时支付监理酬金：按照合同金额和支付比例按时支付。

③附加工作和额外监理工作及其酬金给付：附加工作是指合同内规定的附加服务或合同以外通过双方书面协议附加于正常服务的工作。额外工作是指正常监理工作和附加工作以外的、非监理单位原因而增加的工作。按照合同约定，监理单位应很好地完成该类工作，业主单位应按照约定及时支付该类工作酬金。

4. 实施阶段委托监理合同管理的一般内容

项目总监理工程师全面负责委托监理合同的履行，监理机构全体监理人员了解、熟悉相关的合同条款并正确履行。在合同履行过程中，项目总监理工程师随时向监理单位报告相关情况，监理单位相关职能部门予以跟踪、备案。

项目总监在此阶段的合同管理，首先应做好相关基础性工作。包括：监理单位在合同签订后十天内将项目监理机构组织形式、人员构成及对总监理工程师的任命书、法人授权书书面通知测绘生产单位；收集齐全相关合同文件（包括监理投标书、中标通知书、委托监理合同、有关协议），明确管理责任和管理制度等。

在基础性工作完备的前提下，进行以下各项工作：

①对来往函件进行合同法律方面的审查，并及时进行处理。

重视对合同文件的日常管理，一般要设专用档案盒，建立索引和台账，归档保存，发文必须做签收记录且一并保存。常见业主来函包括变更指令、确认函、传阅件、批复函等，对业主的任何口头指令，要及时索取书面证据（采取令业主可接受的方式获得），并养成书面交往的习惯，减少日后不必要的争执，在对业主指令不理解或不认同的情况下，应及时与业主沟通，达成共识，并请业主确认。"立个字据"在监理合同执行过程中是非常有必要的。对业主来函，需要处理和回复的应尽快处理和回复。对与被监理方之间来往函件，更要注意这些函件的可靠性和及时性，避免给监理自身和测绘生产单位带来不必要的麻烦，同时也会给业主留下不信任或按合同规定进行处罚等。

②主动和正确行使合同规定的各项权力，严格履行监理责任和义务，树立监理威信，为业主提供满意的服务。监理合同中规定的权利有：定期提交监理工作报告；发放监理工程师通知书等。

③督促和指导各岗位监理人员严格执行监理合同中相关内容。

总监理工程师在工作中，应随时向各监理人员传达合同实施情况，并对相关人员的工作提出建议、意见，督促和指导其正确履行监理合同中的相关内容。

◎ 习题和思考题

1. 订立合同应遵循哪些基本原则？
2. 简述合同示范文本与格式条款合同的概念。
3. 合同当事人履行合同时，应遵循哪些原则？
4. 简述测绘合同的技术依据和质量标准。
5. 监理合同具有哪些特征？
6. 简述测绘监理合同起草的原则。
7. 签订委托监理合同应注意哪些问题？

第7章 测绘工程监理工作中的信息管理

【教学目标】

学习本章，要掌握工程监理信息管理的概念、任务、内容、分类和作用；掌握工程监理信息的加工整理、贮存和传递；了解工程项目各阶段的文件组成；掌握测绘工程监理中的文档资料管理。

7.1 测绘工程监理信息管理

7.1.1 工程监理信息管理的概念和任务

1. 工程监理信息管理的概念

工程监理信息管理是指在整个工程监理的管理过程中，监理人员收集、加工和输入、输出的信息的总称。信息管理的过程包括信息收集、信息传输、信息加工和信息储存，是监理人员为了有效地开发和利用工程建设的信息资源，以现代信息技术为手段，对信息资源进行计划、组织、领导和控制的社会活动。

2. 工程监理信息管理的任务

(1) 实施最优控制

控制的主要任务是把计划的执行情况与目标进行比较，找出并分析差异，进而采取有效的措施预防和排除差异的产生。为了控制工程建设项目的进度、质量及费用目标，监理工程师应掌握有关项目三大目标的计划值，及时了解执行情况，实施最优控制。

(2) 进行合理决策

工程监理决策直接影响工程建设项目总目标的实现，以及监理单位和监理工程师个人的信誉。建立决策的正确与否，其决定因素之一就是信息。为此，在工程的设计、招标和施工等各个阶段，监理工程师都必须充分地收集、分析以及整理各种信息。只有这样，方能做出科学的、合理的监理决策。

(3) 妥善协调关系

工程建设项目涉及众多的方面和单位。如地方政府部门、施工单位及周边相关的单位及民众等，这些单位和人员都会对工程建设项目目标的实现带来一定的影响，为了支持工程顺利进行，就需要妥善协调好各单位、部门之间的关系。

(4) 提供参考信息

根据监理工作进展，监理工程师应随时向业主及总监提供有参考价值的信息，以便业主和总监综合考虑，进行正确决策。此项任务亦是监理工程师在监理工作中应重视的、应努力完成的任务。

7.1.2 工程监理信息的表现形式及内容

监理信息的表现形式就是信息内容的载体，也就是各种各样的数据。在工程建设监理过程中，各种情况层出不穷，这些情况包含了各种各样的数据。这些数据可以是文字，可以是数字，可以是各种表格，也可以是图形和图像和声音。

1. 文字数据

文字数据是监理信息的一种常见的表现形式。文件是最常见的用文字数据表现的信息。管理部门会下发很多文件；工程建设各方，通常规定以书面形式进行交流，即使是口头上的指令，也要在一定时间内形成书面的文字，这也会形成大量的文件。这些文件包括国家、地区、部门行业、国际组织颁布的有关工程建设的法律法规文件，如经济合同法、政府建设监理主管部门下发的通知和规定、行业主管部门下发的通知和规定等。还包括国际、国家和行业等制定的标准和规范。如合同标准、设计和施工规范、材料标准、图形符号标准、产品分类及编码标准等。具体到每一个工程项目，还包括招投标文件、工程承包（分包）单位的情况资料、会议纪要、监理月报、洽商及变更资料、监理通知、隐蔽及预检记录资料等。这些文件中包含了大量的信息。

2. 数字数据

数字数据也是监理信息的一种常见的表现形式。在工程建设中，监理工作的科学性要求"用数字说话"，为了准确说明各种工作情况，必然有大量数字数据产生，各种计算成果，各种试验检测数据，反映着工程项目的质量、投资和进度等情况。用数据表现的信息常见的有：设备与材料价格；工程概预算定额；调价指数；工期、劳动、机械台班的施工定额；地区地质数据；项目类型及专业和主材投资的单位指标；大宗主要材料的配合数据等。具体到每个工程项目，还包括：材料台账；设备台账、材料、设备检验数据；工程进度数据；进度工程量签证及付款签证数据。专业图纸数据；质量评定数据；施工人力和机械数据等。

3. 各种报表

报表是监理信息的另一种表现形式。工程建设各方都用这种直观的形式传播信息。

①承包商需要提供反映工程建设状况的多种报表。这类报表有：开工申请单、施工技术方案申报表、进场原材料报验单、进场设备报验单、施工放样报验单、分包申请单、合同外工程单价申报表、计日工单价申报表、合同工程月计量申报表、额外工程月计量申报表、人工与材料价格高速申报表、付款申请表、索赔申请表、索赔损失计算清单、延长工期申请表、复工申请、事故报告单、工程验收申请单、竣工报验单等。

②监理组织内部采用规范化的表格来作为有效控制的手段。这类报表有：工程开工令、工程清单支付月报表、暂定金额支付月报表、应扣款月报表、工程变更通知、额外增加工程通知单、工程暂停指令、复工指令、现场指令、工程验收证书、工程验收记录、竣工证书等。

③监理工程师向业主反映工程情况也往往用报表形式传递工程信息。这类报表有工程质量月报表、项目月支付总表、工程进度月报表、进度计划与实际完成报表、施工计划与

实际完成情况表、监理月报表、工程状况报告表等。

4. 图形、图像和声音等

这类信息包括工程项目立面、平面及功能布置图形、项目位置及项目所在区域环境实际图形或图像等，对每一个项目，还包括分专业隐检部位图形、分专业设备安装部位图形、分专业预留预埋部位图形、分专业管线平（立）面走向及跨越伸缩缝部位图形、分专业管线系统图形、质量问题和工程进度形象图像，在施工中还有设计变更图等。图形、图像信息还包括工程录像、照片等，这些信息直观、形象地反映了工程情况，特别是能有效反映隐蔽工程的情况。声音信息主要包括会议录音、电话录音以及其他的讲话录音等。

以上这些只是监理信息的一些常见形式，而且监理信息往往是这些形式的组合。了解监理信息的各种形式及其特点，对收集、整理信息很有帮助。

7.1.3 工程监理信息的分类

不同的监理范畴，需要不同的信息，可按照不同的标准将监理信息进行归类划分，来满足不同监理工作的信息需求，并有效地进行管理。

监理信息的分类方法通常有以下几种：

1. 按建设监理控制目标划分

工程建设监理的目的是对工程进行有效的控制，按控制目标将信息进行分类是一种重要的分类方法。按这种方法，可将监理信息划分如下：

①投资控制信息，是指与投资控制直接有关的信息。属于这类信息的有一些投资标准，如类似工程造价、物价指数、概算定额、预算定额等；工程项目计划投资的信息，如工程项目投资估算、设计概预算、合同价等；项目进行中产生的实际投资信息，如施工阶段的支付账单、投资调整、原材料价格、机械设备台班费、人工费、运杂费等；还有对以上这些信息进行分析比较得出的信息，如投资分配信息、合同价格与投资分配的对比分析信息、实际投资与计划投资的动态比较信息、实际投资统计信息、项目投资变化预测信息等。

②质量控制信息，是指与质量控制直接有关的信息。属于这类信息的有与工程质量有关的标准信息，如国家有关的质量政策、质量法规、质量标准、工程项目建设标准等；有与计划工程质量有关的信息，如工程项目的合同标准信息、材料设备的合同质量信息、质量控制工作流程、质量控制的工作制度等；有项目进展中实际质量信息，如工程质量检验信息、材料的质量抽样检查信息、设备的质量检验信息、质量和安全事故信息。还有由这些信息加工后得到的信息，如质量目标的分解结果信息、质量控制的风险分析信息、工程质量统计信息、工程实际质量与质量要求及标准的对比分析信息、安全事故统计信息、安全事故预测信息等。

③进度控制信息，是指与进度控制直接有关的信息。这些信息有与工程进度有关的标准信息，如工程施工进度额信息等；有与工程计划进度有关的信息，如工程项目总进度计划、进度控制的工作流程、进度控制的工作制度等；有项目进展中产生的实际进度信息；有上述信息加工后产生的信息，如工程实际进度控制的风险分析、进度目标分解信息、实际进度与计划进度对比分析、实际进度与合同进度对比分析、实际进度统计分析、进度变

化预测信息等。

2. 按照工程建设不同阶段分类

①项目建设前期的信息。项目建设前期的信息包括可行性研究报告提供的信息、设计任务书提供的信息、勘测与测量的信息、初步设计文件的信息、招投标方面的信息等，其中大量的信息与监理工作有关。

②工程施工中的信息。施工中由于参加的单位多，现场情况复杂，信息量大。业主作为工程项目建设的负责人，对工程建设中的一些重大问题不时要表达意见和看法，下达某些指令；业主对合同规定由他们一方供应的材料、设备，需要提供品种、数量、质量、试验报告等资料；承包商作为施工的主体，必须收集和掌握施工现场大量的信息，其中包括经常向有关方面发出的各种文件，向监理工程师报送的各种文件、报告等；设计方面根据设计合同及供图协议发送的施工图纸，在施工中发出的为满足设计意图对施工的各种要求，根据实际情况对设计进行的调查和更新等；项目监理直接从施工现场获得有关投资、质量、进度和合同管理方面的信息，还有经过分析整理后对各种问题的处理意见等。

③工程竣工阶段的信息。在工程竣工阶段，需要大量的竣工验收资料，其中包含了大量的信息，这些信息一部分是在整个施工过程中长期积累形成的，一部分是在竣工验收期间通过对大量的资料进行整理分析而形成的。

3. 按照监理信息的来源划分

①来自工程项目监理组织的信息。如监理记录、监理报表、工地会议纪要、各种指令、监理试验检测报告等。

②来自承包商的信息。如开工申请报告、质量事故报告、施工进度报告、索赔报告等。

③来自业主的信息。如业主对各种报告的批复意见。

④来自其他部门的信息。如政府有关文件、市场价格、物价指数、气象资料等。

4. 其他分类方法

①按照信息范围，把建设监理信息分为精细的信息和摘要的信息。

②按照信息时间，把建设监理信息分为历史性的信息和预测性的信息。

③按照监理阶段，把建设监理信息分为计划的、作业的、核算的及报告的信息。在监理工作开始时，要有计划的信息，在监理过程中，要有作业的和核算的信息，在某一工程项目的监理工作结束时，要有报告的信息。

④按照对信息的预期性，把建设监理信息分为预知的和突发的信息。

⑤按照信息的性质，把建设监理信息分为生产信息、技术信息、经济信息和资源信息。

⑥按照信息的稳定程度，把建设监理信息分为固定信息和流动信息等。

7.1.4 工程监理信息的作用

监理行业属于信息产业，监理工程师是信息工作者，他们工作中生产的是信息，使用和处理的都是信息，主要体现监理成果的也是信息。建设监理信息对监理工程师开展监理工作，对监理工程师进行决策具有重要的作用。

1. 信息是监理工程师开展监理工作的基础

①建设监理信息是监理工程师实施目标控制的基础。工程建设监理的目标是以计划的投资、质量和进度完成工程项目建设。建设监理目标控制系统内部各种要素之间、系统和环境之间都靠信息进行联系；信息贯穿在目标控制的环节性工作之中，包括信息的投入；转换过程是产生工程状况、环境变化等信息的过程；反馈过程则主要是这些信息的反馈；对比过程是将反馈的信息与已知的信息进行比较，并判断是否有偏差；纠正过程则是信息的应用过程；主动控制和被动控制也都是以信息为基础；至于目标控制的前提工作——组织和规划，也离不开信息。

②建设监理信息是监理工程师进行合同管理的基础。监理工程师的中心工作是进行合同管理。这就需要充分掌握合同信息，熟悉合同内容，掌握合同双方所应承担的权利、义务和责任；为了掌握合同双方履行合同的情况，必须在监理工作时收集各种信息；对合同出现的争议，必须在大量信息基础上作出判断和处理；对合同的索赔，需要审查判断索赔的依据，分清责任原因，确定索赔数额。这些工作都必须以自己掌握的大量准确的信息为基础。监理信息是合同管理的基础。

③建设监理信息是监理工程师进行组织协调的基础。工程项目的建设是一个复杂和庞大的系统，涉及的单位很多，需要进行大量的协调工作，监理组织内部也要进行大量的协调工作。这都需要大量的信息作依据。

协调工作一般包括人际关系的协调、组织关系的协调和资源需求关系的协调。人际关系的协调需要了解人员专长、能力、性格方面的信息，需要岗位职责和目标的信息，需要人员工作绩效的信息；组织关系的协调需要组织设置、目标职责、权限的信息，需要开工作例会、业务碰头会、发会议纪要、采用工作流程图来沟通信息，需要在全面掌握信息的基础上及时消除工作中的矛盾和冲突；需求关系的协调需要掌握人员、材料、设备、能源动力等资源方面的计划信息、储备情况以及现场使用情况等信息。信息是协调的基础。

2. 建设监理信息是监理工程师决策的重要依据

监理工程师在开展监理工作时要经常进行决策。决策是否正确直接影响着工程项目建设总目标的实现及监理单位和监理工程师的信誉。监理工程师作出正确的决策是建立在及时准确的信息基础上的。没有可靠的、充分的信息作为依据就不可能作出正确的决策。例如，对工程质量行使否决权时，就必须对有问题的工程进行认真细致的调查、分析，还要进行相关的试验和检测，在掌握大量可靠信息的基础上才能进行决策。

7.1.5 工程监理信息的收集

1. 收集信息的作用

在测绘生产过程中，每时每刻都产生着大量的多种多样的信息。但是要得到有价值的信息，只靠自发产生的信息是不够的，还必须根据需要进行有目的、有组织、有计划地收集，才能提高信息质量，充分发挥信息的作用。

收集信息是运用信息的前提。各种信息产生以后，会受到传输条件、人们的思想意识和各种利益关系的影响。所以，信息由真假、虚实、有用无用之分。测绘监理工程师要取得有用的信息，必须通过一定渠道、采取一定的方法和措施收集测绘生产信息，然后经过加工、筛选，从中选择出对测绘生产决策有用的信息。

收集信息是进行信息处理的基础。信息处理的全过程包括对已经取得的原始信息进行分类、筛选、分析、加工、评定、编码、贮存、检索、传递。没有信息的收集就没有信息处理的资源，而信息收集工作的好坏，也直接决定着信息加工处理的质量高低。在一般情况下，如果收集到的信息时效性强、真实度高、价值大且全面系统，那么再经过加工处理后质量就会更高，否则加工后的信息质量必然会较低。可见信息收集的重要性。

2. 收集测绘监理信息的基本原则

①主动及时。测绘监理工程师要取得对测绘生产控制的主动权，就必须积极主动地收集信息，善于及时发现、取得、加工各类测绘生产信息。只有工作主动，获得信息才会及时。监理工作的特点和监理信息的特点都决定了收集信息要主动及时。监理是一个动态控制的过程，测绘工程又具有流动性的特点，实时信息量大、时效性强，稍纵即逝。

②全面系统。监理信息贯穿在测绘生产工作的各个阶段和全过程。各类监理信息和每一条信息，都是监理内容的反映或表现。所以，收集监理信息不能挂一漏万、以点代面，把局部当成整体，或者不考虑事物之间的联系。同时，测绘生产并不是杂乱无章的，要注意各阶段的系统性和连续性，全面体统就是要求收集到的信息具有完整性。

③真实可靠。收集信息的目的在于对测绘项目进行有效控制。由于测绘工程项目中人们的经济利益关系，由于信息在传输过程中会发生失真等主客观原因，难免产生不能真实反映测绘工程实际情况的假信息。因此，必须严肃认真地进行收集工作，要将收集到的测绘信息进行严格核实、检测、筛选，去伪存真。

④重点选择。收集信息要全面系统和完整，不等于不分主次、缓急和价值大小。必须要有针对性，坚持重点收集的原则。针对性首先是指有明确的目的性或目标；其次是指有明确的信息源和信息内容。还要做到适用，所取信息符合测绘监理工作的需要，能够应用并产生好的监理效果。所谓重点选择就是根据工作的实际需要，根据不同层次、不同部门、不同阶段对信息需求的侧重点，从大量的信息中选择使用价值大的主要信息。

3. 测绘监理信息收集的基本方法

测绘监理工程师主要通过各种方式的记录收集监理信息，这些记录统称为监理记录，它是与测绘工程项目监理相关的各种记录中资料的集合。通常可以分为以下几类：

（1）现场记录

现场测绘监理人员必须每天利用特定的表格或日志的形式记录测绘现场所发生的事情。所有记录应始终保存好，供监理工程师及其他监理人员查阅。这些记录每月由测绘专业监理工程师整理成为书面资料上报。

现场记录通常记录以下内容：

①详细记录所监理的测绘工程项目所需仪器设备、人员配备和使用情况。如测绘承包人现场人员和设备与计划所列的是否一致；工程量和进度是否因某些资源的不足而受影响，受影响的程度如何；是否缺乏专业技术人员或专业设备，有无替代方案；承包商设备完好率和使用率是否令人满意；维修车间及设备如何，是否存储有足够的备件等。

②记录气候及水文情况。记录每天的最高、最低气温，降雨和降雪量，风力，河流水位；记录有预报的雨、雪、台风及洪水到来之前对永久性或临时性工程所采取的保护措

施；记录气候、水文的变化影响施工及造成损失的细节，如停工时间、救灾的措施和财产的损失等。

③记录承包商每天的工作范围、完成工程数量，以及开始和完成工作的时间，记录出现的技术问题，采取了怎样的措施进行处理，效果如何，能否达到技术规范的要求等。

④简单描述工程施工中每步工序完成后的情况，如此工序是否已经被认可等；详细记录缺陷的补救措施或变更情况等。在现场特别注意记录隐蔽工程的有关情况。

⑤记录现场材料供应和储备情况。每一批材料的达到时间、来源、数量、质量、存储方式和材料的抽样检查等情况。

⑥记录并分类保存一些必须在现场进行的试验。

（2）会议记录

由专人记录监理人员所主持的会议，且形成纪要，并经与会者签字确认，这些纪要将成为今后解决问题的重要依据。会议纪要应包括以下内容：会议地点及时间；出席者姓名、职务及他们所代表的单位；会议中发言者的姓名及主要内容；形成的决议；决议由何人及何时执行等；未解决的问题及其原因等。

（3）计量与支付记录

包括所有计量及支付资料。应清楚地记录哪些工程进行过计量，哪些工程没有进行计量，哪些工程已经进行了支付；已同意或确定的费率和价格变更等。

（4）试验记录

除正常的试验报告外，试验室应由专人每天以日志形式记录试验室工作情况，包括对承包商的试验的监督、数据分析等。

记录内容包括：

①工作内容的简单叙述。如做了哪些试验，监督承包商做了哪些试验，结果如何等。承包人试验人员配备情况。试验人员配备与承包商计划所列是否一致，数量和素质是否满足工作需要，增减或更换试验人员之建议。

②对承包商试验仪器、设备配备、使用和调动情况记录，需增加新设备的建议。监理试验室与承包商试验室所做同一试验，其结果有无重大差异及原因如何。

（5）工程照片和录像

以下情况，可辅以工程照片和录像进行记录：

①科学试验。重大试验，如桩的承载试验，板、梁的试验以及科学研究试验等；新工艺、新材料的原型及为新工艺、新材料的采用所做的试验等。

②工程质量。能体现高水平的建筑物的总体或部分，能体现出建筑物的宏伟精致、美观等特色的部位；对工程质量较差的项目，指令承包商返工或须补强的工程的前后对比；能体现不同施工阶段的建筑物照片；不合格原材料的现场和清除出现场的照片。

③能证明或反证未来会引起索赔或工程延期的特征照片或录像；能向上级反映即将引起影响工程进展的照片。

④工程试验、试验室操作及设备情况。

⑤隐蔽工程。被覆盖前构造物的基础工程；重要项目钢筋绑扎、管道安装的典型照片；混凝土桩的桩头开花及桩顶混凝土的表面特征情况。

⑥工程事故。工程事故处理现场及处理事故的状况；工程事故及处理和补强工艺，能证实保证了工程质量的照片。

⑦监理工作。重要工序的旁站监督、验收现场监理工作实况；参与的工地会议及参与承包商的业务讨论会，班前、班后会议；被承包商采纳的建议，证明确有经济效益及提高了施工质量的实物。

拍照时要采用专门登记本标明序号、拍摄时间、拍摄内容、拍摄人员等。

7.1.6　工程监理信息的加工整理

1. 监理信息加工整理的作用和原则

监理信息的加工整理是对收集来的大量原始信息，进行筛选、分类、排序、压缩、分析、计算等过程。

信息的加工整理作用很大。首先，通过加工，将信息聚同分类，使之标准化、系统化。收集来的信息往往是原始的、零乱的和孤立的，信息资料的形式也可能不同，只有经过加工后，使之成为标准的、系统的信息资料，才能进入使用、贮存，以及提供检索和传递。其次，经过收集的资料，真实程度、准确程度都比较低，甚至还混有一些错误，经过对它们进行分析、比较、鉴别，乃至计算、校正，使获得的信息准确、真实。另外，原始状态的信息，一般不便于使用和贮存、检索、传递，经过加工后，可以使信息浓缩，以便于进行以上操作。还有，信息在加工过程中，通过对信息的综合、分解、整理、增补，可以得到更多有价值的信息。

信息加工整理要遵循标准化、系统化、准确性、时间性和适用性等原则进行。为了适应信息用户使用和交换，应当遵守已制定的标准，使来源和形态多样的各种各样信息标准化。要按监理信息的分类系统、有序地加工整理，符合信息管理系统的需要。要对收集的监理信息进行校正、剔除，使之准确、真实地反映工程建设现状。要及时处理各种信息，特别是对那些时效性强的信息。要使加工后的监理信息符合实际监理工作的需要。

2. 监理信息加工整理的成果——监理报告

监理工程师对信息进行加工整理，形成各种资料，如各种来往信函、来往文件、各种指令、会议纪要、备忘录或协议和各种工作报告等。工作报告是最主要的加工整理成果。这些报告包括：

（1）现场监理日报表

这是现场监理人员根据现场记录加工整理而成的报告。主要有以下内容：当天的施工内容；当天参加施工的人员（工种、数量、施工单位）；当天施工用的仪器设备的名称和数量等；当天发现的施工质量问题；当天的施工进度和计划进度的比较，若发生进度拖延，应当说明原因；当天天气综合评语；其他说明及应注意的事项等。

（2）现场监理工程师周报

这是现场监理工程师根据监理日报加工整理而成的报告。每周向项目总监理工程师汇报一周所发生的重大事件。

（3）监理工程师月报

这是集中反映工程实况和监理工作的重要文件。一般由项目总监理工程师组织编写，每月一次报给业主。大型项目的监理月报往往由各合同后子项目的总监理工程师代表组织编写，上报总监理工程师审阅后报给业主。监理月报一般包括以下内容：

①工程进度。描述工程进度情况，工程进度和累计完成的比例；若拖延了计划，应分析其原因以及这种原因是否已经消除，就此问题承包商、监理人员所采取的补救措施等。

②工程质量。用具体的测试数据评价工程质量，如实反映工程质量的好坏，并分析承包商和监理人员对质量较差项目的改进意见，如有责令承包商返工的项目，应当说明其规模、原因以及返工后的质量情况。

③计量支付。出示本期支付、累计支付以及必要的分项工程的支付情况，表达支付比例、实际支付与工程进度对照情况等；承包商是否因流动资金短缺而影响了工程进度，并分析造成资金短缺的原因（如是否未及时办理支付等）；有无延迟支票、价格调整等问题，说明其原因及由此而产生的增加费用。

④质量事故。质量事故发生的时间、地点、项目、原因、损失估计（经济损失、时间损失、人员伤亡情况）；事故发生后采取了哪些补救措施，在今后工作中避免类似事故发生的有效措施。由于事故的发生，影响了单项或整体工程进度情况等。

⑤工程变更。对每次工程变更应说明：引起变更设计的原因、批准机关、变更项目的规模、工程量增减数量、投资增减的估计；是否因此变更影响了工程进展，承包商是否就此已提出或准备提出延期和索赔等。

⑥民事纠纷。说明民事纠纷产生的原因，哪些项目因此被迫停工，停工的时间，造成窝工的设备、人力情况；承包商是否就此已提出或准备提出延期和索赔等。

⑦合同纠纷。合同纠纷情况及产生的原因，监理人员进行调解的措施；监理人员在解决纠纷中的体会；业主或承包商有无要求进一步处理的意向等。

⑧监理工作动态。描述本月的主要监理活动，如工地会议、现场重大监理活动、延期和索赔的处理、上级布置的有关工作的进展情况、监理工作中的困难等。

7.1.7　工程监理信息的储存和传递

1. 监理信息的储存

按照规定，经过加工处理后的监理信息记录在相应的信息载体上，并把这些记录信息的载体按照一定特征和内容性质，组织成为系统的、有机的集合体，供需要的人员检索。这个过程称为监理信息的储存。

建立信息的储存可汇集信息，建立信息库，有利于进行检索，可以实现监理信息资源的共享，促进监理信息的重复利用，便于信息的更新和剔除。

监理信息储存的主要载体是文件、报告报表、图纸、音像材料等。监理信息的储存，主要就是将这些材料按不同的类别，进行详细的登录、存放。监理资料归档系统应简单和易于保存，但内容应足够详细，以便很快查出任何已经归档的资料。

监理资料归档，一般按以下几类分别进行：

①一般函件。与业主、承包商和其他有关部门来往的函件按日期归档；监理工程师主持或出席的所有会议记录按日期归档。

②监理报告。各种监理报告按次序归档。

③计量与支付资料。每月计量与支付证书，连同其所附资料每月按编号归档；监理人员每月提供的计量及与支付有关的资料应按月份归档；物价指数的来源等资料按编号归档。

④合同管理资料。承包商对延期、索赔和分包的申请、批准的延期、索赔和分包文件按编号归档；变更设计的有关资料按编号归档；现场监理人员为应急发出的书面指令及最终指令应按项目归档。

⑤图纸。按分类编号存放归档。

⑥技术资料。现场监理人员每月汇总上报的现场记录及检验报告按月归档；承包商提供的竣工资料分项归档。

⑦试验资料。监理人员所完成的试验资料分类归档；承包商所报试验资料分类归档。

⑧工程照片。反映工程实际进度的照片按日期归档；反映现场监理工作的照片按日期归档；反映工程质量事故及处理情况的照片按日期归档；其他照片如工地会议和重要监理活动的照片按日期归档。

以上资料在归档的同时，要进行登录，建立详细的目录表，以便随时调用、查寻。

2. 建立信息的传递

建立信息的传递是指监理信息借助于一定的载体（如纸张、软盘等）从信息源传递到使用者的过程。监理信息在传递过程中，形成各种信息流。信息流常有以下几种：

①自上而下的信息流：是指由上级管理机构向下级管理机构流动的信息，上级管理机构是信息源，下级管理机构是信息的接受者。它主要是有关政策法规、合同、各种批文、各种计划信息。

②自下而上的信息流：是指由下一级管理机构向上一级管理机构流动的信息，它主要是有关工程项目总目标完成情况的信息，也即投资、进度、质量、合同完成情况的信息。其中有原始信息，如实际投资、实际进度、实际质量信息，也有经过加工、处理后的信息，如投资、进度、质量对比信息等。

③内容横向信息流：是指在同一级管理机构之间流动的信息。由于建设监理是以三大控制为目标，以合同管理为核心的动态控制系统，在监理工程中，三大控制和合同管理分别由不同的组织进行，由此产生各自的信息，并且相互之间又要为监理的目标进行协作、传递信息。

④外部环境信息流：是指在工程项目内部与外部环境之间流动的信息。外部环境指的是气象部门、环保部门等。

为了有效地传递信息，必须使上述各信息流畅通。

7.1.8　工程监理信息系统简介

1. 监理信息系统的概念与作用

（1）监理信息系统的概念

信息系统是根据详细的计划，为预先给定的定义十分明确的目标传递信息的系统。

一个信息系统，通常要确定以下主要参数：

①传递信息的类型和数量：信息流有由上而下及由下而上，或是横向的，等等。

②信息汇总的形式：如何加工处理信息，使信息浓缩或详细化。

③传递信息的时间频率：什么时间传递，多长时间间隔传递一次。

④传递信息的路线：哪些信息通过哪些部门等。

⑤信息表达的方式：书面的、口头的还是技术的。

监理信息系统是以计算机为手段，以系统的思想为依据，收集、传递、处理、分发、存储建设监理各类数据、产生信息的一个信息系统。它的目标是实现信息的系统管理与提供必要的决策支持。

监理信息系统为监理工程师提供标准化的、合理的数据来源，提供一定要求的、结构化的数据；提供预测、决策所需要的信息以及数学、物理模型；提供编制计划、修改计划、调控计划的必要科学手段及应变程序；保证对随机性问题处理时，为监理工程师提供多个可供选择的方案。

监理信息系统是信息管理部门的主要信息管理手段。

（2）监理信息系统的作用

①规范监理工作行为，提高监理工作标准化水平。监理工作标准化是提高监理工作质量的必由之路，监理信息系统通常是按标准监理工作程序建立的，它带来了信息的规范化、标准化，使信息的收集和处理更及时、更完整、更准确、更统一。通过系统的应用，促使监理人员行为更规范。

②提高监理工作效率、工作质量和决策水平。监理信息系统实现办公自动化，使监理人员从简单繁琐的事务性作业中解脱出来，有更多的时间用在提高监理质量和效益方面；系统为监理人员提供有关监理工作的各项法律法规、监理案例、监理常识的咨询功能，能自动处理各种信息，快速生成各种文件和报表；系统为监理单位及外部有关单位的各层次收集、传递、存储、处理和分发各类数据和信息，使得下情上报、上情下达，左右信息交流及时、畅通，沟通了与外界的联系渠道。这些都有利于提高监理工程师的决策水平。

③便于积累监理工作经验。监理成果通过监理资料反映出来，监理信息系统能规范地存贮大量的监理信息，便于监理人员随时查看工程信息资料，积累监理工作经验。

2. 监理信息系统的一般构成和功能

监理信息系统一般由两部分构成，一部分是决策支持系统，它主要完成借助知识库及模型库的帮助，在数据库大量数据的支持下，运用知识和专家的经验来进行推理，提出监理各层次，特别是高层次决策时所需的决策方案及参考意见。另一部分是管理信息系统，它主要完成数据的收集、处理、使用及存储，产生信息提供给监理各层次、各部门和各个阶段，起沟通作用。

1）决策支持系统的构成和功能

（1）决策支持系统的构成

决策支持系统一般有人-机对话系统、模型库管理系统、数据库管理系统、知识库管理系统和问题处理系统组成。

人-机对话系统主要是人与计算机之间交互的系统，把人们的问题变成抽象的符号，描述所要解决的问题，并把处理的结果变成人们能接受的语言输出。

模型库系统给决策者提供的是推理、分析、解答问题的能力。模型库需要一个存储模型库及相应的管理系统。模型则有专用模型和通用模型，提供业务性、战术性、战略性决策所需要的各种模型，同时也能随实际情况变化、修改、更新已有模型。

决策支持系统要求数据库有多重的来源，并经过必要的分类、归并、改变精度、数据量及一定的处理以提高信息含量。

知识库包括工程建设领域所需的一切相关决策的知识。它是人工智能的产物，主要提供问题求解的能力，知识库中的知识是独立、系统的，可以共享，并可以通过学习、授予等方法扩充及更新。

问题处理系统实际完成知识、数据、模型、方法的综合，并输出决策所必需的意见和方案。

（2）决策支持系统的功能

决策支持系统的主要功能是：

识别问题：判断问题的合法性，发现问题及问题的含义。

建立模型：建立描述问题的模型，通过模型库找到相关的标准模型或使用者在该问题基础上输入的新建模型。

分析处理：根据数据库提供的数据或信息，根据模型库提供的模型及知识库提供的处理该问题的相关知识及处理方法进行分析处理。

模拟及择优：通过过程模拟找到决策的优化方案。

人-机对话：提供人与计算机之间的交互，一方面回答决策支持系统要求输入的补充信息及决策者主观要求，另一方面也输出决策方案及查询要求，以便作最终决策时的参考。

模型库、知识库更新：根据决策者最终决策导致的结果，修改、补充模型库和知识库。

2）监理管理信息系统的构成和功能

监理工程师的主要工作是控制工程建设的投资、进度和质量，进行工程建设合同管理，协调有关单位间的工作关系。监理管理信息系统的构成应当与这些主要的工作相对应。另外，每个工程项目都有大量的公文信函，作为一个信息系统，也应对这些内容进行辅助管理。因此，监理管理信息系统一般有文档管理子系统、合同管理子系统、组织协调子系统、投资控制子系统、质量控制子系统和进度控制子系统构成。各子系统的功能如下：

（1）文档管理子系统

公文编辑、排版与打印；

公文登录、查询与统计；

档案的登录、修改、删除、查询与统计。

（2）合同管理子系统

合同结构模式的提供和选用；

合同文件的录入、修改、删除；

合同文件的分类查询和统计；

合同执行情况跟踪和处理过程的记录；

工程变更指令的录入、修改、查询、删除；

经济法规、规范标准、通用合同文本的查询。

(3) 组织协调子系统

工程建设相关单位查询；

协调记录。

(4) 投资控制子系统

原始记录的录入、修改、查询；

投资分配分析；

投资分配与项目概算及预算的对比分析；

合同价格与投资分配、概算、预算的对比分析；

实际投资支出的统计分析；

实际投资与计划投资（预算、合同价）的动态比较；

项目投资计划的调整；

项目结算与预算、合同价的对比分析；

各种投资报表。

(5) 质量控制子系统

质量标准的录入、修改、查询、删除；

已完工工程质量与质量要求、标准的比较分析；

工程实际质量与质量要求、标准的比较分析；

已完工工程质量的验收记录的录入、查询、修改、删除；

质量安全事故记录的录入、查询、统计分析；

质量安全事故的预测分析；

各种工程质量报表。

(6) 进度控制子系统

原始数据的录入、修改、查询；

编制网络计划和多级网络计划；

各级网络间的协调分析；

绘制网络图及横道图；

工程实际进度的统计分析；

工程进度变化趋势预测；

计划进度的调整；

实际进度与计划进度的动态比较；

各种工程进度报表。

目前，国内外开发的各种计算机辅助项目管理软件系统，多以管理信息系统为主。

7.2　测绘工程监理文档管理

建设工程文件档案资料由建设工程文件和建设工程档案组成。建设工程文件是指在工程建设过程中形成的各种形式的信息记录，包括工程准备阶段的文件、监理文件、施工文件、竣工图和竣工验收文件等五大类。建设工程档案是指在工程建设活动中直接形成的具有归档保存价值的文字、图表、声像等各种形式的历史记录，也可简称工程档案。

7.2.1 工程项目文件组成

工程项目文件有以下五大类文件组成：

1. 工程准备阶段的文件

这类文件指在工程开工以前的立项、审批、征地、勘察、设计、招投标等工程准备阶段形成的文件。

（1）立项文件

①项目建议书；

②项目建议书审批意见及前期工作通知书；

③可行性研究报告及附件；

④可行性研究报告审批意见；

⑤关于立项有关的会议纪要、领导讲话；

⑥专家建议文件；

⑦调查资料及项目评估研究材料。

（2）建设用地、征地、拆迁文件

①选址申请及选址规划意见通知书；

②用地申请报告及县级以上人民政府城乡建设用地批准书；

③拆迁安置意见、协议、方案等；

④建设用地规划许可证及其附件；

⑤划拨建设用地文件；

⑥国有土地使用证。

（3）勘察、测绘、设计文件

①工程地质勘察报告、水文地质勘察报告、自然条件、地震调查；

②建设用地钉桩通知单（书）；

③地形测量和拨地测量成果报告；

④申报的规划设计条件和规划设计条件通知书；

⑤初步设计图纸和说明、技术设计图纸和说明；

⑥审定设计方案通知书及审查意见；

⑦有关行政主管部门批准文件或取得的有关协议；

⑧施工图及其说明；

⑨设计计算书；

⑩政府有关部门对施工图设计文件的审批意见。

（4）招投标文件

①勘察设计招投标文件；

②勘察设计承包合同；

③施工招投标文件；

④施工承包合同；

⑤工程监理招投标文件；

⑥监理委托合同。

（5）开工审批文件

①建设项目列入年度计划的申报文件；

②建设项目列入年度计划的批复文件或年度计划项目表；

③规划审批申报表及报送的文件和图纸；

④建设工程规划许可证及其附件；

⑤建设工程开工审查表；

⑥建设工程施工许可证；

⑦投资许可证、审计证明、缴纳绿化建设费等证明；

⑧工程质量监督手续。

（6）财务文件

①工程投资估算材料；

②工程设计概算材料；

③施工图预算材料；

④施工预算。

（7）建设、施工、监理机构及负责人

①工程项目管理机构（项目经理部）及负责人名单；

②工程项目监理机构（项目监理部）及负责人名单；

③工程项目施工管理机构（施工项目经理部）及负责人名单。

2. 监理文件

监理单位在工程设计、施工等建立过程中形成的文件。

①监理规划、细则；

②工程暂停令；

③监理工程师通知单、联系单、备忘录；

④监理日记、月报、会议纪要、旁站记录；

⑤质量评估报告、工作总结。

3. 施工文件

施工单位在工程施工过程中形成的文件。

建筑材料、构配件等物资进场、检测、使用记录，施工中执行的国家和地方规范、规程、标准等，施工过程中的工程数据如地基验槽及处理记录、工序间交接记录、隐蔽工程检查记录等。

4. 竣工图

工程竣工验收后，真实反映建设工程项目施工结果的图样。

5. 竣工验收文件

建设工程项目竣工验收活动中形成的文件。

工程竣工总结、竣工验收备案表等。

（1）竣工验收备案表

由建设单位在提交备案文件资料前按实填写。

（2）备案目录由备案部门填写。

（3）工程概况

①其中备案日期：由备案部门填写。

②竣工验收日期：与《竣工验收证明书》竣工验收日期一致。

建设工程规划许可证（复印件）（原件提交验证）；

建设工程施工许可证（复印件）（原件提交验证）；

公安消防部门出具的验收意见书；

建筑工程施工图设计审查报告。

（4）单位工程验收通知书

由建设单位加盖公章，市建设工程质量监督站项目主监员签名，并要求详细填写参建各方验收人员名单，其中包括建设（监理）单位、施工单位、勘察设计单位人员。

（5）单位工程竣工验收证明书

①由建设单位交施工单位填写，并经各负责主体（建设、监理、勘测、设计、施工单位）签字加盖法人单位公章后，送质监站审核通过后，提交一份至备案部门。

②验收意见一栏，须说明内容包括：该工程是否已按设计和合同要求施工完毕，各系统的使用功能是否已运行正常，并符合有关规定的要求；施工过程中出现的质量问题是否均已处理完毕，现场是否发现结构和使用功能方面的隐患，参验人员是否一致同意验收，工程技术档案、资料是否齐全等情况进行简明扼要的阐述。

（6）整改通知书

上面要求记录质量监督站责令整改问题的书面整改记录，指工程是否存有不涉及结构安全和主要使用功能的其他一般质量问题，是否已整改完毕。

（7）整改完成报告书

要求详细记录整改完成情况，并由建设方签字加盖公章、主监员确认整改完成的情况，若在工程验收过程中，未有整改内容，也需要业主（监理）单位签字盖章确认。

（8）工程质量监理评估报告

①监理单位在工程竣工预验收后，施工单位整改完毕，由总监理工程师填写；

②质量评估意见一栏；

③明确评定工程质量等级；

④质量站出具的工程竣工验收内部函件。

（9）建设工程质量评估报告

评估报告注意事项：

①监理单位在工程竣工预验收后，施工单位整改完毕，由总监理工程师填写；

②质量评估意见一栏；

③明确评定工程质量等级。

注：该评估报告，表式由监理单位或建设单位自制，但报告内容必须含以上注意事项

内容。

（10）房屋建筑工程质量保修书

①由施工单位和建设单位在工程竣工验收合格后签订；

②工程保修项目一栏：除六项保修项目外，其他应根据设计文件和合同约定增加，如国家有关法规需增加新项目的，应补充齐全；

③最低保修期限一栏：一律用中文大写，最低保修期不得低于国家规定的期限；

④商品住宅的《住宅质量保证书》、《住宅使用说明书》；

⑤由建设单位根据销售实际情况，物业管理情况登记并加盖公章；

⑥建设工程档案资料接收联系单；

⑦市政工程基础设施的有关质量检测和功能性试验资料。

（11）市政工程基础设施的有关质量检测和功能性试验资料

提供由国家认证的检测部门出具的功能性试验检测报告。

（12）其他文件资料

①规划部门认可的文件，通常要求提供工程规划许可证（复印件），但须提供原件验证，复印件加盖建设单位公章注明原件存何处；

②工程项目施工许可证，提供复印件，提交原件验证，复印件加盖建设单位公章注明原件存何处；

③公安消防部门认可文件，设计有消防要求的提供原件，即"建设工程消防验收意见书"；

④环保部门认可文件，设计有环保要求的提供原件；

⑤施工图设计文件审查报告，根据有关规定提供原件；

⑥建设工程档案专项验收意见书，即由城建档案馆提供的"建设工程档案资料接收联系单"（原件）。

（13）其他法规、规章规定必须提供的其他文件。

7.2.2 工程监理文档资料管理

1. 概述

建设工程文件档案资料特征：具有分散性、复杂性、继承性、实效性、全面性、真实性、随机性、多专业性和综合性。

建设工程文件档案归档：包括三个方面的含义，建设、勘察、设计、施工、监理等单位将本单位在工程建设过程中形成的文件向本单位档案管理部门移交；勘察、设计、监理、施工等单位将本单位在工程建设过程中形成的文件向建设单位档案管理机构移交；建设单位按照现行《建设工程文件归档整理规范》要求，将汇总的该建设工程文件档案向地方城建档案管理部门移交。

建设工程文件归档范围：对于工程建设有关的重要活动、记载工程建设主要过程和现状、具有保存价值的各种载体的文件，均应收集齐全，整理立卷后归档；工程文件的具体归档范围按照现行《建设工程文件归档整理规范》中"建设工程文件归档范围和保管期限表"执行。

建设工程档案编制质量要求：归档的文件应为原件；工程文件的内容必须真实、准确，与工程实际相符合；应采用耐久性强的书写材料；所有竣工图均应加盖竣工图章；利用施工图改绘竣工图，必须标明变更修改依据，凡施工图有重大改变或变更部分分超过图面三分之一的，应当重新绘制竣工图。

2. 建设工程建立文件档案资料管理

建设工程监理文件档案资料管理是指监理工程师受建设单位委托，在进行建设工程监理的工作期间，对建设工程实施过程中形成的与监理相关的文件和档案进行收集积累、加工整理、立卷归档和检索利用等一系列工作。建设工程监理文件档案资料管理的对象是监理文件档案资料，它们是工程建设建立信息的主要载体之一。

7.2.3　实施阶段形成的监理资料

监理规划、监理实施细则；监理月报中的有关质量问题、监理会议纪要中的有关质量问题；进度控制中工程开工、复工审批表和暂停令；质量控制中不合格项目通知、质量事故报告及处理意见；投资控制中预付款报审与支付、月付款报审与支付、设计变更、洽商费用报审与签认、工程竣工决算审核意见书；分包单位资质材料、供货单位资质材料、试验单位资质材料；有关进度、质量、投资控制的监理通知；合同管理中工程延期报告及审批资料、费用索赔报告及审批、合同变更材料、合同争议、违约报告及处理意见；监理工作总结如专题总结、监理月报总结、工程竣工总结；工程质量评估报告等。

◎ 习题和思考题

1. 简述工程监理信息管理的概念。
2. 工程监理信息的表现形式及内容是什么？
3. 工程监理信息的作用有哪些？
4. 如何收集、加工、整理、分析、储存、查询工程监理的信息？
5. 简述监理信息系统的概念及作用。
6. 工程项目文件由哪几大类文件组成？

第8章　测绘工程项目监理实例

【教学目标】

通过对控制测量、高速公路测量、数字测图、地籍调查和城市地下管线探测监理案例的学习，了解测绘工程项目监理的技术要点和质量控制要点。

8.1　控制测量监理

8.1.1　控制测量监理概述

控制测量包括平面控制测量和高程控制测量，是各种测绘工作的基础。从用途来分，控制网的种类可分为区域性基础控制测量、城市控制测量、工程控制网等。由于控制点成果用途的差异，各种控制测量具有不同的特点。但就控制网建立的多个方面而言，特别是各种范围较大的区域性控制测量，仍然具有很多共性。由于控制测量的基础作用，在对测绘工程项目进行监理过程中，应对其给予足够的重视。控制测量技术含量较高，工序较多，操作规定严格，项目检核复杂，监理难度较大，需要通过内、外业检查及现场巡视等方式进行控制监督。

8.1.2　控制测量监理的质量控制

1. 坐标系统的选择

坐标系统是测绘工作的重要基础。坐标系统一旦投入使用，一般不会轻易更改。所以，坐标系统的建立或者选择应严格按照国家测绘法律法规和规范要求进行。在控制测量项目，特别是首级平面控制测量中，目前相当一部分涉及坐标系统的建立或改变，要求监理从技术角度上给业主当好参谋，指导设计单位进行设计，达到坐标系统的优化选择目标。

收集分析资料。首先，应根据有关技术资料确认所收集到的平高基础控制点的坐标系和高程系统。对于平面系统，应认定是属于国家坐标系、地方坐标系还是工程坐标系，应掌握坐标系的椭球参数、中央子午线、投影带的宽度和投影面等基本情况。对于地方坐标系或工程坐标系的成果，应努力收集该坐标系与国家坐标系之间的转换参数。对高程系统而言，要分析是哪个高程系统，起算点是什么，是否为独立的高程系统。

认定坐标系统是否符合国家法律法规的要求。首先，如果一个区域坐标需要新建或改建坐标系统，应在国家坐标系统框架内进行。由于某些困难，应与国家坐标系统相连接，一般要求取得具有一定精度的转换参数。一个区域或一个城市，坐标系统是唯一的，不允

149

许建立两套以上的坐标系统。在平高坐标系统中，平面坐标系统的建立涉及问题较多，高程系统相对简单。但在 GPS 技术普及应用的今天，建立满足国家要求的平面控制网已经不存在过多困难。监理按照业主的委托，应在建立坐标系统满足法律法规要求方面做好参谋。

优化坐标系统的技术指标。从技术方面来看，投影变形是建立坐标系统的最重要指标。首先，根据区域分布的经纬度和平均高程情况，按照国家统一分带，计算最大变形值。如果变形值符合国家有关要求，最为理想，则应选择与国家坐标系统相一致的坐标系。如果该区域原有的国家高等级控制点精度较低，可以对控制点进行优化选择，至少采用必要的定位与定向数据。否则，应考虑改变投影面，最后考虑改变中央子午线，成为任意带平面直角坐标系。该项内容专业性较强，需要监理单位特别是总监理工程师注意。

2. 控制网布设

控制网包括平面控制网和高程控制网，在控制网布设过程中需要考虑的因素很多，需要监理在丰富的理论和实践经验的基础上，按照项目的总体要求认真做好检查和参谋工作。由于项目具体情况的不同，需要考虑的问题差异也很大，但就常见案例应注意以下几个方面的内容。

（1）控制网布设的基本原则

在布设控制网时，要遵守先整体后局部、高级控制低级的原则。合理确定各等级控制点的布设层次，就一个具体测绘工程而言，布设层次不宜过多。

（2）控制网的等级选择

在坐标系统确定的同时，控制网特别是首级测量控制网的等级选择是否合理非常重要，关系到资金投入、工作量、完成工期。从技术角度上看，关系到整个控制测量能否满足各种图件测绘和其他工程测量的精度需要，一般应考虑到具有必要的精度储备。在等级选择和精度指标方面应以满足区域内最高测量精度为前提。在目前测量技术和仪器设备条件下，可以采用越级布网。监理应针对业主单位提出的测量控制网等级及发展次数的基本构想，根据测绘法、国家和有关部颁规范，结合城市或工程项目对控制网的要求提出控制网等级选择建议。

（3）高等级控制点的分布情况

在监理工作中，应对生产单位提供的测区内及其附近地区的高等级基础控制点的数量、密度情况进行分析，判断能否符合控制网建立的要求；查看高等级基础控制点的分布状况是否相对均匀，是否能够较好地控制整个测区，起算点之间的跨度不宜过大。

（4）控制网强度及点位分布

不论平面控制的 GPS 控制网、导线网，还是高程控制网都必须有足够的强度。强度方面主要包括与起算点的连接形式如何、结构是否坚强、检核条件是否充分。控制点的分布与密度应合理，首先，控制网对测绘区域的覆盖是否完整，密度是否相对均匀，可按大比例尺测图区域（工程重点区域）密度大、小比例尺区域密度小的需要布点。当测区较大，由两个以上测绘单位同步作业或不同期作业时，首级控制网应统筹设计，应在相邻区域设置公共点。

（5）控制网的规格

平面控制网的边长及其变化情况，高程控制网的测段长度，闭合环的环长、节点之间的长度等。对于一些情况比较特殊的控制网，应进行必要的精度估算，判定设计方案的优化程度。

（6）常见几种控制网布设时应分别注意的问题

对于 GPS 控制网，为了保证控制网的坐标转换精度，应对 GPS 点水准联测的合理性和正确性进行检查。为了保证控制网的多方面使用，一般要求每个 GPS 点应至少与另一个 GPS 点通视，应满足全站仪测量时定向和检核需要。

现采用导线网进行高等级控制测量的较少，用于加密测量的占有相当的比例。监理要检查导线网布设规格是否符合要求。主要包括：附合导线的边数是否符合规定，导线总长或导线网中节点与节点之间的长度是否超限，各级导线相邻边长之比是否超过规定要求。

高等级的高程控制网一般利用水准测量方法进行。要注意各高等级点之间的连接，注意线路总长及节点与节点之间的长度是否超限。

值得指出的是，控制网展点图的制作应齐全正规，如果基础资料较为丰富，应尽量做到直观形象。可以利用正射影像为背景，甚至可以在影像图和矢量线画图的复合成果基础上制作。

3. 点位选择和标志埋设

在控制测量项目监理中，监理单位对控制点的选择和标石埋设要进行重点检查，按一定比例进行外业实地检查。

控制点的点位选择好坏与保证测量精度、加密发展和长期保管具有直接关系。在利用 GPS 技术观测的控制点时，控制点应具有良好的对天通视条件，点位附近不应有强电磁场干扰，能够满足与相邻点的通视要求。利用全站仪观测时控制点是否利于进一步发展加密。同时，控制点尤其是等级较高的控制点，选点时应将点位是否利于较长时间的保存作为重要条件。对于高等级平高控制点应检查点位所在地的地理和地质条件。

检查标石标志规格是否符合规范要求，标石的坚固性如何，埋设深度和稳定性是否符合要求，采用现场浇筑的是否存在较为严重的倾斜现象。

控制点的点之记是否完整、清楚、准确，高等级控制点是否办理了委托保管，委托保管书的格式和内容是否符合要求。

对控制点的点之记和测量标志委托保管书，内外业按较高的比例进行检查，从目前项目实际检查情况来看，控制点的点之记项目填写不够全面，所标注的定位数据不够准确的情况较为普遍。对于需要长期保存的基本控制点未办理委托保管的比例较高，监理应对此依据项目规定进行内外业抽查。

4. 外业观测

在控制测量外业观测前，测绘仪器应按测绘计量管理办法和有关规范的规定进行全面的检定，主要设备应在省级以上测绘计量检定部门检定。监理检查应对本控制测量项目所用仪器设备进行逐台登记，认真核对其检定资料，核实证书的真实性、检定指标的全面性和检定参数的符合性。对于等级以上水准测量，应检查作业队伍是否按规定的检测频次进行测前、测后和作业过程之中的检验，检验主要技术指标是否超限等。

采用旁站监理的方法检查外业观测是否按照作业要求进行，接收机、天线、电缆、电池能否正常工作。GPS 观测时主要包括接收卫星的数量和几何位置分布、卫星高度角控制情况，重点查看 PDOP 值是否符合要求，以及仪器高的量取、接收卫星信号的时间、数据采样间隔、一组观测中同步接收时间、观测时段数、重复上站率等；当 GPS 网的精度要求较高时，观测时段的分布尽可能日夜均匀，以减少电离层、对流层和多路径效应的折射影响。仪器高的量取是否符合要求。

对导线测量旁站监理，侧重全站仪边长和角度测量的测回数、测站观测限差、观测时气象元素的量取、外业观测手簿记录等。应该注意，对于较高等级的控制测量，不宜使用全站仪操作软件中所带的自动气象改正方式。

检查观测方法的正确性、观测时间控制的严格度和观测成果中上、下午重站数的合理性。

5. 手簿检查

控制测量手簿是观测的第一手原始记录，生产单位和监理必须给予重视。对于手工记簿应保证计算的正确性、注记的完整性和数字记录、划改的合理性，对于电子记簿应保证记录程序正确性和输出格式的标准化。

监理人员检查 GPS 和导线测量原始记录手簿，查看生产单位是否履行了各级检查程序，检查记录是否齐全等问题。对于原始记录手簿监理单位要按一定比例进行内业抽查，重点检查是否存在连环涂改，记录中是否存在对结果有重大影响的计算错误，验算项目是否缺项。在传统手簿检查中，对角度观测中的"秒"、距离和高程测量中的"毫米"位记录数字，检查记录应全面。

对于 GPS、全站仪和电子水准仪的原始记录检查，应按旁站监理的方式抽查下载数据时是否对原始记录数据进行改动，对于电子记录程序应进行必要的鉴定和正确性实验资料。

6. 观测数据预处理

对于各种控制测量观测数据必须按照规定进行检核，应保证验算项目的齐全性、验算方法的正确性和验算结果的符合性。

GPS 基线解算置信度是否符合要求，首先对解算软件情况做到了解，应顾及到观测值的噪声、星历误差、接收卫星的数量及几何位置分布和大气折射误差等。

基线向量解算往往不是一次成功，可能出现一些问题，生产单位的计算人员应认真加以分析，采取相应的改进措施。认真检查接收时间的长短，观测期间星座变化情况，整周跳变探测是否准确，整周模糊度求解的准确情况。当计算舍去某段观测值时，监理应检查取舍是否合理。

同步环闭合差是检验一个时段观测质量好坏的标志，同步环的检核项目应齐全，同步环闭合差必须符合要求。造成同步环闭合差超限的原因很多，如观测条件、有关测站没有完全同步及各测站周跳修复不同等，应加以具体分析。

在 GPS 控制网计算中，若各同步环闭合差均符合限差要求，异步环闭合差一般不会超限。若出现超限，应主要分析观测条件方面的原因。

控制网采用导线测量方法时，应检查导线边长改正项目是否齐全。一般应进行加乘常数改正、气象改正、倾斜改正、进行高程归化和投影改化等各种改正，检查改正计算是否正确。

7. 平差计算

控制网的平差计算是各级平高控制网测量项目中非常重要的工序。除观测数据符合国家有关规范和项目技术要求外，起算数据的精度情况、软件的选取对保证平差计算的精度具有直接关系。作为监理对控制网平差后的精度指标及可靠性要进行全面检查。

（1）起算控制点的选择

要保证起算点选取的合理性和起始数据的正确性。生产单位是否对测区内部及附近区域的高等级控制点进行了全面查找和分析检测，结果是否符合相应等级控制网起算精度要求。当测区及其附近地区高等级控制点较多，特别是在起算点来源和等级较为复杂时，优化选择显得更加必要，使起算控制点具有良好的兼容性。当 GPS 网无约束平差精度指标较高，有关技术指标正常，利用起算点进行约束平差后精度下降过多，甚至达不到现行规范要求时，应认真进行起算点的优化选择。在分析各起算点的等级、精度和标志保存情况的前提下，有针对性地进行试算。这种优化性的计算，往往要按照起算点的组合计算多次，进而选择最优方案。当发现个别起算点与其他点之间相容性较差，则应将其作为待定点纳入控制网中。监理应该对照控制网图认真分析比较各种试算结果，确定生产单位是否采用了最优方案。

GPS 网中已知点的可靠性直接影响 GPS 定位成果的精度。在实际生产中，由于没有发现已知点的坐标含有粗差而引起的返工现象很普遍。因此，对 GPS 网中已知点一定要进行必要的可靠性检验，以便发现并剔除含有粗差的已知点。这方面主要是测绘生产单位的工作，但作为监理在生产过程中进行技术指导，监理工程师应该掌握技术要点。在现行的 GPS 测量规范中对已知点的检测仍然是传统的边长和角度检测，而在 GPS 控制网测量中，多数在设计时已将检测内容考虑到观测方案之中，在内业解算时对已知点很少再进行校核。

（2）控制网平差后的精度指标

监理单位应掌握生产单位选择的平差软件是否通过国家有关部门的鉴定，软件性能如何。监理应重点检查平差后提供成果的全面性，各项精度指标是否满足规范要求、是否齐全。对于 GPS 控制网而言，主要包括点位中误差、边长相对精度。对于导线网包括测角中误差、边长相对中误差或绝对中误差、导线闭合差、最弱点的点位中误差等。对于水准网，主要精度指标包括每千米高差中数中误差、每千米高差中数全中误差和最弱点高程中误差。在内业分析检查的基础上，监理单位可根据具体情况进行必要的外业项目抽查。对于几个单位同步作业的大型控制网，应选用品质优良的软件进行解算，统一平差计算，避免损失精度。

8. 成果整理

在控制测量项目监理工作中，应对成果整理情况的检查给予应有的重视，评判成果的全面性和资料整饰的美观性是否符合项目要求。控制测量成果主要包括各种原始观测记录、测绘仪器检定资料、各种概算改算资料、平差计算资料、成果表、控制网图、计算说明及项目检查报告等。对于成果资料的全面性，监理应对照项目合同书、技术设计书逐项核对。查看生产单位是否履行了各级检查程序，有关问题的处理是否合理。平面、高程数据控制网图上各等级控制网点是否齐全，相互连接关系是否清楚，等级是否分明，点号是否齐全。改算资料、过程计算资料、平差成果表是否齐全，是否编制了计算说明，监理单位要对此进行全面的内业抽查。

8.2 高速公路中的测量监理

8.2.1 高速公路中的测量工作概述

测量工作在高速公路施工中是一项举足轻重的关键性基础工作，这项工作自始至终贯穿于整个公路建设的全过程，这项工作要求有关施工和监理人员必须有扎实的理论测量知识，踏实的工作作风，熟练的操作仪器能力以及丰富的测量实践工作经验，在实际施工和监理中不得有任何失误，稍有闪失，就会对整个工程造成不可估量的负面影响，造成部分返工，甚至工程报废。在这个环节上，监理测量工程师起着十分重要的作用，一名好的测量工程师不但能很好地完成有关监理测量任务，为总监提供一系列可靠的各项检测数据，从而对工程施工进行有效的监控，还可纠正施工单位技术人员施工测量中的各种偏差和失误，挽回不必要的损失。

8.2.2 高速公路工程的质量控制

1. 施工准备阶段测量监理

在施工准备阶段，测量监理工程师的任务就是会同施工单位接受业主和设计单位导线点和水准点的现场交接桩；对全线的导线点和水准点根据设计单位提供的导线点坐标和水准点标高进行复测，并与相邻合同段的监理部联系，进行联测，用各自成果对交界桩进行现场放样。在这个阶段，监理工程师必须组织有关人员亲自对全线进行一次导线和水准复测，检验施工单位的放线成果。外业完成后，监理工程师还要对施工单位的测量仪器是否标定，标定证书是否在有效期内，测量人员的素质和数量等是否符合合同要求、满足施工需要等进行检查。另外，还要对外业观测记录和内业计算过程进行仔细审阅，看各项误差是否符合相应规范要求，将自己所测结果与施工单位的成果进行比较，若二者相差小于规范允许值，则认为是合格的，否则应查找原因。经过上述检测，如各项指标均合格，测量工程师就可以对施工单位的成果报告予以签认，作为今后整个工程施工放样和检测的依据，未经签认的任何成果都不得在施工中使用。

2. 施工阶段测量监理

进入路基和桥涵结构物施工阶段，是施工单位技术测量人员最繁忙的时候，也是测量人员测量最容易犯错的时候，同时也是考验一个测量监理技术水平和业务素质的最佳阶段，测量监理这时候的主要职责有以下几个方面：

①施工单位技术人员对构造物进行控制点放样后，监理人员应采用已签认的导线和水准点成果对其实地位置进行检测，以确定放样是否正确，同时应根据实际地形看原设计所设构造物桩号和角度是否与实际地形相吻合，如有偏差，应报告总监。在构造物施工开始以后，由于构造物施工工序多，特别是桥梁放样工作量大，需要控制的点和线多，必须认

真对待，经常检测。监理须用自己的全站仪对施工单位技术人员的结构放线的关键部位的关键点，如桩位坐标、盖梁和支座的标高等进行全方位控制，对整座桥梁的控制点和控制标高做到全检，万无一失，否则就会造成无法挽回的损失，在这方面有过很深的教训。曾经有一个施工单位在灌注桩施工中，由于桩位坐标输入错误，灌注桩偏移1m多，测量工程师由于工作量大等原因，没有对全部施工灌注桩桩位进行检测，只部分检测，结果在系梁施工中发现错误，只好重新又打造一根桩，造成了不小的损失。

②在路基施工中，对路线中桩、坡口、坡脚进行检测。在施工前，测量监理工程师应对施工单位原始地形标高的测量结果进行复检，尤其是与设计出入较大的地段重点检测。在施工开始以后，高填方和深挖方是检测的重中之重，每填1m左右或挖1m左右，测量监理应亲自检测路线中线和路基宽度，以免在施工中出现多挖多填以及宽度不足等情况，造成返工。监理测量人员同时要督促施工单位测量人员进行经常性的自行检测，检查其是否符合有关规范要求。

③由于工程变更和实际施工变化发生工程量变化时，测量监理工程师应本着实事求是、认真严谨的原则记录好原始数据，采用合理严谨的测量和计算方法，尤其是隐蔽部位，最后如实向总监提供可靠的有关数据。

④由于气候、地形、人为等因素的影响，测量监理应督促有关施工单位技术测量人员在施工过程中，定期对全线导线点和水准点进行检测，以免由于个别水准点和导线点下沉或偏移引起坐标和标高变化，而所在地段的施工人员施工中未注意而继续采用，最后酿成工程损失。有一个施工单位就发生过类似问题，由于一个标段内各分队各自为政，水准点下沉未发现，结果造成本段内路基、桥涵、标高全部错误，最后只好变更设计进行补救，增加额外工程量和有关费用，造成很大的损失，留下了沉痛的教训。

3. 交工验收阶段测量监理

最后进入工程收尾和交工验收阶段。经过长时间的施工，原有导线和水准点难免被破坏和使用不便，测量监理工程师必须在路基路槽整理和桥梁桥面铺装施工之前对全线导线点和水准点进行一次全面的复测和补测，对成果进行确认，作为整理路槽和桥面施工的依据。在路基路槽整理中，一名好的测量监理工程师必须严格控制标高，横断面上各点是检测的重点，各点标高是否检测得好，误差是否符合规范要求，关系到路面各结构层厚度是否得到保证。做好了，可降低路面单位二次整理路槽的工程量和有关费用，节约资金。

在路面施工中，由于路面机械化程度的不断提高和路基的成形，使监理测量人员的工作量大大降低，这时测量监理工程师应加强各路面结构层标高的检测力度，确定各结构层的不同设计厚度，同时应保证施工测量人员精心操作，严格控制好横断面上各点标高和左、右宽度。在资料整理中，测量监理工程师必须保存好所有的原始测量记录，分类归档，有关人员签字保存，作为质量评定和工程结算的重要资料。

目前我国的公路工程建设监理一般有两种方式：一是根据《土木工程施工合同条件》即按菲迪克条款实施监理，这主要是利用世行或亚行贷款项目修建的公路项目；二是根据菲迪克条款及交通部颁发的《公路工程监理规范》及工程实施情况制定出的监理办法而实施的监理。

我国利用国际经济组织贷款（特别是世界银行贷款）投资建设的交通、水利、电力项目较多，贷款方通常都要求所投资项目的实施采用国际上通行的建设监理制度，因而在这些项目的建设中，监理工作起步较早，发展较快，其中有许多项目的监理工作还是在国际著名咨询公司指导下开展的，符合国际惯例，水平较高，效果较好，为推进我国建设监理制度的发展提供了宝贵的经验。

8.3 数字测图项目监理

8.3.1 数字测图项目监理概述

数字测图是随着计算机、地面测量仪器和数字测图软件的应用与发展而迅速发展起来的现代测图新技术，是反映测绘技术现代化水平的重要标志之一，极大地促进了测绘行业的自动化和现代化进程，数字测图技术将逐步取代人工模拟测图，成为地形测图的主导技术。

广义的数字测图又称为计算机成图。数字测图是以计算机为核心，在输入和输出硬件及软件的支持下，通过计算机对地形空间数据进行处理得到数字地图，需要时也可用数控绘图仪绘制所需的地形图或各种专题地图。

获得数字地图的方法主要有三种：原图数字化法、数字摄影测量成图法、地面数字化成图法。不管哪种方法，其主要作业过程有三个步骤：数据采集、数据处理和成果输出（打印图纸提供软盘等）。

数字测图的质量控制主要有以下工作：

1. 审查各种设计文件

（1）数字测图技术设计的审查

主要内容包括：数字测图技术设计书完整性的审查，测图及控制网布测方案，外业工作、仪器设备、观测方法、平差方法、碎部测图方法、地形地物绘图方法等。

（2）数字测图质量保证体系的审查

主要内容包括：指导思想、人员素质与构成、质量保证具体措施、体系网络的形成，以及分工与责任、权利、义务、奖罚等。

（3）数字测图组织计划的审查

主要内容包括：实测单位的组织体系、人员分工与联系关系、工作计划的合理性、工作节点与工种间的衔接、工期保证等。

（4）对各种应用软件标准性和正确性进行全面检查

主要内容包括：对以上4种测绘应用软件的合法性进行检查，用标准数据进行检验，符合标准的软件方可投入生产应用。

2. 测图过程各个环节质量检查和质量控制

数字测图是一项复杂而繁琐的工作，要得到高质量的数字地图，必须对其测图过程的各个环节进行质量检查和质量控制。数字测图的主要过程如下：

野外或室内数据采集—数据传输—数据处理—绘制成地形图—将地形图存储—按要求进行数据或图形的输出。要做到对测图过程的质量控制，首先要明白各个环节的主要误差来源和易出错的地方，尽量减少测量误差的影响和避免测量错误的发生。

比如，针对仪器误差的影响，进行数字测图时应尽量选用高精度且性能稳定可靠的测量仪器，并在测量前对仪器进行严格的检验与校正工作；测量工作大多是野外作业，这样就不可避免地受到外界条件（如温度、湿度、风力和大气折光等）的影响，从而降低测量的精度，尽量选择有利的观测环境和天气，避免在恶劣和不利的天气环境中作业，以达到提高精度和减少误差的目的。为了加强测图的质量控制，在观测过程中进行多余条件的观测与检核也是非常必要的，如全站仪安置好，设置完测站和后视方向后，在进行碎部点测量之前，测量1~2个已知点坐标并与已知坐标相比较，确认无误后方可进行碎部测量。此外，测绘工作是专业性很强的工作，必须对测量人员进行必要的专业知识培训才能开展工作，提高观测人员的技术水平，同时还必须有严谨细致的工作态度，这也是提高测图质量的前提和保证。

（1）检查的方法

数字测图是一项十分细致而复杂的工作，测绘人员必须具有高度的责任感、严肃认真的工作态度和熟练的操作技术，同时还必须有合理的质量检查制度。测量人员除了平时对所有观测和计算工作做充分的检核外，还要在自我检查的基础上，建立逐级检查制度。数字地形图的测绘实行过程检查与最终检查和一级验收制度。过程检查包括作业组的自查和由生产单位的检查人员进行检查，最终检查是由生产单位的质量管理机构负责实施。验收工作由任务的委托单位组织实施，或由该单位委托具有检验资格的检验机构进行验收，如发现问题和错误，应退给作业组进行处理，经作业人员修改处理，然后再进行检查，直到检查合格为止。应对测绘成果作100%的全面检查，不得有漏查现象存在，验收部门在验收时，一般按检验品中的单位产品数量的10%抽取样本，在质量检查的基础上，监理人员再进行分类逐项检查，并配合质检验收人员一起进行成果验收。

（2）检查的内容

①数据源的正确性检查。主要内容有：起始数据的来源及可靠性，地形图数据的采集时间、采集方法和采集的精度标准，采用的投影带比例尺坐标系统、高程系统执行的图式规范和技术指标，资料的可靠性、完整性与现势性。

②数学基础的检查。主要内容有：采用投影的方法，检查空间定位系统的正确性，图廓点公里坐标网经纬网交点以及测量控制点坐标值的正确性。

③碎部点平面和高程精度的检查。在抽取的样本中，利用散点法对每幅图随机检测30~40个检测点，测量其平面坐标和高程，然后与样本图幅相比较，并计算出样本图幅的碎部点中误差，以评定其精度。另外，相邻地物点间距可采用钢尺在野外实地量测的方法来检查，高程精度也可采用断面法进行检测。

④属性精度的检查。主要内容有：地物、地貌各要素运用的正确性，各类数据的正确性、完整性及逻辑的一致性，数据组织、数据分层、数据格式及数据管理和文件命名的正确性，图面整饰的效果和质量，接边的精度等。

（3）检测数据的处理

对抽样检测数据应进行认真的记录、统计和分析，先看检测的各项误差是否符合正态分布，凡误差值大于2倍中误差限差的检测点应校核检测数据，避免因检测造成的错误，大于 3 倍中误差限差的检测数据，一律视为粗差，应予以剔除，不参加精度统计计算，但要查明是检测错误还是测图的作业错误。

8.3.2 大比例尺航测法地形图测绘工程监理

城市或工程大面积大比例尺地形图测绘多数采用航测方法。该项测绘工序较多，质量控制也较为复杂，在引进监理机制的测绘项目中，该类项目占有较高的比例。

1. 航测法数字化大比例尺地形图及建库工作简介

（1）工序流程

航测法数字化大比例尺地形图测绘是在具有必要的测量控制点和符合要求的航空影像数据的基础上，通过像控点测量，利用全数字化摄影测量系统进行内业测图，利用像片或内业测绘原图进行外业调绘及必要的补测，最后编辑成图。目前，常采用的工序流程如图8.1 所示。

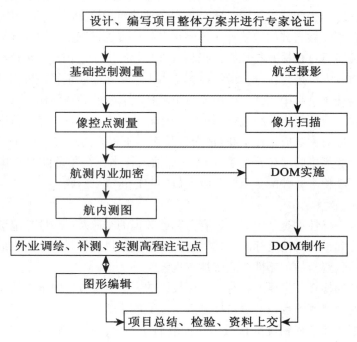

图 8.1　航测法成图作业流程

（2）监理工作的技术依据

测绘项目监理的技术依据可分为两类，一是项目技术设计书，包括所引用的规范规程；二是有关监理的技术文件。航测法数字化大比例尺地形图及建库应依据的国家标准和行业标准较多。这些标准基本上都属于强制性测绘标准而被相关项目引用。具体测绘项目在总体遵循上述标准的基础上根据项目自身特点拟订技术要求，编制技术设计书。引进监理的测绘项目都会制定监理方案和监理实施细则。由于所涉及的标准和相关文件内容较多且使用频率较高，现将目前经常使用的标准及监理所使用的技术文件罗列如下。由于项目

158

的特殊性，这些标准和依据可能存在增减。

《1∶500、1∶1 000、1∶2 000 比例尺地形图航空摄影规范》(GB 6962—1986)；

《1∶500、1∶1 000、1∶2 000 地形图航空摄影测量数字化测图规范》(GB 15967—1995)；

《1∶500、1∶1 000、1∶2 000 地形图航空摄影测量外业规范》(GB 7931—1987)；

《1∶500、1∶1 000、1∶2 000 地形图航空摄影测量内业规范》(GB 7930—1987)；

《1∶500、1∶1 000、1∶2 000 地形图要素分类与代码》(GB 14804.—1993)；

《城市测量规范》(CJJ 8—99)；

《1∶500、1∶1 000、1∶2 000 地形图图式》(GB/T 7929—1995)；

项目技术设计书；

项目监理方案；

项目监理实施细则。

2. 航空摄影阶段的监理

为了取得符合要求的影像资料，监理应对航空摄影合同签订、摄影设计、航摄仪、模拟摄影的胶片、飞行质量、摄影质量和成果整理等过程进行检查。

(1) 对于具有摄影资质单位航空摄影可作为一个工序对待

目前我国具有测绘航空摄影资质的测绘单位不多，多数航空摄影测量项目的摄影业务由业主或总承包测绘单位外委。监理应根据项目总的目标要求协助业主选择航空摄影单位，就摄影有关具体事项进行协商谈判，并签订航摄合同。合同的主要内容应齐全，合同形式应规范。

(2) 航摄的设计工作要全面

航摄设计涉及的内容较多，主要包括以下几个方面：

①摄影设计用图的选取。应根据摄区的地理位置，成图比例尺选取适宜的设计用图、用于大比例尺成图的航空摄影设计用图一般利用 1∶10 万到 1∶5 万比例尺地形图。

②摄影比例尺的选取。一般情况下，业主单位按照国家摄影测量航飞比例尺确定的基本原则，根据项目成图比例尺及成图区域情况确定概略比例尺或最小比例尺。摄影单位根据摄区的具体条件选取航摄比例尺。监理应按照国家有关规范及项目具体情况进行检查确认。

③合理划分摄影分区。摄影单位应根据航摄比例尺、摄区的分布及地貌特征合理划分摄影分区，划分原则应符合规范要求。监理应进行检查确认。

④正确计算摄影航高。摄影单位根据飞行比例尺计算平均航高。监理检查高度是否正确，尤其要避免摄影比例尺过小。

⑤合理确定航摄方向和航线敷设。摄影单位根据摄区情况设计飞行方向，监理检查设计是否合理；航线敷设是否满足规范要求，能否满足地形图测绘项目要求。

⑥摄影时间的合理确定。检查摄影承担单位是否根据摄区的地理位置、气象条件、植被覆盖及项目工期要求等条件选择最有利的航摄季节。摄影实施要在有利于航摄的时间段内。

⑦选择航摄仪并保证其处于良好状态。目前用于测绘的航空摄影有传统光学摄影仪和

数码摄影仪，应根据测绘项目具体情况选择能够满足地形图测绘需要的航摄仪。航飞单位应提供有效全面的航摄仪鉴定表，检定数据的精度应符合规范要求。从摄影像片检查及其对项目影响程度来看，对压平质量的检查应给予重视。

⑧航摄材料的选择。对于光学摄影仪而言，应根据摄区的地理位置、摄影季节、地面光照度、地物反差和景物的光谱特性等因素合理选择反差系数、感光度、曝光宽容度和色感性能合适的胶片；根据航摄底片的层次和密度间距合理选择印像纸或其他印像材料。

（3）飞行质量

监理应对各分区的摄影范围、航向和旁向重叠度、倾斜角、旋偏角、航线弯曲度等飞行质量进行检查，对航摄比例尺、航高保持等飞行质量进行一定比例像对的抽查，并详细记录检查数据。目前，由于 GPS 导航被普遍使用，飞行质量较易保证。

（4）摄影质量

对于光学摄影，摄影底片质量如何；对于数码摄影则是影像数据的分辨率和清晰度。首先检查底片和晒印像片光学框标是否清晰、齐全，底片定影和水洗是否充分，底片上是否有云影、划痕、静电斑痕、折伤、脱胶等缺陷；用目视法检查摄影底片，评价影像是否清晰、层次是否丰富、反差是否适中、色调是否柔和，是否能辨认与航摄比例尺相适应的细小地物的影像；能否建立清晰的立体模型确保立体量测的精度。

（5）像片扫描

对于光学摄影的航片利用全数字摄影测量系统进行测绘，首先必须对摄影底片进行扫描。监理应检查扫描仪的检校情况，检校记录是否完整；扫描分辨率设置是否合理，影像扫描质量检查记录是否完整。

（6）航摄成果整理

首先检查摄影承担单位提供的成果资料是否完整。是否提供了底片压平精度检测表，检查数据是否符合要求；是否提供了密度测定表，底片的灰雾密度、最小密度、最大密度、平均密度、最大反差、最小反差是否满足规范要求；航摄底片的编号和注记是否正确、齐全，有无遗漏、重号现象，注记位置是否正确，注记是否清晰易辨；像片扫描数据及检查记录是否符合要求；是否制作了像片索引图和航线略图，制作的像片索引图和航线略图是否符合要求，内容是否齐全；像片是否按要求整理装盒，是否填写像片登记卡片，卡片的内容是否齐全。

3. 像片控制测量

像片控制测量一般包括外业像控点测量和内业加密，采用全野外布点方案时，则没有内业加密步骤。

（1）像片控制点布设方案的合理性

根据摄影比例尺、成图比例尺和成图数学精度要求的不同，确定全野外布点法或区域网布点法。

（2）像片控制点布设的正确性、刺点的准确性

像控点的选定是否符合像片条件，选定目标的影像是否清晰，点位选取是否符合有关规范要求，是否在实地选刺和整饰及核查。监理外业详查选点和刺点，内业详查像片整饰。

160

（3）像控点测量的规范性和准确性

像控点联测是较低级别的控制测量，原则是保证测量的准确性和可靠性。目前，像控点平面联测基本使用 GPS 测量方法进行，高程则根据情况采用不同的方法，监理单位应组织旁站监理。监理测量过程观测员仪器操作情况，天线指北线是否指向正北、仪器各项参数设置是否正确、测前测后天线高量测方法是否正确、手簿记录是否真实、齐全、可靠。可参照本章控制测量部分监理内容，外业检查观测情况，内业按一定比例抽查手簿记录，必要时可抽取一定数量的像控点进行平高精度检测。

（4）平差计算及像控点精度

检查数据传输软件和平差计算软件是否为国家有关部门鉴定的软件；数据传输是否正常，数据预处理是否存在不合理的人工干预，平差过程是否规范；平差后各项精度指标是否满足要求，精度评定项目是否齐全。

（5）内业加密质量

抽查起算数据使用是否正确，对起算数据的检查记录是否完整；上机检查外业控制点转点的正确性；区域网的划分是否与外业控制一致，控制点的布设是否符合规范技术设计书的要求；上机检查空三加密的各项精度；检查加密工序各种误差是否符合要求。监理应做好各项检查记录。

4. 内业测图

内业测图是航测法大比例尺地形图测绘非常重要的工序，该工序的质量直接决定地形图的成果质量，尤其决定地形图的数学精度，关系到外业补测、补调的工作量。准确性、全面性和规范性是内业测图应坚持的原则，对该工序应采取内业旁站监理和上机抽查相结合的方法进行检查。检查的主要内容包括以下五个方面。

①首先检查外业控制点和内业加密点文件、航摄仪参数文件建立的正确性。

②检查所建立的模型参数文件的正确性；生成核线的范围和建立模型的方法是否正确；模型的清晰程度是否满足立体测图的需要。

③上机检查内定向、相对定向、绝对定向、整体平差后各项精度指标是否符合要求。

④对照项目要求，检查地物、地貌的采集是否全面；测标采集的准确程度是否符合要求，各种地物地貌要素的符号使用是否正确；对采集的数据进行的图形编辑如何，像对和图幅的接边工作情况如何；当调绘利用内业原图进行时，应判断所测图件是否能够基本满足调绘需要。

⑤内业测图过程中的各级检查程序是否完备，是否符合质量控制的要求，是否形成了完善的测图检查记录。

5. 外业调绘

外业调绘属于航测法地形图测绘各环节中外业比重最大的一个工序，需要脑力劳动和体力劳动有机结合。作业人员依据放大像片或内业测绘的初级原图对内业测绘的各种要素进行定性、改正和补测，将测绘范围内地物地貌全面正确地表示在像片或原图上。从生产组织方面来看，中等以上测绘项目组成几个乃至几十个调绘小组，而每个小组人数较少，一般有 2 人，有的甚至是 1 人，主要作业人员的技术水平和职业操守对调绘质量起到决定作用。由于调绘工序成果对最终成果质量影响较大，在很大程度上决定成图质量，需要监理在生产单位完成各级检查的基础上认真进行检查指导。产品一般按内外业相结合的方式进行，侧重于外业实地抽查。调绘阶段的监理主要包括调绘方法是否可行的旁站监理、一定比例调绘成果抽查和对存在问题修改情况的复查三个方面的工作。

（1）自检自查情况的检查

监理应首先检查生产单位对调绘成果的自检自查情况，是否进行了两级检查，检查程序是否符合质量控制的要求，是否形成工序检查记录，是否已经修改完善。

（2）地物测绘

检查地物要素测绘是否全面，定性是否准确，房檐改正是否准确。对于航测法大比例尺地形图测绘而言，比较容易丢漏的地物要素主要是微小地物，如各种检修井、电杆、光缆指示桩和建筑物附属的台阶、室外楼梯等；定性不准确的主要有房屋，普通房屋、简易房屋和棚房区分不当，检修井种类错误，高压与低压电力线路混淆等。注意房檐改正数据位置注记的明确性，避免内业处理时发生混淆。

（3）地貌测绘

检查地貌测绘的详略程度，表示方法是否合理。对于利用内业原图进行调绘的外业成果，应检查是否按照设计和所引用的规范要求的地形起伏恰当地应用等高线、地貌符号，并对高程注记点进行了表示。对各种天然和人工地貌、土质的定性是否准确，比高丈量是否全面。常见的问题主要包括：地貌符号使用不当，高程注记点密度不合理，部分高程注记点位置测注不当等。

（4）要素的系统性和逻辑性

检查有关要素的系统性和逻辑性。具有系统性和逻辑性特点的要素，如交通、水系、电力线等，网络是否健全，等级是否分明，来龙去脉交代是否清楚，相关配套要素表示是否合理，如桥梁、闸门、变压器等。其他地物地貌之间的关系处理是否协调，是否比较逼真地显现了各种要素之间的空间位置关系。

（5）补测补调

检查补测补调情况。对于新增地物地貌是否进行了补测；补测的方法是否能够满足精度要求；经过补测补调的调绘成果地物、地貌各要素主次是否分明，位置是否准确，交代是否清楚，是否能够比较全面地反映所测地区的自然地理景观和人文建设面貌。

（6）调绘图面质量

各类符号的运用是否正确，线画是否清晰易辨，注记是否准确、注记位置是否恰当；调绘图面是否清洁、易读。

6. 成果质量检查的质量指标

数字化大比例尺地形图是传统地形图的数据表现形式，无论是屏幕显示还是回放图纸，着眼点是生产编辑出符合国家规范和图式标准的地形图，其质量指标包括传统的数学精度、地理精度、整饰质量和数据一致性。现对这些质量指标的检查进行概略归纳。

（1）数学精度

地形图的数学精度包括数学基础、平面精度、高程精度和接边精度。数学精度检查时应注意所抽检的图幅或区域应具有较好的代表性，所检要素要齐全，所检点位应有唯一性，检验数据应准确可靠，统计计算应科学规范。

数学基础检查应在计算机上用理论值坐标检查四个图廓点、公里网、经纬网交点及控制点坐标是否正确。

平面精度可采用解析散点法和间距法进行检查。将实地采集的各种地物地形要素的坐标和间距与在计算机上采集相应的数据相比较，较差不应大于相应比例尺测图规范规定的数值。

高程精度包括高程注记点和等高线精度。利用一定的手段检测高程注记点的高程数据，利用三维坐标散点法采集地貌数据与原测数据相比较，以确定地形图的高程精度。同时，在计算机上对数字化地形图的等高线绘制、高程注记点的标注及存放层的情况进行检查。高程注记点和等高线精度不应大于规范的规定。同时，等高线的高程不应与相邻高程点的高程或地物产生地理适应性矛盾，并能显示该地区的地貌形态特征。

接边精度检查，检查所拼接图幅在接边处各种要素是否齐全，形状是否合理，属性是否一致，拓扑关系是否正确及跨带拼接是否准确。保证所有相邻要素的接边不能出现逻辑裂隙和几何裂隙，各种要素拼接自然，保持地物、地貌相互位置和走向正确性。接边出现超限时，应首先在内业进行检查，必要时到实地检查接边。

（2）地理精度

地理精度主要反映各种要素的完整性，是否存在多余要素和遗漏。主要表现在以下三个方面。

①地物地貌要素测绘是否齐全，规范和技术设计规定的测绘要素是否在图上得到了表示。对于航测成图来讲存在较多困难的阴影遮盖处的地物补测是否全面，微小地物如各种检修井、电力线和通信线杆测绘是否全面，阳台、台阶是否存在丢漏，各种人工地貌测绘是否全面。

②综合取舍是否恰当。是否存在综合取舍过大，造成某些微小要素丢失和局部失真的现象，建筑物是否存在不恰当的综合，是否存在要素多余和不应上图的要素进行了表示。

③地物之间位置关系是否正确，地物地貌之间的表示是否协调，交通、水系、电力电信和管线网络系统性如何，是否存在由于符号丢漏或者运用不当造成相关要素之间产生逻辑矛盾的现象，如水系与道路交叉时没有桥梁或涵洞符号、等高线直接连到建筑物上等现象。等高线与地貌符号配合是否自然等，是否逼真地反映了自然地理特征。

（3）逻辑一致性

逻辑一致性对于数字地形图来讲主要体现在概念一致性、格式一致性、几何一致性和拓扑一致性这四方面内容。

①概念一致性包含要素类型一致性和数据集一致性。要素类型主要包含点、线、面和注记等。对于不同比例尺地形图要素，一种地物是用点状要素，还是用现状要素或面状要素来表示都有明确的规定，各种注记采用字体大小、字体以及何种字库也都有明确的规定。数据集一致性主要体现在地形图数据的层次上，哪种地貌、地物放在哪个层中，层的颜色、名称等是否符合规定要求。因此概念一致性也就是要素类型和数据集的一致性，即要素类型和数据层次必须符合规定要求。

②格式一致性包含数据归档、数据格式和文件命名。对于便于对地形图数字的永久保存和信息化管理来讲，数据的存储介质和目录组织结构的合理化、规范化是非常必要的，

同时，数据的文件格式以及文件名是否符合规范和设计要求也是十分必要的。如果没有对地形图数据格式的一致性、规范化就没有数据的信息化，更谈不上今后对地形图数据的入库等一系列管理和开发。

③几何一致性包含几何噪音、几何异常、几何冗余和综合取舍。几何噪音就是地形图数据中是否有微短线或微小面，这些在地形图数据中不代表任何实际的地物或地貌。几何异常主要是一些折线、回头线、重复线或自相交等现象的线，这些现象的存在有些（折线、自相交）使地形图图形与实际状况造成了矛盾或不一致的现象，有些（如回头线、重复线）会使地形图数据量增大。几何冗余主要是代表线状地物的线上的节点是否能够很好地表达地物或地貌的实际情况，也就是一条线上的节点越少而且能够逼真地表达地物或地貌越是符合现代生产数字地形图的要求，同时对于代表地物或地貌的同一条线上的节点不能重复。综合取舍对于成图比例尺的不同而取舍的指标也不尽相同。

④拓扑一致性包含有向性、连续性、闭合性。有向性就是指一些用有方向的符号来代表地物或地貌的线，如地形图中的坎、斜坡等都是用有方向的线性来表示具体地物、地貌的实地特征。连续性就是表示地物或地貌的线条要连续，不能任意中断，要符合实际地物、地貌的特征。闭合性就是表示地物或地貌的线条要闭合，如大比例尺中的房屋、池塘等要素，小比例尺中的池塘、街区线等。

总之，逻辑一致性对于现代生产数字地形图来讲，不单单停留在图形的表面，有些还有更加深层次上的要求，如有些要满足逻辑学、拓扑学和结构数学的要求。只有这样才能实现地形图的数字化、信息化，实现数字的多角度全方位的利用，最终实现各个领域的信息化。

（4）图面整饰质量

图式符号和线画的规范性如何，符号配置是否协调，线画是否清晰；注记尺寸和字体是否符合图式要求，注记位置是否恰当，注记密度是否合理；图面是否清晰易读，具有较好的层次性。

图廓外整饰是否完整统一，是否符合规范和图式要求。

数据质量的检查。CAD图形编辑能力较强，目前测绘生产所用的图形编辑软件基本都是二次开发的成果。图形数据编辑的总体质量要求是：各种地物的编码与图层不能有矛盾；线段相交，不得有悬挂和过头现象，房屋应封闭，各种辅助线应正确；注记应尽量避免压盖物体，其字体、字大、字向等应符合地形图图式的规定。

（5）地形图质量检验评判

对于地形图检验，国家测绘产品质量检查验收规定和监督抽检实施细则做了具有可操作性的定量评判的具体规定。现对检查样本不合格的情况进行简单摘要。

①起算控制成果错误或精度超限。

②地物点平面位置中误差或相对位置中误差任一项超限。

③高程注记点中误差或等高线高程中误差任一项超限。

④地理精度存在严重问题，如行政界线、道路、河流、等高线等要素的严重错误。

⑤图名和图号同时错漏。

8.4 地籍测绘及其地理空间数据信息工程的监理工作

8.4.1 地籍测绘及其地理空间数据信息工程概述

数字化图主要分地形图、地籍图、房产图等。

地形测量依据地形测量规范进行。测量结果是地形图和 4D 产品。地形图普遍认同的含义是依据一定比例反映地物、地貌平面位置极其高程的图纸,在图纸中主要包含 10 种要素:

①测量控制点;

②居民地和恒栅;

③工矿建(构)筑物及其他设施;

④交通及附属设施;

⑤管线及附属设施;

⑥水系及附属设施;

⑦境界;

⑧地貌和土质;

⑨植被;

⑩注记。

测量结果是地形图和地理空间数据信息。地形图数字化测绘产品主要有:数字线画地图(DLG)、数字高程模型(DEM)、数字正射影像图(DOM)及数字栅格图(DRG)等。

地籍称为"中国历代政府登记土地作为征收田赋根据的簿册",是记载土地的位置、界址、数量、质量、权属、用途、地类基本状况的图簿册,是关于土地的档案,并被形象地比喻为"土地的户籍",因而具有法律效力。地籍测绘依据地籍测量规范进行,形成地籍图和空间数据信息系统。地籍图是依据一定比例反映地块的权属位置、形状、数量等有关信息的图纸,图纸中包含的要素有:

①测量控制点;

②界址点、界址线及有关界线;

③地块利用分类及代码;

④房屋、房屋结构及附属设施;

⑤交通及附属设施;

⑥水域及附属设施;

⑦工矿设施;

⑧公共设施及其他建筑物,构筑物及空地;

⑨注记。

空间数据信息系统是地籍空间信息的载体,主体内容是地籍空间数据库,是城市信息化的基础,它在城市的信息化建设进程中有着举足轻重的地位。随着地理信息获取技术飞速发展，当前存储在空间数据库中的空间数据的深度和广度得到了前所未有的发展。

房地产测绘依据房地产测量规范进行。其主要任务是对房屋本身以及与房屋相关的建筑物和构筑物进行测量和绘图工作；对土地以及土地上人为的、天然的荷载物进行测量和调查的工作；对房地产的权属、位置、质量、数量、利用状况等进行测定，调查和绘制成图。房地产测绘单位受政府或房屋权利人、相关当事人的委托从事房地产测绘工作。为委托人提供所需要的图件、数据、资料、相关信息。房地产测绘的主要目的：第一，是为房地产管理包括产权产籍管理、开发管理、交易管理和拆迁管理服务，以及为评估、征税、收费、仲裁、鉴定等活动提供基础图、表、数字、资料和相关的信息；第二，是为城市规划、城市建设等提供基础数据和资料，形成房产图和房地产空间数据地理信息系统。房产图是依据一定比例尺调查和测量房屋及其用地状况等有关信息的图纸（包括房产分幅平面图、房产分丘平面图、房屋分层分户平面图），图纸中包含的主要要素有：

①控制点；

②界址点、界址线、行政境界；

③房屋、房屋结构及附属设施；

④房屋产权；

⑤房屋用途及用地分类；

⑥房产数字注记（幢号、门牌号、建成年代等）；

⑦文字注记（地名、行政机构名等）。

空间数据信息系统是房地产空间信息的载体，主体内容是房地产空间数据库。

从前面的论述中我们可以看到三者的异同点：

①控制测量：三种图纸均必须进行，但精度要求有所不同；

②建筑物及其附属设施：三种图纸均需全面绘制，但精度要求不同；

③注记：三种图纸都要进行，但侧重点不一，地形图侧重于地名及房屋结构，地籍图、房产图侧重于各类属性编码及房屋权属面积等；

④行政境界：三种图纸均要求明确绘制；

⑤交通及附属设施、水域及附属设施、公共设施、地形图、地籍图均有相同的绘制方法，房产图对这些项目无明确规定；

⑥三种图纸有各自的优势所在，地形图对地物、地貌的平面位置、高程等自然属性反映比较全面，对地物的社会属性反映比较简单；地籍图、房产图对地物地貌的物理属性反映较简单，但对其社会属性反映比较丰富；

⑦均执行了国家或部门规范。地形图由城市规划部门测绘单位负责测绘，执行《城市测量规范》标准；地籍图由国土部门测绘单位负责测绘，执行《地籍测量规范》；房产图由房管部门测绘单位负责测绘，执行《房产测量规范》，最后成果均要建立各自的地理空间数据管理系统。

由此可见，空间数据与地图是表现地理空间信息的两种形式，空间数据以数据库作为载体，而地图是以图件作为载体。空间数据更新以及地图修测反映的都是空间信息的变化，本质上是同一事物。

下面以地籍空间数据质量控制为例来说明空间数据信息监理的质量控制的基本概念。

8.4.2 地籍测绘及其地理空间数据信息监理的质量控制

地籍是以宗地为基本单元，记载土地的位置、界址、数量、质量、权属和用途（地类）等基本状况的图簿册。宗地由界址线定位，界址线由界址点定位，因此界址点、界址线和宗地一起构成了地籍空间数据的基本组成部分。

1. 空间数据误差来源

1）测量误差

采用常规大地测量、工程测量、GPS 测量和一些其他直接测量方法得到的是表示空间位置信息的数据，这些测量数据含有随机误差、系统误差和少量误差。从理论上讲，随机误差可用随机模型，如最小二乘法平差处理，系统误差可用实验的方法校正，数据测量后加修正值便可，粗差可以对测量计算理论进行完善后剔除。此外，在测量过程中进行观测时还受观测仪器、观测者和外界环境的影响。这些源误差的产生是不可避免的，它会随着科学技术的发展和人类认知范围的提高而不断缩小。

2）遥感数据误差（数字化误差）

遥感与摄影测量是获得 GIS 数据的重要方法之一。遥感数据的质量问题来自于遥感观测、遥感图像处理和解译过程，包括分辨率、几何时变和辐射误差对数据质量的影响，或图像校正匹配、判读和分类等引入的误差和质量问题。遥感数据误差是累积误差，含有几何及属性两方面的误差，可分为数据获取、处理、分析、转换和人工判读误差。数据获取误差是获取数据的过程中受自然条件影响及卫星的成图成像系统所造成的；数据处理误差是利用地面控制对原始数据进行几何校正、图像增强和分类等所引起的；数据转换误差是矢量-栅格转换过程中所形成的；人工判读误差是指对获得的数据进行人工分析和判读时所形成的误差，这种误差很难量化，它与解析人员从遥感图像中提取信息的能力和技术有关。

3）操作误差

空间数据用地理信息系统进行数据处理和模型分析时会产生操作误差。

（1）计算机字长引起的误差

计算机数据按一定编码存储和处理，编码的长短构成字长，一般有 16、32 或 64 位。计算机字长引起的误差主要有空间数据处理和空间数据存储引起的误差。前者主要是"舍入误差"，出现在空间数据的各种数值运算和模型分析中；后者主要出现在高精度图像的存储过程中。如 16 位的计算机存储低分辨率的图像时不会出现问题，但在存储高精度的控制点坐标或精度要求高的地理数据时就会出现问题。减少存储数据引起的误差的方法：一是用 32、64 位或更长字节的计算机；二是用双精度字长存储数据，使用有效位数多的数据记录控制点坐标。

（2）拓扑分析引起的误差

地理信息系统中的拓扑分析会产生大量的误差，如在空间分析过程中的多层立体叠置会产生大量的多边形。这是因地理信息系统在空间分析操作之前认为：数据是均匀分布的，数字化过程是正确的，空间数据的叠加分析仅仅是拓扑多边形重新拓扑的问题，所有的边界线都能明确地定义和描绘，所有的算法假定为完全正确的操作，对某类型或其他自然因素所界定的分类区间是最合适的等因素。

2. 地籍数据质量检查

对地籍数据的细节检查评价主要从空间精度、属性精度以及时间精度等方面进行。

1）空间精度检查

空间精度检查评价主要从位置精度、数学基础、影像匹配以及数字化误差、数据完整性、逻辑一致性、要素关系处理、接边等方面加以检查评价。

数据完整性主要检查分层的完整性、实体类型的完整性、属性数据的完整性及注记的完整性等。

逻辑一致性检查评价包括检查点线，面要素拓扑关系的建立是否有错、面状要素是否封闭，一个面状要素有不止一个标识点或有遗漏标识点线画相交情况是否被错误打断，有无重复输入两次的线画，是否出现悬挂结点以及其他错误的检查。

要素关系处理检查评价内容包括确保重要要素之间关系正确并忠实于原图，层与层间不得出现整体平移，境界与线状地物、公路与居民地内的街道以及与其他道路的连接关系是否正确。严格按照数据采集的技术要求处理各种地物关系。

（1）粗差检测

图形数据是数字线画图 DLG 的一类重要数据，粗差检测主要是对图形对象的几何信息进行检查，主要包括如下内容：

①线段自相交。线段自相交是指同一条折线或曲线自身存在一个或多个交点。检查方法为：读入一条线段；从起点开始，求得相邻两点（即直线段）的最大最小坐标，作为其坐标范围；将坐标范围进行两两比较，判断是否重叠；计算范围重叠的两条直线段的交点坐标；判断交点是否在两条直线段的起止点之间；返回继续。

②两线相交。两线相交是指应该相交的两条线存在交点，如两条等高线相交。检查方法为：依次读入每条线段，并计算其范围（外接矩形）；将线段的范围进行两两比较；对范围有重叠的两条线段，计算两条线段上相邻两点组成的各个直线段的范围，将直线段的范围进行两两比较，计算范围有重叠的两条线段的交点坐标；如果交点位于两条直线段端点之间，则存在两线相交错误；返回继续。

③线段打折。打折即一条线本该沿原数字化方向继续，但由于数字化仪的抖动或其他原因，使线的方向产生了一定的角度。检查方法为：读入一条线段；依次读取 3 个相邻点的坐标并计算夹角；如果角度值为锐角，则可能存在打折错误；返回继续。

④公共边重复。公共边重复是指同一层内同类地物的边界被重复输入两次或多次。检查方法为：按属性代码依次读入每条线段；将线段的范围进行两两比较；对范围有重叠的两条线段分别计算相邻两点组成的各个直线段的范围，将直线段的范围进行两两比较；对范围有重叠的两条直线段，通过比较端点坐标在容差范围内是否相同判断是否重合；返回继续。

⑤同一层及不同层公共边不重合。公共边不重合是指同层或不同层的某两个或多个地物的边界本该重合，但由于数字化精度问题而不完全重合的错误。采用叠加显示、屏幕漫游方法或回放检查图进行检查。

（2）数学基础精度

①坐标带号。采用程序比较已知坐标带号与从数据中读出的坐标带号，实现自动检查。

②图廓点坐标。按标准分幅和编号的 DLc 通过图号计算出图廓点的坐标，或从已知的图廓点坐标文件中读取相应图幅的图廓点坐标，与从被检数据读出的图廓点坐标比较，实现自动检查。

③坐标系统。通过检查图廓点坐标的正确性，实现坐标系统正确性的检查。

④检查 DRG 纠正精度。通过图号计算出图廓点坐标，生成理论公里格网与数字栅格图（DRG）套合，检查 DRG 纠正精度。

（3）位置精度

位置精度包括平面位置精度和高程精度，检测方法有三种。

①实测检验。选择一定数量的明显特征点，通过测量法获取检测点坐标，或从已有数据中读取检测点坐标；将检测点映射到 DLG 上，采集同名点平面坐标，由等高线内插同名点高程，读取同名高程注记点高程；通过同名点坐标差计算点位误差、高程误差、统计平面位置中误差、高程中误差。

②利用 DRG 检验。实现方法为：采用手工输入 DRG 扫描分辨率、比例尺、图内一个点的坐标，或 DRG 地面扫描分辨率、图内一个点的坐标，恢复 DRG 的坐标信息；将 DLG 叠加于 DRG 上；采集 DRG 与 DLG 上同名特征点的三维坐标，利用坐标差计算平面位置中误差、高程中误差。

③误差分布检验。对误差进行正态分布、检测点位移方向等检验，判断数据是否存在系统误差。

2）属性精度检查

属性数据质量可以分为对属性数据的表达和描述（属性数据的可视表现）和对属性数据的质量要求（质量标准）两个质量标准，保证了这两方面的质量，可使属性数据库的内容、格式、说明等符合规范和标准，利于属性数据的使用、交换、更新、检索，数据库集成以及数据的二次开发利用等。属性数据的质量还应该包括大量的引导信息以及以纯数据得到的推理、分析和总结等，这就是属性元数据，它是前述数据的描述性数据。因此，属性元数据也是属性数据可视表现的一部分，而精度、逻辑一致性和数据完整性则是对属性数据可视表现的质量要求。

（1）属性值域的检验

用属性模板自动检查要素层中每个数字化目标的主码、识别码、描述码、参数值的值域是否正确。对不符合属性模板的属性项在相应位置作错误标记，并记入属性错误统计表。

（2）属性值逻辑组合正确性检验

用属性值逻辑组合模板检查要素层中每个数字化目标的属性组合是否有逻辑错误，是否按有关技术规定正确描述了目标的质量、数量及其他信息。

（3）用符号化方法对各属性值进行详细评价

针对空间数据质量评价的特点，制定了与图式规范尽量一致，又利于目标识别和理解的符号化方案，可较好地满足属性数据评价的要求。符号化使图形相对定位（尤其在与原图目视比较时）简单易行，方便了人机交互检查作业。符号化表示时属于同一主码的目标显示在同一层次上：把识别码分成点、线、面图形，分别对应点状、线状和面状符号库，用图式规定的符号及颜色，配合符号库解释规则把识别码解释成图形；描述码同识别码相结合，有些改变图形的表示方法，如建筑中的铁路用虚线符号表示；有些改变颜色，如不依比例图形居民地用黑色表示，县级用绿色，省级用红色等；有些注记汉字，如河流，在线画上注记河流名的汉字；要素所带参数用数字的形式注记出来，用颜色区分参数的类别，用黄色表示宽度参数，用黑色表示相对高参数，用蓝色表示长度参数，用棕色表示其他参数。对错误用人机交互的方法在图上做标记，并记入属性错误统计表。

3）时间精度检查

通过查看元数据文件，了解现行原图及更新资料的测量或更新年代，或根据对地理变化情况的了解，直接检查资料的现势性情况，再根据预处理图检查核对各地物更新情况。用影像数据采用人机交互方法进行更新，需将影像与更新矢量图叠加，详细检查是否更新，更新地物的判读精度，对地物判读的位置精度、面积精度及误判、错判情况做出评价。

4）逻辑一致性检查

逻辑一致性检验主要是指拓扑一致性检验，包括悬挂点、多边形未封闭、多边形标识点错误等。构建拓扑关系后，通过判断各线段的端点在设定的容差范围内是否有相同坐标的点进行悬挂点检查，以及检查多边形标识点数量是否正确。

①同一层内要素之间的拓扑关系检验。

②不同层内要素之间的拓扑关系检验。

5）完整性与正确性检查

检查内容包括：命名、数据文件、数据分层、要素表达、数据格式、数据组织、数据存储介质、原始数据等的完整性与正确性。

①文件命名完整性与正确性的检查。

②数据格式完整性与正确性的检查。

③文档资料采用手工方法检查并录入检查结果，元数据通过以下方法实现自动检查：建立"元数据项标准名称模板"与"元数据用户定义模板"，将"元数据项标准名称"与"被检元数据项名称"关联起来；通过"元数据用户定义模板"中的"取值说明"及"取值"，对元数据进行自动检查。

3. 空间数据的质量评价标准

空间数据的质量标准应按空间数据的可视表现形式分为四类，即图形、属性、时间、元数据。因为应用于地学领域的空间数据库不但要提供图形和属性、时间数据，还应该包括大量的引导信息以及由纯数据得到的推理、分析和总结等的元数据，它是前述数据的描述性数据。精度、逻辑一致性和数据完整性则是对空间数据四个可视表现的质量要求。

因此 CIS 空间数据的质量标准可这样表述：

（1）图形精度、逻辑一致性和数据完整性

图形精度是指图形的三维坐标误差（点串为线，线串闭合为面，都以点的误差衡量）。

逻辑一致性是指图形表达与真实地理世界的吻合性。图形自身的相互关系是否符合逻辑规则，如图形的空间（拓扑）关系的正确性，与现实世界的一致性完整性是指图形数据满足规定要求的完整程度。如面不封闭、线不到位等图形的漏缺等。

数据完整性是指图形数据满足规定要求的完整程度。如面不封闭、线不到位等图形的漏缺等。

（2）属性精度、逻辑一致性和数据完整性

属性精度是描述空间实体的属性值（字段名、类别、字段长度等）与真值相符的程度。如类别的细化程度，地名的详细性、准确性等。

逻辑一致性是指属性值与真实地理世界之间数据关系上的可靠性。包括数据结构、属性编码、线形、颜色、层次以及有关实体的数量、质量、性质、名称等的注记、说明，在数据格式以及拓扑性质上的内在一致性，与地理实体关系上的可靠性。

数据完整性是指地理数据在空间关系分类、结构、空间实体类型、属性特征分类等方面的完整性。

（3）时间精度、逻辑一致性和数据完整性

时间精度是指数据采集更新的时间和频度，或者离当前最近的更新时间。

逻辑一致性是指数据生产和更新的时间与真实世界变化的时间关系的正确性。

数据完整性是指表达数据生产或更新全过程各阶段时间记录的完整性。

（4）元数据精度、逻辑一致性和完整性

元数据精度是指图形、属性、时间及其相互关系或数据标识、质量、空间参数、地理实体及其属性信息以及数据传播、共享和元数据参考信息及其关系描述的详细程度和正确性。

逻辑一致性是指元数据内容描述与真实地理数据关系上的可靠性和客观实际的一致性。

数据完整性是指元数据要求内容的完整性（现行元数据文件结构和内容的完整性）。

4. 空间数据的质量评价方法

空间数据质量的评价方法可以分成直接评价方法和间接评价方法。直接评价方法是通过对数据集抽样并将抽样数据与各项参考信息（评价指标）进行比较，最后统计得出数据质量结果；间接评价方法则是根据数据源的质量和数据的处理过程推断其数据质量结果，其中要用到各种误差传播数学模型。

间接评价方法是从已知的数据质量计算推断未知的数据质量水平，某些情况下还可避免直接评价中繁琐的数据抽样工作，效率较高。针对数据质量的间接评价，不少学者基于概率论、模糊数学、证据数学理论和空间统计理论等提出了一些误差传播数学模型，但这些模型的应用必须满足一些适用条件，总的来说，要想广泛准确应用这些误差传播的数据模型来计算数据质量的结果，目前还存在较大难度，因此，间接的评价方法目前应用还较少。在数据质量的评价实践中，国内应用较多的是直接评价方法。

8.5 地下管线探测和普查工作监理

8.5.1 地下管线探测和普查工作概述

城市地下管线探测是一门涉及物探、测绘以及计算机、地理信息等多专业的综合性系统工程，其探测产品必然是多专业协作、多工序集成完成的，影响探测成果质量的因素也是多样和复杂的。因此，必须在城市地下管线探测的组织和实施过程中实行探测工程监理制度，监督和保证探测技术标准贯彻执行，保证探测工程质量，并为探测成果验收提供依据。

1. 监理工作的技术依据

在城市地下管线探测工程中，常用的技术标准有如下几个：

①《城市地下管线探测技术规程》(CJJ61—2003)；

②《城市测量规范》(CJJ8—99)；

③《城市基础地理信息系统技术规范》(CJJ100—2004)；

④《全球定位系统城市测量技术规程》(CJJ73)；

⑤《1∶500、1∶1 000、1∶2 000地形图图式》(GB/T7929—1995)；

⑥本项目的技术设计书。

2. 监理的主要职责

在城市地下管线监理活动中，监理单位一般要进行如下工作：

①协助业主单位做好招投标工作；

②监督测绘生产单位对测绘生产合同的履行情况；

③审查《技术设计书》、《探测方法试验及一致性校验报告》、《质量自检报告》、《技术总结报告》等；

④负责对测绘生产单位作业全过程实施监理，做好资料编辑整理工作，编写监理报告；

⑤做好甲乙双方的协调工作，充分发挥监理的协调作用；

⑥在监理过程中发现问题时应及时通知测绘生产单位进行整改，并做好记录。当测绘生产单位未能按要求进行整改或发现重大质量问题时，应令测绘生产单位立即停工并及时报告业主单位；

⑦定期向业主单位汇报探测作业进度及监理工作情况；

⑧对测绘生产单位安全生产进行监督、检查，发现安全隐患及时通知测绘生产单位。

3. 地下管线工程监理基本流程

监理任务的下达就是从监理委托合同签订之日算起，此时，监理就要及时与测绘生产单位取得联系，做好测绘生产的组织安排工作。同时协助测绘生产单位解决进场前需要业主协调解决的各项准备工作问题。监理工作的基本流程如图8.2所示，图上所规定的各项检查比例因项目的不同可以做出适当的调整。

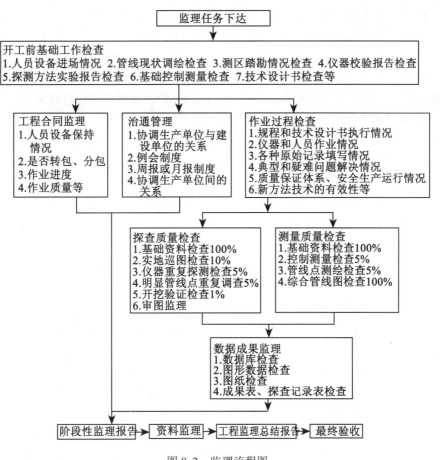

图 8.2　监理流程图

8.5.2　地下管线普查工作监理

城市地下管线探测工程监理一般包含以下几方面的内容：任务履行监理、探查作业监理、测绘作业监理、数据监理、成果资料监理和成果验收。

1. 任务履行监理

任务履行监理主要包括对测绘生产单位正式作业前的监理及沟通管理等。

（1）正式作业前的监理工作

督促测绘生产单位按投标文件及合同约定提交准备进场的各级人员名单、仪器设备清单等，监理组及时以书面形式通知业主单位；督促测绘生产单位开展踏勘工作；协助业主做好作业前的有关准备工作；督促并检查测绘生产单位对物探仪器进行方法试验，并对测绘生产单位提交的《探测方法试验及一致性校验报告》进行审核，对测量仪器（年检证书）的有效性进行审核，没有有效年检证书的仪器不得在项目中使用；督促测绘生产单位按时提交《技术设计书》，协助业主单位对《技术设计书》进行审批，合格后签署意见，不合格由监理单位下发《整改通知》，交测绘生产单位改正等。上述准备工作就绪后，经监理组、业主单位批准后，测绘生产单位方可进场施工。

此外，监理还要对测绘生产合同进行管理，这也是贯穿于整个生产全过程的监理工作。合同管理一般包含以下几方面内容：一是监督测绘生产单位是否按合同、技术设计的要求或投标书的承诺投入技术力量和设备；二是监督测绘生产单位是否按合同和设计书规定的进度要求、质量要求进行作业；三是监督测绘生产单位是否存在转包和分包现象等。

（2）监理的沟通管理工作

首先，监理要协助测绘生产单位解决施工前需要业主解决的问题、协调测绘生产单位与各管线权属单位之间的关系。

其次，要建立各种规章制度。例如，例会制度，周报、月报制度等。

最后，当有多家单位作业时须加强测绘生产单位间的沟通与协调，通报各单位间的问题、经验，以便实现整个项目成果要求的统一。

2. 作业过程监理

在城市地下管线探测工程项目中，监理一般应从以下几个方面着手进行作业全过程的监理工作。

（1）作业人员的能力和水平情况

在测绘生产开始阶段，对测绘生产单位投入现场的作业人员是否具备项目所需的能力和水平进行检验。

在测绘生产单位组织生产过程中，监理工程师一般采用巡视的方法不定期到现场进行跟踪检验，检查测绘生产单位探查作业人员是否按规定的方法和要求进行生产作业。主要检查作业人员仪器操作是否规范、管线点定位和定深是否合理、明显点量测是否规范、隐蔽管线段是否进行连续追踪、实地标志是否规范并易于保存，并现场抽查各种原始检查记录内容是否完整、齐全、符合规程要求；探查工作草图是否清楚、连接是否正确、属性标注是否完整等。

监理工程师巡视检查现场的测量作业人员操作是否规范；各种编码、编号是否正确；进度是否完成；是否按规定测绘断面图、绘制各种专业地下管线图；三级质量检查是否按要求进行；资料管理是否按要求规定执行等。

数据监理工程师巡视检查现场的作业人员是否熟悉数据处理软件和工艺流程；是否熟悉规程对数据建库的要求；是否熟悉成果资料要求；数据库管理是否规范等。

（2）测绘生产单位投入的设备情况

检查生产单位投入的设备种类是否满足探查工作要求；投入的设备数量是否满足合同工期要求；设备精度和稳定性是否满足质量要求；设备的标识是否清楚等。

在测绘生产单位的设备精度和稳定性不能满足质量要求时、投入的设备种类不能满足探查内容要求时；或投入的设备数量不能满足合同工期要求时，应责令其采取纠正措施，并及时通知业主单位。测绘生产单位的设备在使用前未经过方法试验和一致性校验时，应责令测绘生产单位立即进行该项工作，并对已探查的成果进行复检。

（3）测绘生产单位内业使用软件情况

检查生产单位内业处理软件，生产单位所采用的内业数据处理软件是否为自选软件或者是业主指定使用的软件，但最终所提供的成果要满足设计和规范要求。

（4）测绘生产单位使用新方法、新技术和新仪器方面

测绘生产单位在生产过程中如果使用新方法、新技术和新仪器，要求一定要对其有效性进行试验，同时出具试验结果报告。测绘生产单位在试验时应邀请监理组参与试验，监理组对试验报告的真实性、有效性认可后方可投入生产。

（5）测绘生产单位的检查制度情况

审查测绘生产单位《质量自检报告》，监督检查测绘生产单位的三级检查的执行情况及各级检查方法、工作量及精度是否满足规程规范的要求。

（6）督促测绘生产单位建立健全安全保证体系

监理检查测绘生产单位是否设置了安全检查员；从事地下管线探测的工作人员，是否熟悉工作岗位的安全保护规定；在生产过程中是否穿戴明显的安全标志服装；是否遵守交通规则；打开窨井时是否在周围设置了明显的警示标志，是否有专人看管，或用设有明显标志的栅栏围起来；夜间作业时，是否有足够的照明，打开窨井时，是否在井口设有安全照明标志；测量后是否将井盖复原；在下井量测时是否进行有害、易燃气体测试，确保安全后下井测量；对规模较大的排污管道，在下井调查或施放探头、电极、导线时，是否严禁明火，是否进行有害、有毒及可燃气体的浓度测定；超标的管道是否采用安全保护措施后才作业；在探测煤气、乙炔等易燃、易爆管道管线时严禁采用直接法；电信、电力调查时，严禁踩踏电缆、光缆；电信、电力、燃气管线严禁钎探；使用大功率仪器设备时，作业人员是否具备安全用电和防触电基础知识；工作电压超36V时，作业人员是否使用绝缘防护用品；接地电极附近是否设置了明显警告标志，并委派专人看管；雷电天气严禁使用大功率仪器设备作业；井下作业的所有电气设备外壳是否接地；发生人身安全事故时，除应立即将受害者送到附近医院急救外，还应检查是否保护现场、是否及时向业主单位和有关部门报告、组织有关人员进行调查、明确事故责任，并作妥善处理等。

当发现测绘生产单位违反上述规定时，应立即责令其整改。在发现测绘生产单位存在严重的安全隐患时，可签署《工程暂停令》责令其停工。

3. 质量监理

城市地下管线探测工程监理工作的质量监理主要包括探查质量监理和测绘质量监理两部分内容。探查质量监理主要包括基础资料检查、明显管线点实地调查监理、隐蔽管线点仪器探查的质量监理、开挖验证监理、权属单位审图监理。测绘质量监理主要包括基础资料检查、控制测量作业监理、管线点测绘作业监理、综合管线图检查监理、综合管线图实地对照检查。

1）探查质量监理

（1）基础资料检查

首先对报告进行100%检查，检查生产单位是否进行了三级检查、检查量是否满足要求、精度统计是否合格、报告编写是否规范等。

（2）明显管线点实地调查监理

明显管线点实地调查监理，采用同精度重复量测的方法，使用经检校的钢卷尺、水平尺、重锤线及"L"形专用测量工具进行。抽查不少于2%的明显管线点，实地量测，并

统计埋深中误差；在实地抽查过程中，检查是否有漏查及错定管线类型及属性等问题。

（3）隐蔽管线点探查的质量监理

对隐蔽管线点仪器探查的质量监理采用同精度重复观测，包括管线仪重复探测、地质雷达剖面检测与钎探验证相结合的综合方法进行。实地抽查不少于2%的隐蔽管线点，并统计重复探测埋深中误差、平面中误差；当重复探测检查发现有疑问时，应对有疑问的点进行开挖验证；对难于开挖的水泥、沥青路面下管线可采用探地雷达进行监测；检查是否有漏测、错测及管线点之间连接错误等。

（4）开挖验证监理

在完成基础资料检查、综合管线图实地对照检查、明显管线点实地调查监理和隐蔽管线点仪器探查监理，且监理结果符合要求后，按设计要求对隐蔽管线点进行抽样开挖检查，检查量为隐蔽管线点总数的1%，开挖检查应按分布均匀、合理、有代表性和随机性的原则进行抽样。

（5）权属单位审图监理

生产单位在提交监理进行综合图巡图的同时，须另提交一套综合管线图及专业管线图交业主单位审查。业主单位组织权属单位对测绘生产单位提交的管线图进行审查，审查内容包括有无丢漏、错连、属性调查错误，并逐条填写审核记录，并注明审图人及联系方式。测绘生产单位对应审核记录逐条复核，所有问题处理完毕后，连同最新成果交监理单位，监理单位须100%对照检查并填写检查记录。

2）测绘质量监理

（1）基础资料检查

包括控制测量成果资料检查、管线点成果资料检查、自检报告检查、地形图检查、综合管线图检查。资料检查合格后进行下一步工作，不合格的填写《整改通知单》交生产单位进行整改。测绘生产单位处理结束后再次提交整改措施报告及全部资料。

（2）控制测量检查

审定控制网的分布、密度及控制点的埋设等是否满足规范和设计要求。检查所使用的平差软件是否严谨、规范，检查控制成果各项精度指标是否满足规范和设计要求。

（3）管线点测绘作业监理

检查测量作业操作是否规范、正确，仪器各项指标是否满足要求；测绘生产单位对管线点测量的自检数量、自检精度是否满足设计要求，分布是否均匀、合理等进行监理。外业抽查5%的管线点，重复测量管线点的平面坐标和高程，形成管线点测量精度检查表。

（4）综合管线图监理

在生产单位完成测区的外业探测且质量自检合格后，对综合管线图100%室内检查。检查内容包括生产单位是否按规定的探测范围进行探测，管线的连接和走向是否清楚，是否有明显漏测，图例、图饰是否符合要求，各种注记、扯旗说明和图廓整饰是否符合要求，内部图幅接边是否正确，管线点编号是否唯一并符合要求，管线点符号、管线颜色、图式、图例应用是否正确合理；管线接边精度是否满足设计要求。检查结束后，填写管线图审查记录表，将情况反馈给测绘生产单位进行全面整改，并检查其修改情况。

（5）综合管线图实地对照检查

176

该项检查工作一般应与明显管线点重复调查、隐蔽管线点重复探查同时进行。抽取10%的综合管线图到室外实地对照检查，有问题的返回探测单位再成图，错误处不得再出现。

4. 数据成果监理

数据成果监理一般包括数据库检查、图形数据检查、成果表及原始记录表检查等。

1）数据库检查

数据库检查一般要进行100%的内业检查，检查内容包括：管线数据字典的检查和管线数据检查。管线数据字典表检查，检查各表结构，不检查具体的字段值，主要是防止人为修改模板数据库结构。管线数据检查，包括检查数据表结构、管点重复检查、管段重复检查、点性与连接方向检查、管点类型编码和附属物编码分栏检查、查线段两端点属性一致性、排水高程检查、超长管段检查等。

2）图形数据检查

主要检查图形数据的分层、代码、颜色、线型、字体、字大、符号等运用的是否符合设计要求。还有，文件的命名是否规范，是否符合设计和入库要求等。图幅的接边检查也应该在图形数据检查之列。这部分内容有些检查项可以用程序来自动检查，有些内容必须用人工的方式进行手动检查。

3）成果表、原始探查记录表检查

监理对原始探查记录的检查，主要检查其填写是否完整、规范、准确，并与管线点属性数据库对比检查，出错率一般不能大于2‰，填写《原始探查记录检查表》，如出错率大于2‰，测绘生产单位需对所有原始成果进行重新整理，然后再由监理组复核。监理抽样一般抽取测绘生产单位不少于10%的原始探查记录表。

监理对管线点成果表的检查，主要检查其填写是否完整、规范、准确。填写《成果表检查记录表》如出错率大于2‰，测绘生产单位需对所有原始成果进行重新整理，然后再由监理组复核。监理抽样一般抽取测绘生产单位不少于10%的管线点成果表。

5. 成果资料归档监理

1）成果资料组卷

探测成果资料的组卷应遵循文件资料的自然形成规律，保持卷内文件内容之间的系统联系，组成案卷要便于利用和保管。

组卷的要求：归类、排序保证文件齐全完整；保证案卷内容真实、材料准确、有效案卷质量经久耐用；统一规格、统一标准。

2）档案的审核和交接

测绘生产单位按照成果资料组卷的要求整理好档案后，应将档案交监理组检查、审核，其内容包括：成果资料是否齐全、档案的立卷、装订是否符合要求。检查、审核合格后，监理人员签署监理意见，提请业主单位进行工程验收。

◎ 习题和思考题

1. 简述监理对控制网平差后的精度指标及可靠性进行检查包括哪些内容。

2. 高速公路施工阶段测量监理的主要职责有哪些?

3. 简述数字测图的质量控制主要有哪些工作。

4. 简述航测法数字化大比例尺地形图测绘的工序流程。

5. 简述地籍数据的细节检查评价主要从哪些方面进行。

中华人民共和国测绘法

(1992 年 12 月 28 日第七届全国人民代表大会常务委员会第二十九次会议通过，2002 年 8 月 29 日第九届全国人民代表大会常务委员会第二十九次会议通过修订)

第 一 章 总 则

第一条 为了加强测绘管理，促进测绘事业发展，保障测绘事业为国家经济建设、国防建设和社会发展服务，制定本法。

第二条 在中华人民共和国领域和管辖的其他海域从事测绘活动，应当遵守本法。

本法所称测绘，是指对自然地理要素或者地表人工设施的形状、大小、空间位置及其属性等进行测定、采集、表述以及对获取的数据、信息、成果进行处理和提供的活动。

第三条 测绘事业是经济建设、国防建设、社会发展的基础性事业。各级人民政府应当加强对测绘工作的领导。

第四条 国务院测绘行政主管部门负责全国测绘工作的统一监督管理。国务院其他有关部门按照国务院规定的职责分工，负责本部门有关的测绘工作。

县级以上地方人民政府负责管理测绘工作的行政部门（以下简称测绘行政主管部门）负责本行政区域测绘工作的统一监督管理。县级以上地方人民政府其他有关部门按照本级人民政府规定的职责分工，负责本部门有关的测绘工作。

军队测绘主管部门负责管理军事部门的测绘工作，并按照国务院、中央军事委员会规定的职责分工负责管理海洋基础测绘工作。

第五条 从事测绘活动，应当使用国家规定的测绘基准和测绘系统，执行国家规定的测绘技术规范和标准。

第六条 国家鼓励测绘科学技术的创新和进步，采用先进的技术和设备，提高测绘水平。

对在测绘科学技术进步中做出重要贡献的单位和个人，按照国家有关规定给予奖励。

第七条 外国的组织或者个人在中华人民共和国领域和管辖的其他海域从事测绘活动，必须经国务院测绘行政主管部门会同军队测绘主管部门批准，并遵守中华人民共和国的有关法律、行政法规的规定。

外国的组织或者个人在中华人民共和国领域从事测绘活动，必须与中华人民共和国有关部门或者单位依法采取合资、合作的形式进行，并不得涉及国家秘密和危害国家安全。

第二章　测绘基准和测绘系统

第八条　国家设立和采用全国统一的大地基准、高程基准、深度基准和重力基准，其数据由国务院测绘行政主管部门审核，并与国务院其他有关部门、军队测绘主管部门会商后，报国务院批准。

第九条　国家建立全国统一的大地坐标系统、平面坐标系统、高程系统、地心坐标系统和重力测量系统，确定国家大地测量等级和精度以及国家基本比例尺地图的系列和基本精度。具体规范和要求由国务院测绘行政主管部门会同国务院其他有关部门、军队测绘主管部门制定。

在不妨碍国家安全的情况下，确有必要采用国际坐标系统的，必须经国务院测绘行政主管部门会同军队测绘主管部门批准。

第十条　因建设、城市规划和科学研究的需要，大城市和国家重大工程项目确需建立相对独立的平面坐标系统的，由国务院测绘行政主管部门批准；其他确需建立相对独立的平面坐标系统的，由省、自治区、直辖市人民政府测绘行政主管部门批准。

建立相对独立的平面坐标系统，应当与国家坐标系统相联系。

第三章　基　础　测　绘

第十一条　基础测绘是公益性事业。国家对基础测绘实行分级管理。

本法所称基础测绘，是指建立全国统一的测绘基准和测绘系统，进行基础航空摄影，获取基础地理信息的遥感资料，测制和更新国家基本比例尺地图、影像图和数字化产品，建立、更新基础地理信息系统。

第十二条　国务院测绘行政主管部门会同国务院其他有关部门、军队测绘主管部门组织编制全国基础测绘规划，报国务院批准后组织实施。

县级以上地方人民政府测绘行政主管部门会同本级人民政府其他有关部门根据国家和上一级人民政府的基础测绘规划和本行政区域内的实际情况，组织编制本行政区域的基础测绘规划，报本级人民政府批准，并报上一级测绘行政主管部门备案后组织实施。

第十三条　军队测绘主管部门负责编制军事测绘规划，按照国务院、中央军事委员会规定的职责分工负责编制海洋基础测绘规划，并组织实施。

第十四条　县级以上人民政府应当将基础测绘纳入本级国民经济和社会发展年度计划及财政预算。

国务院发展计划主管部门会同国务院测绘行政主管部门，根据全国基础测绘规划，编制全国基础测绘年度计划。

县级以上地方人民政府发展计划主管部门会同同级测绘行政主管部门，根据本行政区域的基础测绘规划，编制本行政区域的基础测绘年度计划，并分别报上一级主管部门备案。

国家对边远地区、少数民族地区的基础测绘给予财政支持。

第十五条　基础测绘成果应当定期进行更新，国民经济、国防建设和社会发展急需的基础测绘成果应当及时更新。

基础测绘成果的更新周期根据不同地区国民经济和社会发展的需要确定。

第四章　界线测绘和其他测绘

第十六条　中华人民共和国国界线的测绘，按照中华人民共和国与相邻国家缔结的边界条约或者协定执行。中华人民共和国地图的国界线标准样图，由外交部和国务院测绘行政主管部门拟订，报国务院批准后公布。

第十七条　行政区域界线的测绘，按照国务院有关规定执行。省、自治区、直辖市和自治州、县、自治县、市行政区域界线的标准画法图，由国务院民政部门和国务院测绘行政主管部门拟订，报国务院批准后公布。

第十八条　国务院测绘行政主管部门会同国务院土地行政主管部门编制全国地籍测绘规划。县级以上地方人民政府测绘行政主管部门会同同级土地行政主管部门编制本行政区域的地籍测绘规划。

县级以上人民政府测绘行政主管部门按照地籍测绘规划，组织管理地籍测绘。

第十九条　测量土地、建筑物、构筑物和地面其他附着物的权属界址线，应当按照县级以上人民政府确定的权属界线的界址点、界址线或者提供的有关登记资料和附图进行。权属界址线发生变化时，有关当事人应当及时进行变更测绘。

第二十条　城市建设领域的工程测量活动，与房屋产权、产籍相关的房屋面积的测量，应当执行由国务院建设行政主管部门、国务院测绘行政主管部门负责组织编制的测量技术规范。

水利、能源、交通、通信、资源开发和其他领域的工程测量活动，应当按照国家有关的工程测量技术规范进行。

第二十一条　建立地理信息系统，必须采用符合国家标准的基础地理信息数据。

第五章　测绘资质资格

第二十二条　国家对从事测绘活动的单位实行测绘资质管理制度。

从事测绘活动的单位应当具备下列条件，并依法取得相应等级的测绘资质证书后，方可从事测绘活动：

（一）有与其从事的测绘活动相适应的专业技术人员；

（二）有与其从事的测绘活动相适应的技术装备和设施；

（三）有健全的技术、质量保证体系和测绘成果及资料档案管理制度；

（四）具备国务院测绘行政主管部门规定的其他条件。

第二十三条　国务院测绘行政主管部门和省、自治区、直辖市人民政府测绘行政主管部门按照各自的职责负责测绘资质审查、发放资质证书，具体办法由国务院测绘行政主管部门商国务院其他有关部门规定。

军队测绘主管部门负责军事测绘单位的测绘资质审查。

第二十四条 测绘单位不得超越其资质等级许可的范围从事测绘活动或者以其他测绘单位的名义从事测绘活动，并不得允许其他单位以本单位的名义从事测绘活动。

测绘项目实行承发包的，测绘项目的发包单位不得向不具有相应测绘资质等级的单位发包或者迫使测绘单位以低于测绘成本承包。

测绘单位不得将承包的测绘项目转包。

第二十五条 从事测绘活动的专业技术人员应当具备相应的执业资格条件，具体办法由国务院测绘行政主管部门会同国务院人事行政主管部门规定。

第二十六条 测绘人员进行测绘活动时，应当持有测绘作业证件。

任何单位和个人不得妨碍、阻挠测绘人员依法进行测绘活动。

第二十七条 测绘单位的资质证书、测绘专业技术人员的执业证书和测绘人员的测绘作业证件的式样，由国务院测绘行政主管部门统一规定。

第六章　测绘成果

第二十八条 国家实行测绘成果汇交制度。

测绘项目完成后，测绘项目出资人或者承担国家投资的测绘项目的单位，应当向国务院测绘行政主管部门或者省、自治区、直辖市人民政府测绘行政主管部门汇交测绘成果资料。属于基础测绘项目的，应当汇交测绘成果副本；属于非基础测绘项目的，应当汇交测绘成果目录。负责接收测绘成果副本和目录的测绘行政主管部门应当出具测绘成果汇交凭证，并及时将测绘成果副本和目录移交给保管单位。测绘成果汇交的具体办法由国务院规定。

国务院测绘行政主管部门和省、自治区、直辖市人民政府测绘行政主管部门应当定期编制测绘成果目录，向社会公布。

第二十九条 测绘成果保管单位应当采取措施保障测绘成果的完整和安全，并按照国家有关规定向社会公开和提供利用。

测绘成果属于国家秘密的，适用国家保密法律、行政法规的规定；需要对外提供的，按照国务院和中央军事委员会规定的审批程序执行。

第三十条 使用财政资金的测绘项目和使用财政资金的建设工程测绘项目，有关部门在批准立项前应当征求本级人民政府测绘行政主管部门的意见，有适宜测绘成果的，应当充分利用已有的测绘成果，避免重复测绘。

第三十一条 基础测绘成果和国家投资完成的其他测绘成果，用于国家机关决策和社会公益性事业的，应当无偿提供。

前款规定之外的，依法实行有偿使用制度；但是，政府及其有关部门和军队因防灾、减灾、国防建设等公共利益的需要，可以无偿使用。

测绘成果使用的具体办法由国务院规定。

第三十二条 中华人民共和国领域和管辖的其他海域的位置、高程、深度、面积、长度等重要地理信息数据，由国务院测绘行政主管部门审核，并与国务院其他有关部门、军队测绘主管部门会商后，报国务院批准，由国务院或者国务院授权的部门公布。

第三十三条 各级人民政府应当加强对编制、印刷、出版、展示、登载地图的管理，保证地图质量，维护国家主权、安全和利益。具体办法由国务院规定。

各级人民政府应当加强对国家版图意识的宣传教育，增强公民的国家版图意识。

第三十四条 测绘单位应当对其完成的测绘成果质量负责。县级以上人民政府测绘行政主管部门应当加强对测绘成果质量的监督管理。

第七章 测量标志保护

第三十五条 任何单位和个人不得损毁或者擅自移动永久性测量标志和正在使用中的临时性测量标志，不得侵占永久性测量标志用地，不得在永久性测量标志安全控制范围内从事危害测量标志安全和使用效能的活动。

本法所称永久性测量标志，是指各等级的三角点、基线点、导线点、军用控制点、重力点、天文点、水准点和卫星定位点的木质觇标、钢质觇标和标石标志，以及用于地形测图、工程测量和形变测量的固定标志和海底大地点设施。

第三十六条 永久性测量标志的建设单位应当对永久性测量标志设立明显标记，并委托当地有关单位指派专人负责保管。

第三十七条 进行工程建设，应当避开永久性测量标志；确实无法避开，需要拆迁永久性测量标志或者使永久性测量标志失去效能的，应当经国务院测绘行政主管部门或者省、自治区、直辖市人民政府测绘行政主管部门批准；涉及军用控制点的，应当征得军队测绘主管部门的同意。所需迁建费用由工程建设单位承担。

第三十八条 测绘人员使用永久性测量标志，必须持有测绘作业证件，并保证测量标志的完好。

保管测量标志的人员应当查验测量标志使用后的完好状况。

第三十九条 县级以上人民政府应当采取有效措施加强测量标志的保护工作。

县级以上人民政府测绘行政主管部门应当按照规定检查、维护永久性测量标志。

乡级人民政府应当做好本行政区域内的测量标志保护工作。

第八章 法律责任

第四十条 违反本法规定，有下列行为之一的，给予警告，责令改正，可以并处十万元以下的罚款；对负有直接责任的主管人员和其他直接责任人员，依法给予行政处分：

（一）未经批准，擅自建立相对独立的平面坐标系统的；

（二）建立地理信息系统，采用不符合国家标准的基础地理信息数据的。

第四十一条 违反本法规定，有下列行为之一的，给予警告，责令改正，可以并处十万元以下的罚款；构成犯罪的，依法追究刑事责任；尚不够刑事处罚的，对负有直接责任的主管人员和其他直接责任人员，依法给予行政处分：

（一）未经批准，在测绘活动中擅自采用国际坐标系统的；

（二）擅自发布中华人民共和国领域和管辖的其他海域的重要地理信息数据的。

第四十二条 违反本法规定，未取得测绘资质证书，擅自从事测绘活动的，责令停止违法行为，没收违法所得和测绘成果，并处测绘约定报酬一倍以上二倍以下的罚款。

以欺骗手段取得测绘资质证书从事测绘活动的，吊销测绘资质证书，没收违法所得和测绘成果，并处测绘约定报酬一倍以上二倍以下的罚款。

第四十三条 违反本法规定，测绘单位有下列行为之一的，责令停止违法行为，没收违法所得和测绘成果，处测绘约定报酬一倍以上二倍以下的罚款，并可以责令停业整顿或者降低资质等级；情节严重的，吊销测绘资质证书：

（一）超越资质等级许可的范围从事测绘活动的；

（二）以其他测绘单位的名义从事测绘活动的；

（三）允许其他单位以本单位的名义从事测绘活动的。

第四十四条 违反本法规定，测绘项目的发包单位将测绘项目发包给不具有相应资质等级的测绘单位或者迫使测绘单位以低于测绘成本承包的，责令改正，可以处测绘约定报酬二倍以下的罚款。发包单位的工作人员利用职务上的便利，索取他人财物或者非法收受他人财物，为他人谋取利益，构成犯罪的，依法追究刑事责任；尚不够刑事处罚的，依法给予行政处分。

第四十五条 违反本法规定，测绘单位将测绘项目转包的，责令改正，没收违法所得，处测绘约定报酬一倍以上二倍以下的罚款，并可以责令停业整顿或者降低资质等级；情节严重的，吊销测绘资质证书。

第四十六条 违反本法规定，未取得测绘执业资格，擅自从事测绘活动的，责令停止违法行为，没收违法所得，可以并处违法所得二倍以下的罚款；造成损失的，依法承担赔偿责任。

第四十七条 违反本法规定，不汇交测绘成果资料的，责令限期汇交；逾期不汇交的，对测绘项目出资人处以重测所需费用一倍以上二倍以下的罚款；对承担国家投资的测绘项目的单位处一万元以上五万元以下的罚款，暂扣测绘资质证书，自暂扣测绘资质证书之日起六个月内仍不汇交测绘成果资料的，吊销测绘资质证书；并对负有直接责任的主管人员和其他直接责任人员依法给予行政处分。

第四十八条 违反本法规定，测绘成果质量不合格的，责令测绘单位补测或者重测；情节严重的，责令停业整顿，降低资质等级直至吊销测绘资质证书；给用户造成损失的，依法承担赔偿责任。

第四十九条 违反本法规定，编制、印刷、出版、展示、登载的地图发生错绘、漏绘、泄密，危害国家主权或者安全，损害国家利益，构成犯罪的，依法追究刑事责任；尚不够刑事处罚的，依法给予行政处罚或者行政处分。

第五十条 违反本法规定，有下列行为之一的，给予警告，责令改正，可以并处五万元以下的罚款；造成损失的，依法承担赔偿责任；构成犯罪的，依法追究刑事责任；尚不够刑事处罚的，对负有直接责任的主管人员和其他直接责任人员，依法给予行政处分：

（一）损毁或者擅自移动永久性测量标志和正在使用中的临时性测量标志的；

（二）侵占永久性测量标志用地的；

（三）在永久性测量标志安全控制范围内从事危害测量标志安全和使用效能的活动的；

（四）在测量标志占地范围内，建设影响测量标志使用效能的建筑物的；

（五）擅自拆除永久性测量标志或者使永久性测量标志失去使用效能，或者拒绝支付迁建费用的；

（六）违反操作规程使用永久性测量标志，造成永久性测量标志毁损的。

第五十一条 违反本法规定，有下列行为之一的，责令停止违法行为，没收测绘成果和测绘工具，并处一万元以上十万元以下的罚款；情节严重的，并处十万元以上五十万元以下的罚款，责令限期离境；所获取的测绘成果属于国家秘密，构成犯罪的，依法追究刑事责任：

（一）外国的组织或者个人未经批准，擅自在中华人民共和国领域和管辖的其他海域从事测绘活动的；

（二）外国的组织或者个人未与中华人民共和国有关部门或者单位合资、合作，擅自在中华人民共和国领域从事测绘活动的。

第五十二条 本法规定的降低资质等级、暂扣测绘资质证书、吊销测绘资质证书的行政处罚，由颁发资质证书的部门决定；其他行政处罚由县级以上人民政府测绘行政主管部门决定。

本法第五十一条规定的责令限期离境由公安机关决定。

第五十三条 违反本法规定，县级以上人民政府测绘行政主管部门工作人员利用职务上的便利收受他人财物、其他好处或者玩忽职守，对不符合法定条件的单位核发测绘资质证书，不依法履行监督管理职责，或者发现违法行为不予查处，造成严重后果，构成犯罪的，依法追究刑事责任；尚不够刑事处罚的，对负有直接责任鹊主管人员和其他直接责任人员，依法给予行政处分。

第九章 附 则

第五十四条 军事测绘管理办法由中央军事委员会根据本法规定。

第五十五条 本法自 2002 年 12 月 1 日起施行。

附录 **II**

中华人民共和国测绘成果管理条例

(2006 年 5 月 17 日国务院第 136 次常务会议通过)

第 一 章 总 则

第一条 为了加强对测绘成果的管理，维护国家安全，促进测绘成果的利用，满足经济建设、国防建设和社会发展的需要，根据《中华人民共和国测绘法》，制定本条例。

第二条 测绘成果的汇交、保管、利用和重要地理信息数据的审核与公布，适用本条例。

本条例所称测绘成果，是指通过测绘形成的数据、信息、图件以及相关的技术资料。测绘成果分为基础测绘成果和非基础测绘成果。

第三条 国务院测绘行政主管部门负责全国测绘成果工作的统一监督管理。国务院其他有关部门按照职责分工，负责本部门有关的测绘成果工作。

县级以上地方人民政府负责管理测绘工作的部门（以下称测绘行政主管部门）负责本行政区域测绘成果工作的统一监督管理。县级以上地方人民政府其他有关部门按照职责分工，负责本部门有关的测绘成果工作。

第四条 汇交、保管、公布、利用、销毁测绘成果应当遵守有关保密法律、法规的规定，采取必要的保密措施，保障测绘成果的安全。

第五条 对在测绘成果管理工作中作出突出贡献的单位和个人，由有关人民政府或者部门给予表彰和奖励。

第 二 章 汇 交 与 保 管

第六条 中央财政投资完成的测绘项目，由承担测绘项目的单位向国务院测绘行政主管部门汇交测绘成果资料；地方财政投资完成的测绘项目，由承担测绘项目的单位向测绘项目所在地的省、自治区、直辖市人民政府测绘行政主管部门汇交测绘成果资料；使用其他资金完成的测绘项目，由测绘项目出资人向测绘项目所在地的省、自治区、直辖市人民政府测绘行政主管部门汇交测绘成果资料。

第七条 测绘成果属于基础测绘成果的，应当汇交副本；属于非基础测绘成果的，应当汇交目录。测绘成果的副本和目录实行无偿汇交。

下列测绘成果为基础测绘成果：

（一）为建立全国统一的测绘基准和测绘系统进行的天文测量、三角测量、水准测量、卫星大地测量、重力测量所获取的数据、图件；

（二）基础航空摄影所获取的数据、影像资料；

（三）遥感卫星和其他航天飞行器对地观测所获取的基础地理信息遥感资料；

（四）国家基本比例尺地图、影像图及其数字化产品；

（五）基础地理信息系统的数据、信息等。

第八条 外国的组织或者个人依法与中华人民共和国有关部门或者单位合资、合作，经批准在中华人民共和国领域内从事测绘活动的，测绘成果归中方部门或者单位所有，并由中方部门或者单位向国务院测绘行政主管部门汇交测绘成果副本。

外国的组织或者个人依法在中华人民共和国管辖的其他海域从事测绘活动的，由其按照国务院测绘行政主管部门的规定汇交测绘成果副本或者目录。

第九条 测绘项目出资人或者承担国家投资的测绘项目的单位应当自测绘项目验收完成之日起 3 个月内，向测绘行政主管部门汇交测绘成果副本或者目录。测绘行政主管部门应当在收到汇交的测绘成果副本或者目录后，出具汇交凭证。

汇交测绘成果资料的范围由国务院测绘行政主管部门商国务院有关部门制定并公布。

第十条 测绘行政主管部门自收到汇交的测绘成果副本或者目录之日起 10 个工作日内，应当将其移交给测绘成果保管单位。

国务院测绘行政主管部门和省、自治区、直辖市人民政府测绘行政主管部门应当定期编制测绘成果资料目录，向社会公布。

第十一条 测绘成果保管单位应当建立健全测绘成果资料的保管制度，配备必要的设施，确保测绘成果资料的安全，并对基础测绘成果资料实行异地备份存放制度。

测绘成果资料的存放设施与条件，应当符合国家保密、消防及档案管理的有关规定和要求。

第十二条 测绘成果保管单位应当按照规定保管测绘成果资料，不得损毁、散失、转让。

第十三条 测绘项目的出资人或者承担测绘项目的单位，应当采取必要的措施，确保其获取的测绘成果的安全。

第三章　利　用

第十四条 县级以上人民政府测绘行政主管部门应当积极推进公众版测绘成果的加工和编制工作，并鼓励公众版测绘成果的开发利用，促进测绘成果的社会化应用。

第十五条 使用财政资金的测绘项目和使用财政资金的建设工程测绘项目，有关部门在批准立项前应当书面征求本级人民政府测绘行政主管部门的意见。测绘行政主管部门应当自收到征求意见材料之日起 10 日内，向征求意见的部门反馈意见。有适宜测绘成果的，应当充分利用已有的测绘成果，避免重复测绘。

第十六条 国家保密工作部门、国务院测绘行政主管部门应当商军队测绘主管部门，依照有关保密法律、行政法规的规定，确定测绘成果的秘密范围和秘密等级。

利用涉及国家秘密的测绘成果开发生产的产品，未经国务院测绘行政主管部门或者省、自治区、直辖市人民政府测绘行政主管部门进行保密技术处理的，其秘密等级不得低于所用测绘成果的秘密等级。

第十七条 法人或者其他组织需要利用属于国家秘密的基础测绘成果的，应当提出明确的利用目的和范围，报测绘成果所在地的测绘行政主管部门审批。

测绘行政主管部门审查同意的，应当以书面形式告知测绘成果的秘密等级、保密要求以及相关著作权保护要求。

第十八条 对外提供属于国家秘密的测绘成果，应当按照国务院和中央军事委员会规定的审批程序，报国务院测绘行政主管部门或者省、自治区、直辖市人民政府测绘行政主管部门审批；测绘行政主管部门在审批前，应当征求军队有关部门的意见。

第十九条 基础测绘成果和财政投资完成的其他测绘成果，用于国家机关决策和社会公益性事业的，应当无偿提供。

除前款规定外，测绘成果依法实行有偿使用制度。但是，各级人民政府及其有关部门和军队因防灾、减灾、国防建设等公共利益的需要，可以无偿使用测绘成果。

依法有偿使用测绘成果的，使用人与测绘项目出资人应当签订书面协议，明确双方的权利和义务。

第二十条 测绘成果涉及著作权保护和管理的，依照有关法律、行政法规的规定执行。

第二十一条 建立以地理信息数据为基础的信息系统，应当利用符合国家标准的基础地理信息数据。

第四章　重要地理信息数据的审核与公布

第二十二条 国家对重要地理信息数据实行统一审核与公布制度。

任何单位和个人不得擅自公布重要地理信息数据。

第二十三条 重要地理信息数据包括：

（一）国界、国家海岸线长度；

（二）领土、领海、毗连区、专属经济区面积；

（三）国家海岸滩涂面积、岛礁数量和面积；

（四）国家版图的重要特征点，地势、地貌分区位置；

（五）国务院测绘行政主管部门商国务院其他有关部门确定的其他重要自然和人文地理实体的位置、高程、深度、面积、长度等地理信息数据。

第二十四条 提出公布重要地理信息数据建议的单位或者个人，应当向国务院测绘行政主管部门或者省、自治区、直辖市人民政府测绘行政主管部门报送建议材料。

对需要公布的重要地理信息数据，国务院测绘行政主管部门应当提出审核意见，并与国务院其他有关部门、军队测绘主管部门会商后，报国务院批准。具体办法由国务院测绘行政主管部门制定。

第二十五条 国务院批准公布的重要地理信息数据，由国务院或者国务院授权的部门以公告形式公布。

在行政管理、新闻传播、对外交流、教学等对社会公众有影响的活动中，需要使用重要地理信息数据的，应当使用依法公布的重要地理信息数据。

第五章 法 律 责 任

第二十六条 违反本条例规定，县级以上人民政府测绘行政主管部门有下列行为之一的，由本级人民政府或者上级人民政府测绘行政主管部门责令改正，通报批评；对直接负责的主管人员和其他直接责任人员，依法给予处分：

（一）接收汇交的测绘成果副本或者目录，未依法出具汇交凭证的；

（二）未及时向测绘成果保管单位移交测绘成果资料的；

（三）未依法编制和公布测绘成果资料目录的；

（四）发现违法行为或者接到对违法行为的举报后，不及时进行处理的；

（五）不依法履行监督管理职责的其他行为。

第二十七条 违反本条例规定，未汇交测绘成果资料的，依照《中华人民共和国测绘法》第四十七条的规定进行处罚。

第二十八条 违反本条例规定，测绘成果保管单位有下列行为之一的，由测绘行政主管部门给予警告，责令改正；有违法所得的，没收违法所得；造成损失的，依法承担赔偿责任；对直接负责的主管人员和其他直接责任人员，依法给予处分：

（一）未按照测绘成果资料的保管制度管理测绘成果资料，造成测绘成果资料损毁、散失的；

（二）擅自转让汇交的测绘成果资料的；

（三）未依法向测绘成果的使用人提供测绘成果资料的。

第二十九条 违反本条例规定，有下列行为之一的，由测绘行政主管部门或者其他有关部门依据职责责令改正，给予警告，可以处 10 万元以下的罚款；对直接负责的主管人员和其他直接责任人员，依法给予处分：

（一）建立以地理信息数据为基础的信息系统，利用不符合国家标准的基础地理信息数据的；

（二）擅自公布重要地理信息数据的；

（三）在对社会公众有影响的活动中使用未经依法公布的重要地理信息数据的。

第六章 附   则

第三十条 法律、行政法规对编制出版地图的管理另有规定的，从其规定。

第三十一条 军事测绘成果的管理，按照中央军事委员会的有关规定执行。

第三十二条 本条例自 2006 年 9 月 1 日起施行。1989 年 3 月 21 日国务院发布的《中华人民共和国测绘成果管理规定》同时废止。

测绘生产质量管理规定

（1997 年 7 月 22 日国家测绘局发布）

第一章　总　则

第一条　为了提高测绘生产质量管理水平，确保测绘产品质量，依据《中华人民共和国测绘法》及有关法规，制定本规定。

第二条　测绘生产质量管理是指测绘单位从承接测绘任务、组织准备、技术设计、生产作业直至产品交付使用全过程实施的质量管理。

第三条　测绘生产质量管理贯彻"质量第一、注重实效"的方针，以保证质量为中心，满足需求为目标，防检结合为手段，全员参与为基础，促进测绘单位走质量效益型的发展道路。

第四条　测绘单位必须经常进行质量教育，开展群众性的质量管理活动，不断增强干部职工的质量意识，有计划、分层次地组织岗位技术培训，逐步实行持证上岗。

第五条　测绘单位必须健全质量管理的规章制度。甲级、乙级测绘资格单位应当设立质量管理或质量检查机构；丙级、丁级测绘资格单位应当设立专职质量管理或质量检查人员。

第六条　测绘单位应当按照国家的《质量管理和质量保证》标准，推行全面质量管理，建立和完善测绘质量体系，并可自愿申请通过质量体系认证。

第二章　测绘质量责任制

第七条　测绘单位必须建立以质量为中心的技术经济责任制，明确各部门、各岗位的职责及相互关系，规定考核办法，以作业质量、工作质量确保测绘产品质量。

第八条　测绘单位的法定代表人确定本单位的质量方针和质量目标，签发质量手册；建立本单位的质量体系并保证其有效运行；对提供的测绘产品承担产品质量责任。

第九条　测绘单位的质量主管负责人按照职责分工负责质量方针、质量目标的贯彻实施，签发有关的质量文件及作业指导书；组织编制测绘项目的技术设计书，并对设计质量负责；处理生产过程中的重大技术问题和质量争议；审核技术总结；审定测绘产品的交付验收。

第十条　测绘单位的质量管理、质量检查机构及质量检查人员，在规定的职权范围内，负责质量管理的日常工作。编制年度质量计划，贯彻技术标准及质量文件；对作业过程进行现场监督和检查，处理质量问题；组织实施内部质量审核工作。

各级质量检查人员对其所检查的产品质量负责，并有权予以质量否决，有权越级反映质量问题。

第十一条 生产岗位的作业人员必须严格执行操作规程，按照技术设计进行作业，并对作业成果质量负责。

其他岗位的工作人员，应当严格执行有关的规章制度，保证本岗位的工作质量。因工作质量问题影响产品质量的，承担相应的质量责任。

第十二条 测绘单位可以按照测绘项目的实际情况实行项目质量负责人制度。项目质量负责人对该测绘项目的产品质量负直接责任。

第三章 生产组织准备的质量管理

第十三条 测绘单位承接测绘任务时，应当逐步实行合同评审（或计划任务评审），保证具有满足任务要求的实施能力，并将该项任务纳入质量管理网络。合同评审结果作为技术设计的一项重要依据。

第十四条 测绘任务的实施，应坚持先设计后生产，不允许边设计边生产，禁止没有设计进行生产。

技术设计书应按测绘主管部门的有关规定经过审核批准，方可付诸执行。市场测绘任务根据具体情况编制技术设计书或测绘任务书，作为测绘合同的附件。

第十五条 测绘任务实施前，应组织有关人员的技术培训，学习技术设计书及有关的技术标准、操作规程。

第十六条 测绘任务实施前，应对需用的仪器、设备、工具进行检验和校正；在生产中应用的计算机软件及需用的各种物资，应能保证满足产品质量的要求，不合格的不准投入使用。

第十七条 重大测绘项目应实施首件产品的质量检验，对技术设计进行验证。

首件产品质量检验点的设置，由测绘单位根据实际需要自行确定。

第十八条 测绘单位必须制定完整可行的工序管理流程表，加强工序管理的各项基础工作，有效控制影响产品质量的各种因素。

第十九条 生产作业中的工序产品必须达到规定的质量要求，经作业人员自查、互检，如实填写质量记录，达到合格标准后，方可转入下工序。

下工序有权退回不符合质量要求的上工序产品，上工序应及时进行修正、处理。退回及修正的过程，都必须如实填写质量记录。

因质量问题造成下工序损失，或因错误判断造成上工序损失的，均应承担相应的经济责任。

第二十条 测绘单位应当在关键工序、重点工序设置必要的检验点，实施工序产品质量的现场检查。现场检验点的设置，可以根据测绘任务的性质、作业人员水平、降低质量成本等因素，由测绘单位自行确定。

第二十一条　对检查发现的不合格品，应及时进行跟踪处理，作出质量记录，采取纠正措施。不合格品经返工修正后，应重新进行质量检查；不能进行返工修正的，应予报废并履行审批手续。

第二十二条　测绘单位必须建立内部质量审核制度。经成果质量过程检查的测绘产品，必须通过质量检查机构的最终检查，评定质量等级，编写最终检查报告。

过程检查、最终检查和质量评定，按《测绘产品检查验收规定》和《测绘产品质量评定标准》执行。

第二十三条　测绘单位所交付的测绘产品，必须保证是合格品。

第二十四条　测绘单位应当建立质量信息反馈网络，主动征求用户对测绘质量的意见，并为用户提供咨询服务。

第二十五条　测绘单位应当及时、认真地处理用户的质量查询和反馈意见。与用户发生质量争议时，按照《测绘质量监督管理办法》的有关规定处理。

第四章　质量奖惩

第二十六条　测绘单位应当建立质量奖惩制度。对在质量管理和提高产品质量中作出显著成绩的基层单位和个人，应给予奖励，并可申报参加测绘主管部门组织的质量评优活动。

第二十七条　对违章作业，粗制滥造甚至伪造成果的有关责任人；对不负责任，漏检错检甚至弄虚作假、徇私舞弊的质量管理、质量检查人员，依照《测绘质量监督管理办法》的相应条款进行处理。测绘单位对有关责任人员还可给予内部通报批评、行政处分及经济处罚。

第二十八条　本规定由国家测绘局负责解释。

第二十九条　本规定自发布之日起施行。1988 年 3 月国家测绘局发布的《测绘生产质量管理规定》(试行) 同时废止。

测绘质量监督管理办法

（1997 年 8 月 6 日国家测绘局、国家技术监督局发布）

第一章　总　　则

第一条　为了加强测绘质量监督管理，确保测绘产品质量，维护用户及测绘单位的合法权益根据《中华人民共和国测绘法》、《中华人民共和国产品质量法》及国家有关法律、法规，制定本办法。

第二条　从事测绘生产、经营活动的测绘单位，测制、提供各类测绘产品，必须遵守本办法。本办法所称测绘产品，是指以不同形式的信息载体测制、提供的模拟或数字化测绘成果。其专业范围包括：大地测量，摄影测量与遥感，工程测量，行政区域界线测绘、地籍测绘与房产测绘、海洋测绘，地图编制与地图印刷，地理信息系统工程等。

第三条　县级以上人民政府测绘主管部门和技术监督行政部门负责本行政区域内测绘质量的管理和监督工作。

第四条　测制、提供测绘产品必须遵守国家有关的法律、法规，遵循质量第一、服务用户的原则，保证提供合格的测绘产品。禁止伪造和粗制滥造测绘产品；不得损害国家利益、社会公共利益和他人的合法权益。

第五条　鼓励测绘单位采用先进的测绘科学技术，推行科学的质量管理方法，按照国际通行的质量管理标准建立具有测绘工作特点的质量体系。

第六条　省级以上人民政府测绘主管部门对测绘质量管理先进、测绘产品质量优异的单位和个人给予表彰和奖励。

第二章　测绘单位的责任和义务

第七条　测绘单位应当对其所提供的测绘产品承担产品质量责任。

第八条　测制测绘产品必须执行国家标准、行业标准；用户有特定需求的必须在测绘合同中补充规定，并按约定的标准执行。所使用的测绘计量器具，必须按照有关计量法律、法规、规章的规定进行检定或者校准，进口和购置的测绘计量器具应当符合计量法律、法规的规定。

第九条　测绘单位应当按照测绘生产技术规律办事，有权拒绝用户提出的违反国家有关规定的不合理要求，有权提出保证测绘质量所必需的工作条件及合理工期、合理价格。

第十条　测绘产品必须经过检查验收，质量合格的方能提供使用。检查验收和质量评定，执行《测绘产品检查验收规定》和《测绘产品质量评定标准》。

第十一条　测绘单位必须接受测绘主管部门和技术监督行政部门的质量监督管理，按照监督检查的需要，向测绘产品质量监督检验机构无偿提供检验样品。

拒绝接受监督检查的，其产品质量按"批不合格"处理。

经监督检查，对产品质量被判"批不合格"持有异议的，测绘单位可以向技术监督行政部门或者测绘主管部门申请复检。

第十二条　根据自愿的原则，测绘单位可以向国务院技术监督行政部门授权的认证机构申请质量体系认证。

第三章　测绘产品质量监督

第十三条　国务院测绘行政主管部门建立"测绘产品质量监督检验测试中心"（以下简称质检中心）；省、自治区、直辖市人民政府测绘主管部门建立"测绘产品质量监督检验站"（以下简称质检站），负责实施测绘产品质量监督检验工作。

质检中心、质检站应经省级以上人民政府技术监督行政部门考核合格。

质检站受质检中心的技术指导。

第十四条　质检中心、质检站的主要职责是：

（一）按照测绘主管部门或者技术监督行政部门下达的测绘产品质量监督检查计划，承担质量监督检验工作。

（二）在测绘资格审查认证及年检工作中，承担有关测绘标准实施监督、质量管理评价及产品质量检测、检验。

（三）受用户的委托，承担测绘项目合同的技术咨询及产品质量检验、验收。

（四）按照授权范围，承担有关科研项目及新产品的质量鉴定、检测、检验。

（五）承担测绘产品质量争议的仲裁检验。

（六）向测绘主管部门和技术监督行政部门定期报送测绘产品质量分析报告。

第十五条　测绘产品质量检验人员应当通过任职资格考核。达到合格标准，取得《测绘产品质量检验员证》的，方可从事测绘产品质量检验工作。

第十六条　测绘产品质量监督检查的主要方式为抽样检验，其工作程序和检验方法，按照《测绘产品质量监督检验管理办法》执行。

测绘产品质量监督检验的结果，按"批合格"、"批不合格"判定。

任何单位和个人不得干预质检中心、质检站对监督检验结果的独立判定。

第十七条　县级以上人民政府测绘主管部门应当把测绘标准执行情况、仪器计量检定情况、质量管理情况及产品质量监督检验结果作为测绘资格审查认证及年检的一项重要依据。

第十八条　测绘产品质量监督检查计划，由省级以上人民政府测绘主管部门编制，报同级人民政府技术监督行政部门审批。

测绘产品质量监督检验收费按国家有关规定执行。

第十九条　测绘产品质量监督检验结果，由下达监督检验计划的测绘主管部门或技术监督行政部门审定后，对社会公布。省级监督检验结果，报国务院测绘行政主管部门备案。

第二十条　用户有权就测绘产品质量问题，向测绘单位查询；向测绘主管部门或技术监督行政部门申诉，有关部门应当负责处理。

第二十一条　因测绘产品质量发生争议时，当事人可以通过协商或者调解解决，也可以向仲裁机构申请仲裁；当事人各方没有达成仲裁协议的，可以向人民法院起诉。

仲裁机构或者人民法院可以委托本办法第十三条规定的质检中心或质检站，对测绘产品质量进行仲裁检验。

第四章　法律责任

第二十二条　提供的测绘产品质量不合格，测绘单位必须及时进行修正或重新测制；给用户造成损失的，承担赔偿责任，同时由测绘主管部门给予通报批评。

第二十三条　经测绘产品质量监督复检仍被判定为"批不合格"的，由省级以上人民政府测绘主管部门商有关技术监督行政部门给予通报批评，督促其限期改正；问题严重的，由省级以上人民政府测绘主管部门按照《测绘资格审查认证管理规定》降低其测绘资格证书等级，直至吊销《测绘资格证书》。

第二十四条　粗制滥造，伪造成果，以假充真的，由技术监督行政部门依法给予经济处罚；测绘主管部门可以吊销其《测绘资格证书》；给用户造成损失的，测绘单位还必须承担赔偿责任；构成犯罪的，依法追究直接责任人员的刑事责任。

第二十五条　测绘产品质量检验人员玩忽职守、徇私舞弊的，按情节轻重，给予行政处分；构成犯罪的，依法追究刑事责任。

第二十六条　当事人对行政处罚决定不服的，可以在接到处罚通知之日起十五日内，向作出处罚决定的上一级机关申请复议；对复议决定不服的，可以在接到复议决定之日起十五日内，向人民法院起诉。当事人也可以在接到处罚通知之日起十五日内，直接向人民法院起诉。逾期不申请复议，也不向人民法院起诉，拒不执行处罚决定的，由作出处罚决定的行政主管部门申请人民法院强制执行。

第五章　附　　则

第二十七条　本办法由国家测绘局、国家技术监督局共同负责解释。

第二十八条　省、自治区、直辖市人民政府测绘主管部门会同技术监督行政部门可以依照本办法，结合本地区实际情况，制定实施办法。

第二十九条　本办法自发布之日起施行。

参 考 文 献

［1］ GB 50319—2000 建设工程监理规范［S］. 北京：中国建筑工业出版社，2001.

［2］ GB 50300—2001 建筑工程施工质量验收统一标准［S］. 北京：中国建筑工业出版社，2002.

［3］ GB/T 50326—2006 建设工程项目管理规范［S］. 北京：中国建筑工业出版社，2006.

［4］ 孔祥元. 测绘工程监理学［M］. 2 版. 武汉：武汉大学出版社，2008.

［5］ 李恩宝. 测绘工程监理［M］. 北京：测绘出版社，2008.

［6］ 国家发展和改革委员会，等. 施工招标文件［M］. 北京：中国计划出版社，2007.

［7］ 危道军，刘志强，谢振芳，等. 工程项目管理［M］. 武汉：武汉理工大学出版社，2005.

［8］ 李正中，王希达，张贵元，等. 测绘工程管理［M］. 北京：中国华侨出版社，1997.

［9］ 陈惠民，苏振民. 工程项目管理［M］. 南京：东南大学出版社，2002.

［10］ 季福长. 工程项目管理［M］. 重庆：重庆大学出版社，2004.

［11］ 蔺石柱，闫文周. 工程项目管理［M］. 北京：机械工业出版社，2006.

［12］ 余群舟，刘元珍. 建筑工程施工组织与管理［M］. 北京：北京大学出版社，2006.

［13］ 蔡中辉. 建设工程项目信息管理［M］. 北京：中国计划出版社，2007.

［14］ 李佳升，陈道军. 工程项目管理［M］. 北京：人民交通出版社，2007.

［15］ 张献奇. 建设工程监理概论［M］. 北京：中国电力出版社，2008.

［16］ 国家测绘局职业技能鉴定指导中心. 测绘管理与法律法规［M］. 北京：测绘出版社，2009.

［17］ 中国建设监理协会. 建设工程监理相关法规文件汇编［M］. 北京：知识产权出版社，2008.

［18］ 石元印. 土木工程建设监理［M］. 重庆：重庆大学出版社，2001.

［19］ 杨晓林. 建设工程监理［M］. 北京：机械工业出版社，2008.

［20］ 徐锡权，金从. 建设工程监理概论［M］. 北京：北京大学出版社，2006.

［21］ 詹炳根，殷为民. 工程建设监理［M］. 第 3 版. 北京：北京大学出版社，2007.

［22］ 顿志林. 建设工程监理概论［M］. 郑州：黄河水利出版社，2009.

［23］ 李惠强. 建设工程监理［M］. 北京：中国建筑工业出版社，2007.

［24］ 周国恩. 工程监理概论［M］. 北京：化学工业出版社，2010.